人工智能基础理论与应用
——能源矿业领域

汤继周　李玉伟　陈胜男　编著

创新驱动：以人工智能基础理论的突破为引擎，推动能源矿业领域的数字化转型与升级

科学出版社

北　京

内 容 简 介

本书全面介绍人工智能基础理论及其在能源矿业领域应用,旨在帮助石油工程和采矿工程专业本科生掌握人工智能的基本概念、原理及其在能源行业的实际应用。内容涵盖人工智能的基础理论,包括机器学习、深度学习等,并结合石油工程和采矿工程领域的实际案例,深入探讨人工智能在能源勘探、开采、生产和管理等多个方面的应用。

本书特色在于理论与实践相结合,注重培养学生的实际应用能力,适合作为石油工程和采矿工程专业本科生的参考书。

图书在版编目(CIP)数据

人工智能基础理论与应用:能源矿业领域 / 汤继周,李玉伟,陈胜男编著. —北京:科学出版社,2024.6
ISBN 978-7-03-076618-2

Ⅰ.①人… Ⅱ.①汤… ②李… ③陈… Ⅲ.①人工智能-应用-能源工业 Ⅳ.①TK01

中国国家版本馆 CIP 数据核字(2023)第 185602 号

责任编辑:刘翠娜　王楠楠/责任校对:王萌萌
责任印制:赵　博/封面设计:无极书装

科学出版社出版
北京东黄城根北街 16 号
邮政编码:100717
http://www.sciencep.com

北京建宏印刷有限公司印刷
科学出版社发行　各地新华书店经销
*

2024 年 6 月第 一 版　　开本:787×1092　1/16
2025 年 1 月第二次印刷　　印张:19 3/4
字数:500 000

定价:218.00 元

(如有印装质量问题,我社负责调换)

序

近十年来，随着计算机和基础算法的巨大发展，人工智能（AI）产生了革命性的突破，人工智能如雨后春笋，在各个领域发挥着重要作用，成为新一轮科技革命和产业转型的重要驱动力量和战略性技术。

针对国际科技和产业智能化发展趋势，习近平总书记在党的十九大报告中提出，加快建设制造强国，加快发展先进制造业，推动互联网、大数据、人工智能和实体经济深度融合。此外，党的二十大报告中也重点提出，要加快构建新发展格局，着力推动高质量发展，建设现代化产业体系，坚持把发展经济的着力点放在实体经济上，推动制造业高端化、智能化，在关系安全发展的领域加快补齐短板，构建新一代信息技术、人工智能等一批新的增长引擎。油气、矿产等作为我国重要的传统能源行业，是我国国民经济的重要组成部分，其智能化建设直接关系到我国国民经济和社会智能化的进程。

近几年，国家发展和改革委员会、国家能源局、应急管理部等八部委针对加快煤矿智能化发展给出了指导意见，要求"到2035年，各类煤矿基本实现智能化，构建多产业链、多系统集成的煤矿智能化系统，建成智能感知、智能决策、自动执行的煤矿智能化体系"。受到国家各个部门的政策和资金的支持，同行以矿山数字化、信息化为前提和基础，对矿山生产、职业健康与安全、技术支持与后勤保障等进行主动感知、自动分析、快速处理，建设智慧矿山，在一定程度上有效提高了矿山生产效率，保障安全开采，减少人员安全事故发生。

在能源革命与转型浪潮的迅猛推进下，中国石油、中国石化、中国海油等油气行业领军企业积极响应，通过深化数据共享、强化业务协同以及推进智能化建设，正逐步实现从传统油田向数字油田、智能油田，进而向智慧油田的战略性转型升级。云计算、物联网、5G技术和大数据等先进的人工智能手段已在大庆、新疆、长庆、大港等油田中广泛应用，它们在油气勘测、钻井优化、油井维护以及智能决策等多个关键领域展现出不可或缺的重要价值，为油田的高效运营和智能化管理提供了强有力的支撑。

然而，能源与矿业领域深受地域因素的影响，其客观条件和资源获取能力为人工智能的发展带来了显著挑战。目前，该领域面临着数据共享困难、业务场景复杂多样、研发生态环境薄弱以及短期内难以见到显著成效等多重问题。首先，能源与矿业领域的数据获取成本和数据质量问题尤为突出，且缺乏统一的标准和规范，这使得数据的有效利用和深度分析变得异常困难。同时，由于应用场景的复杂性，涉及多个专业领域的知识融合，进一步增加了技术实现的难度。其次，数据孤岛现象也尤为严重，数据互通存在诸多难题，这不仅阻碍了数据资源的共享和整合，也限制了人工智能技术的深入应用和发展。因此，解决数据共享和互通问题，构建开放、共享、协作的数据生态环境，成为推动能源与矿业领域人工智能发展的关键所在。总体而言，能源与煤矿的智能化建设道阻且长，但未来可期。

该书作者将上述领域所研究的成果和问题进行了系统的总结和归纳，并出版了《人工智能基础理论与应用——能源矿业领域》，该研究涉及近几年来我国围绕智慧能源、智慧矿山的国际前沿、国家重大工程建设中所遇到的技术难题研究中所取得的主要创新应用成果，包括勘探地震智能反演、储层岩性智能自动识别、地层力学参数高效预测、岩爆事件精准预测等，包含算法原理基础和实际工程应用。作为教学参考书，该书强调人工智能的基础理论和工程应用，以简洁精炼的语言描述人工智能，以形象生动的工程课题解释晦涩难懂的理论原理，深入浅出，注重实用型人才教育，让学生能够学以致用，培养创新应用型人才。

"青年强，则国家强。"习近平总书记在党的二十大报告中指出，"教育、科技、人才是全面建设社会主义现代化国家的基础性、战略性支撑"。国家的发展和进步离不开青年教育。

我深信该书的出版，必将推动人工智能在我国能源矿业研究中的深入开展，在人才培养、能源智能开采等难题的攻关方面将会发挥显著的作用。

2023 年 7 月 25 日

前　言

　　人工智能已成为新一轮国际竞争的焦点和经济发展的新引擎，各领域纷纷加码人工智能技术的创新投入并逐渐深化其在各行业的创新应用。目前，人工智能与深部能源开采的融合仍处于初级阶段，相关教材鲜有出现。本书从人工智能基础理论出发，介绍机器学习算法和相关数学模型，详细介绍人工智能理论在非常规油气资源开采及矿产资源开发中的应用，涵盖深部储层精细刻画、智能监测、施工优化、安全预警等多个领域。

　　全书共 5 章，以人工智能在能源矿业领域的应用为主线，按机器学习基础理论、深度学习基础理论、人工智能的应用分为三大部分。

　　第 1 章对机器学习的理论基础进行概述，介绍机器学习基本流程，以监督学习、无监督学习和半监督学习为分类标准，概述各个模型的数学原理和代码；第 2 章对深度学习的内容进行详细的描述和介绍，为方便读者理解，以深度学习模型为例，将其拆分为多个模块，对每个模块进行深度剖析和讲解，对卷积神经网络、循环神经网络、对抗生成网络、自编码器等多种深度学习方法进行概述；第 3 章研究机器学习方法在油气勘探开发中的应用，以石油勘探开发的历程为主线，重点描述机器学习在油气勘探开发不同阶段中的优势，并对工程中所应用代码进行详细的剖析和介绍；第 4 章对机器学习在智能矿山开采中的应用进行研究，主要介绍人工智能方法较常规方法在矿山开采中的技术优势，较为详细地对人工智能代码进行剖析和介绍；第 5 章扩展机器学习在新领域的应用。

　　本书针对能源矿业领域人工智能应用问题，进行了相关基础理论、建模方法和实例的详细介绍。与其他人工智能书籍侧重代码原理不同，本书侧重人工智能的工程应用。本书的具体特色如下：①基础理论与实例并重。书中既详细全面地介绍人工智能算法基础理论，又提供能源领域多个方面的应用实例。本书既可作为人工智能初学者的学习教程，又可作为有一定人工智能基础的读者的工程参考书。②实例详解思路清晰。本书中的实例部分，不但提供人工智能解决问题的过程，而且从工程意义、工程问题的传统解决办法以及人工智能方法在该实例上的优势等方面多角度帮助读者理解书中实例。③工程案例全面。本书涉及能源行业多个方面，每个工程问题都配有具体代码，可为初学者提供大量练习案例，方便读者快速提升人工智能水平。

　　全书章节统筹安排及统稿由同济大学汤继周教授、辽宁大学李玉伟教授和加拿大卡尔加里大学陈胜男教授共同负责。第 1 章由同济大学汤继周教授携黄雷博士执笔，第 2 章由辽宁大学李玉伟教授携东北石油大学姜兴文博士执笔，第 3 章由同济大学汤继周教授与辽宁大学李玉伟教授携同济大学张卓博士和辽宁大学杜童博士共同执笔，第 4 章和第 5 章由加拿大卡尔加里大学陈胜男教授携同济大学张卓博士和东北石油大学李子健硕士共同执笔。感谢各位对本书涉及的研究成果的贡献，以及在文献资料收集整理、编辑、排版、校对过程中所做的辛苦工作。本书撰写过程中参考了许多国内外人工智能及工程实例相关专著材料、科技论文以及网络资料，在此谨向文献作者和工程技术人员表示诚挚的感谢。

人工智能功能强大，相关知识体系庞杂，同时由于作者的水平有限，书中难免存在疏忽和纰漏之处，敬请广大读者朋友批评指正。

汤继周　李玉伟　陈胜男
2023 年 7 月 22 日

目　录

序

前言

第1章　机器学习基础 ·· 1
1.1　引言 ··· 1
1.2　机器学习基本流程 ··· 5
1.3　监督学习 ·· 13
1.4　无监督学习 ·· 68
1.5　半监督学习 ·· 86
1.6　模型评估与改进 ··· 94
课后习题 ··· 104
参考文献 ··· 107

第2章　深度学习基础 ··· 109
2.1　引言 ·· 109
2.2　基础理论 ··· 109
2.3　神经网络数据预处理 ·· 114
2.4　网络结构 ··· 121
2.5　训练参数 ··· 123
2.6　其他深度学习方法 ·· 128
课后习题 ··· 136
参考文献 ··· 136

第3章　机器学习在油气勘探开发中的应用 ·· 138
3.1　引言 ·· 138
3.2　勘探地震反演 ··· 140
3.3　储层岩性识别 ··· 152
3.4　钻井钻速预测 ··· 168
3.5　孔隙度、渗透率参数预测 ··· 183
3.6　地层力学参数预测 ·· 193

3.7 可压性评价 ·· 201
3.8 压裂设计优化 ·· 212
3.9 油井产量预测 ·· 220
课后习题 ·· 227
参考文献 ·· 228

第 4 章 机器学习在智能矿山开采中的应用 ·································· 232
4.1 引言 ·· 232
4.2 边坡稳定性分析 ·· 232
4.3 岩爆预测 ··· 239
4.4 煤岩破坏状态预警 ··· 245
4.5 矿柱稳定性分析 ·· 255
4.6 矿产资源评价 ·· 263
课后习题 ·· 273
参考文献 ·· 274

第 5 章 机器学习在新领域的应用 ··· 276
5.1 引言 ·· 276
5.2 碳捕集与封存 ·· 277
5.3 断层活化与诱发地震 ·· 292
课后习题 ·· 307
参考文献 ·· 307

第 1 章　机器学习基础

1.1　引　言

在本章中，我们将重点探讨机器学习算法。机器学习是人工智能的一个分支，旨在让计算机系统能够从数据中自动学习和改进。它建立在计算机科学、统计学、数学和信息学等多种学科的基础之上。机器学习主要分为监督学习、无监督学习、半监督学习和强化学习四大类，当然还包括许多常用的算法，包括线性回归、逻辑回归、决策树、支持向量机、贝叶斯分类器、K 近邻（K-nearest neighbors，KNN）法、神经网络、集成学习等。这些算法都具有不同的特点和适用范围，在不同的应用场景下可能会有不同的优劣。例如，线性回归通常用于预测连续变量的值，而逻辑回归则更适用于分类问题。神经网络算法通常用于解决分类和回归问题，特别是在较复杂的数据集中表现较好。集成学习算法则是将多个基学习器集成在一起，通常可以取得比单个基学习器更好的结果。机器学习的发展历程也是曲折且丰富的，图 1.1 中清晰地整理了机器学习的发展脉络。

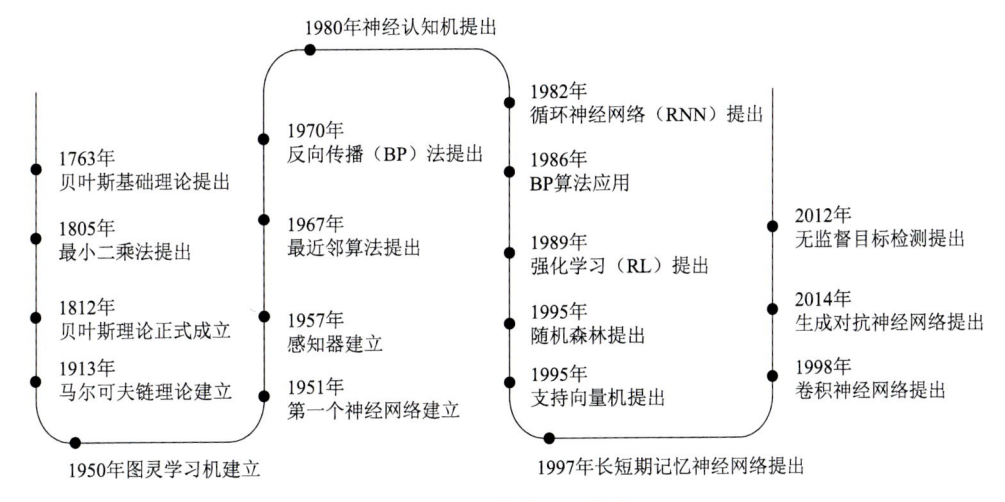

图 1.1　机器学习里程碑

机器学习的基础还包括许多常用的模型选择方法，如交叉验证、调参、正则化等。这些方法可以帮助我们选择最优的模型，并避免过拟合和欠拟合的问题。

此外，机器学习还包括许多常用的特征工程方法，如特征选择、特征提取和特征变换等。这些方法可以帮助我们提取出有意义的特征，并将这些特征转换为适合机器学习的形式。在这方面，Python 提供了丰富而强大的库和工具，使得特征工程变得更加便捷和高效。例如，通过使用 Python 的数据处理库如 pandas，我们可以轻松地进行数据清洗和预处理，包括处理缺失值、异常值和重复值等。同时，Python 的机器学习库 Scikit-learn 提供了各种特征选择和变换的方法，如基于统计学的特征选择、主成分分析（principal component analysis，PCA）、特征缩放和正则化等。这些方法可以帮助我们选择最相关的特征、降低数据维度以及提高模型的鲁棒性。

此外，Python 还支持许多其他流行的特征工程技术和库，如文书处理中的 NLTK（自然语言处理工具包）和 spaCy（高级自然语言处理（NLP）Python 库）、图像处理中的 OpenCV（开源计算机视觉库）和 PIL（Python 图像库）等。这些库提供了丰富的功能和算法，可以用于从不同类型的数据中提取和转换特征，满足不同机器学习任务的需求。

因此，采用 Python 进行机器学习意味着可以无缝地运用标准的特征工程技术，并得益于其强大而广泛的生态系统和库，有效提升特征工程的效率与结果质量。这使得 Python 成为广大读者首选的机器学习工具，能够满足在特征工程各个方面的需求。而且，Python 作为一种简洁而强大的编程语言，具有清晰的语法和丰富的标准库，编写机器学习代码更加简单和高效。Python 的易读性和简洁性使得我们能够更好地理解和管理代码，提高开发效率。Python 在科学计算和数据分析领域具有广泛的应用。许多研究机构和公司都将 Python 作为主要的数据科学工具。同时，Python 是一种跨平台的编程语言，可以在不同的操作系统上运行。这使得我们能够轻松地在不同的环境中开发和部署机器学习模型，无论是在本地机器上还是在云平台上。

综上所述，机器学习是一门基于计算机科学、统计学、数学和信息学等多种学科的技术方法，在许多领域得到广泛应用[1]。本书选择 Python 来进行机器学习是因为它的简洁性、丰富的生态系统、广泛的应用领域和跨平台特性。Python 是广大读者完成机器学习任务的理想选择。

1.1.1　机器学习类别

机器学习算法可分为四大类，如图 1.2 所示。

监督学习：监督学习是机器学习中的一种核心方法，其中模型通过已知的输出变量来学习输入与输出之间的映射关系。它主要分为回归和分类两大类。回归问题关注于预测连续的数值，如温度或价格等，而分类问题旨在预测离散的标签或类别，如物品的类别或邮件是否为垃圾邮件。在此过程中，模型通过评估预测误差并优化来不断提高精确度，直至满足既定的性能要求。图 1.3 可以说明分类和回归的区别，首先我们随机生成两组带有标签的数据，通过分类算法可以自动划分区域，然后通过回归算法可以拟合连续函数。

无监督学习：在无监督学习中，没有明确的输出变量，并且关系是基于提供给算法的数据生成的。属于这一类别的一些算法可以揭示隐藏的结构和输入特征之间的关系。

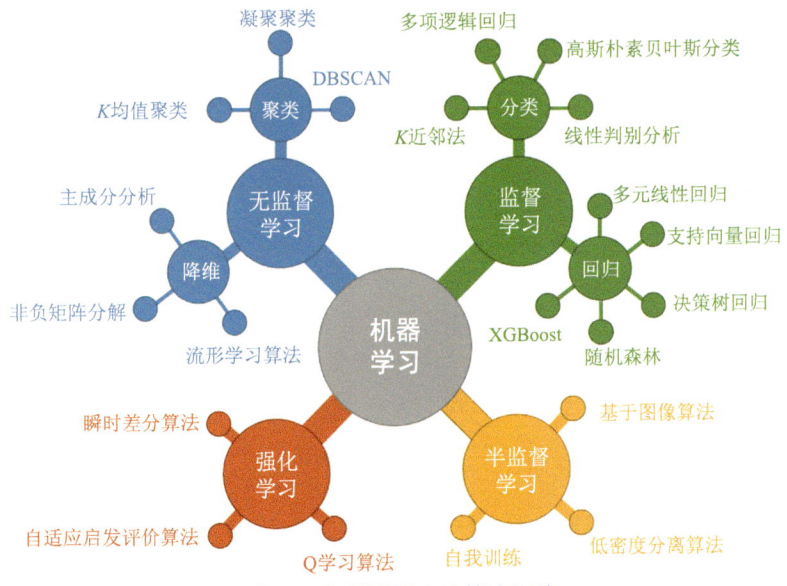

图 1.2　机器学习主流算法汇总

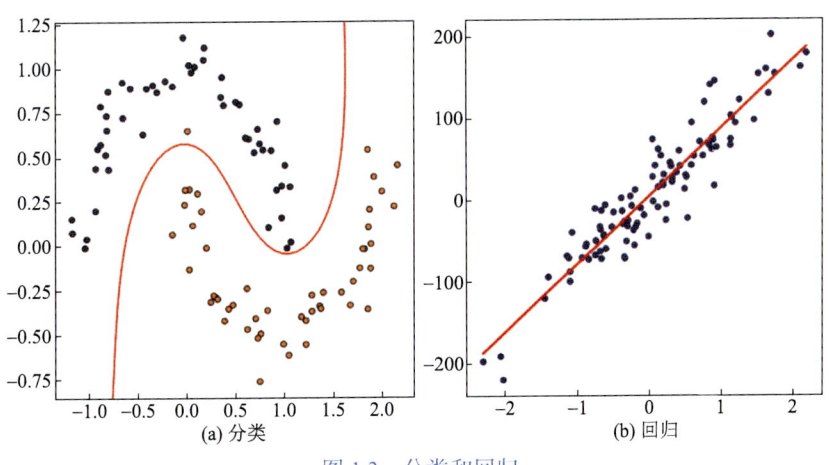

图 1.3　分类和回归

无监督学习的一些例子包括聚类、降维算法和关联规则学习。

半监督学习：半监督学习是一种结合有标签和无标签数据进行模型训练的方法，适用于标注成本高昂或标注样本稀缺的情境。在这种学习模式中，算法使用少量的有标签数据作为参照，以推断出大量未标记数据的潜在类别。例如，在石油和天然气行业，半监督学习能够有效利用限量的岩心样本数据，从而辅助于岩层特性的预测与分类，进而优化资源的勘探与开发。

强化学习：对算法做出的决策序列做出相应的奖励或惩罚。奖励或惩罚有助于算法学习它应该做出的一组决策，以实现定义的目标。这些算法使用马尔可夫决策过程（MDP）建模。强化学习通常被认为是"半监督"学习，但在不确定和潜在复杂的环境中，该算法采用试错方法，通过对其执行的行为进行惩罚或奖励来找到解决方案。工业自动化机器人是强化学习应用的一个例子。

在数据科学的广阔领域中，面对众多可用的算法，选择恰当的算法以解决特定问题是一项具有挑战性的任务。尽管可能多个算法适用于解决相同类别的问题，并能够学习输入特征与输出变量之间的相互关系，但它们各自采纳的技术路径和学习机制往往各异，表现在对数据的处理方式、模型的构建和优化过程等方面均有所区别。因此，理解各种算法的核心原理及其适用范围，是实现有效的数据分析与模型构建的关键。当某些模型参数改变时，一种算法可以优于其他算法。模型训练过程涉及被称为超参数的附加参数，可能包括以下内容。

（1）训练迭代的完整周期数，也就是模型在整个数据集上训练的次数（称为 epochs）。

（2）每个训练周期中的批次大小，即在每次参数更新中使用的样本数量（称为 batch size）。

（3）学习率，决定误差信号用于调整模型参数时的作用强度。

调整这些超参数以学习最优模型参数的迭代过程称为超参数优化。除了最佳模型参数之外，输入特征的最佳数量和类型的选择也可以提高模型的精度。特征工程和特征选择在机器学习过程中非常重要。

本节内容旨在提供选定机器学习算法的基础知识及其代码实现示例。要完全掌握这些算法，需要对每种方法进行深入的学习和理解，这超出了单章内容的范围。本书旨在激发读者在应用这些算法及其相应的模型参数与超参数解决实际问题之前，进行全面的研究与学习。各算法相关的参数详情，可以参阅相应机器学习库的官方文档。

每种机器学习算法都有三个与其相关的主要组件：表示、优化和评估。这些算法以数字、符号、基于实例或概率图模型的形式表示。为了提高算法的性能，采用了梯度下降、动态规划或进化计算等优化方法。这些模型的评估是通过统计度量进行的，统计度量可能包括精度、召回率和均方根误差（RMSE）的计算。

1.1.2 机器学习库

在人工智能和机器学习领域，Scikit-learn 算法包是一个功能强大、应用广泛的 Python 开源库。它为数据科学家和机器学习从业者提供了一套全面、高效、易用的工具，用于数据挖掘和数据分析。它建立在 Python 科学计算生态系统的基础之上，与 numpy、scipy 和 matplotlib 等库无缝集成。这种设计使得 Scikit-learn 能够充分利用这些库的优势，提供高性能的数值计算和数据可视化功能。无论是分类、回归、聚类还是降维算法，都采用了相似的 API，这使得用户可以快速上手，并在不同算法之间轻松切换。这种一致性不仅提高了代码的可读性，也大大降低了学习和使用该库的难度。在本书中我们不会过于详细地介绍机器学习的算法原理，我们希望学生能通过代码，直接了解到这个工作流程，让学生快速上手学会机器学习的应用，并在其中掌握机器学习的基本算法用途。

TensorFlow 是谷歌为数值计算开发的另外一个开源软件库，在机器学习应用中非常流行，如浅层人工神经网络和深度学习。TensorFlow 允许使用张量创建数据流图，张量是进行计算的多维数组。该库支持在多个中央处理器（central processing unit，CPU）和图形处理器（graphics processing unit，GPU）上并行运行，并为许多编程语言（如 Python、

C++和 Java）提供包装器。在本书中，我们使用 TensorFlow 2.x 版本。

Keras 希腊语中意味着"号角"，是一个开放源码的高级神经网络库，以用户友好性、模块化设计和易于与 Python 语言集成而闻名。它避免了 TensorFlow 等框架的低层次计算细节，而是依托一个后端引擎来执行计算任务，从而简化了模型的开发流程。默认情况下，Keras 采用 TensorFlow 作为其后端执行引擎，为用户提供了一个简洁而强大的平台，以构建和实验深度学习模型。

PyTorch 是由 Facebook 的人工智能研究实验室（FAIR）开发的开源机器学习库，主要用于深度学习应用程序。它是用 Python、C++和 CUDA（计算统一设备体系结构）编写的，以其灵活性和易用性而闻名。PyTorch 提供了两个主要功能：具有强大 GPU 加速支持的张量计算和基于卡带的自动求导（autograd）系统构建的深度神经网络，该系统支持动态计算图。PyTorch 支持各种神经网络架构、优化算法以及用于数据处理、可视化和模型部署的各种工具。

在阅读本书的过程中，我们没有提供算法的数学细节，因为通过熟练使用标准 Python 库来实现机器学习算法是本书的主要目的。在本章中我们着重强调 Scikit-learn 在实例中的应用，同时也强烈建议用户同时浏览 Scikit-learn 官网（https://scikit-learn.org/stable/index.html）和应用程序接口（API）文档以及附带的案例文本，里面给出了每个算法的更多内容[2,3]，本书还将提供一系列经过汉化的 Jupyter Notebook 案例，这些案例基于 Scikit-learn 库，供教师和学生参考和学习。

1.2　机器学习基本流程

机器学习工作流程包括进程、线程、例行程序和函数，本节以图 1.4 的形式排列，将数据从一种表示转换为另一种表示。创建机器学习综合解决策略的目标是将流程模块化，注重程序的可复制性和可操作性，以方便其他领域的人员能够更快地导入数据进行分析，减少不必要的程序编写等重复过程。

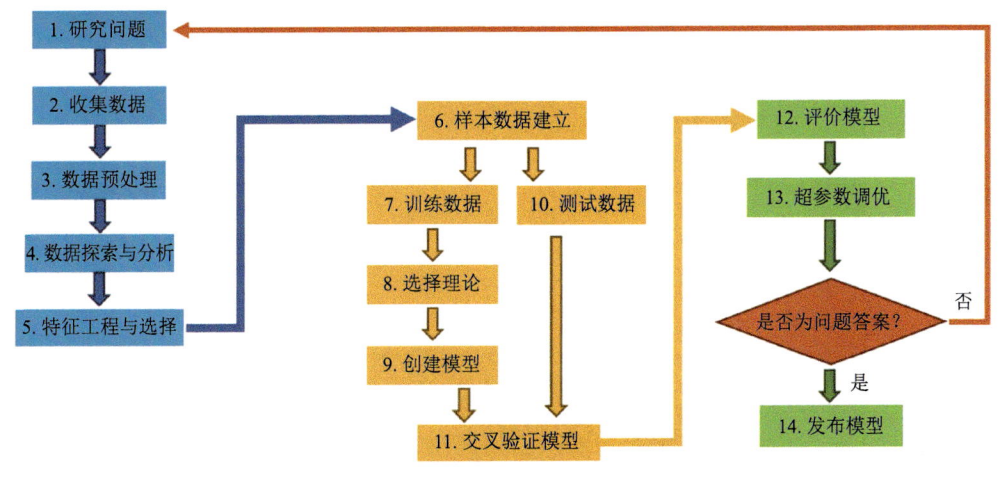

图 1.4　机器学习工作流程图

一个可立即上手的机器学习项目需要精心设计的机器学习综合解决策略。当然前期的数据收集、数据验证和预处理、特征提取、模型选择、训练和验证、预测、评估和部署也是至关重要的。本章的重点是如何构建机器学习模型。

在现实应用中，机器学习模型所依赖的数据往往存在不完善的情况。因此，数据科学家通常需要进行数据预处理，这包括对数据集进行深入分析与调查，总结其关键特征。此外，通过数据可视化手段，可以更有效地理解解释变量之间的关系，优化数据操纵策略，以便得出所需结论。这一过程使得数据科学家更加容易识别模式、发现异常、验证假设，并审视推断的有效性。

数据预处理主要用于查看在正式建模或假设检验任务之外可以揭示哪些数据，并提供对数据集变量及其之间关系的更好理解。它还可以帮助确定正在考虑的用于数据分析的统计技术是否合适，检测异常值或异常事件，找到变量之间的非线性关系。因此数据预处理也是任何数据分析中重要的第一步，数据预处理结果的不同会对机器学习模型的性能产生重大的影响，对于特定的应用领域来说，梳理出最佳的数据结果的过程，称为特征工程[4]。

数据预处理质量将直接决定机器学习模型的最终性能及其可靠性。这就是为什么要将数据预处理和特征工程放在学习算法之前，接下来我们将了解最常见的数据格式以及如何将数据适配到应用领域中。

1.2.1　数据分割：训练集、测试集和验证集

过拟合是机器学习模型训练过程中遇到的一大挑战。这是训练数据中存在微小细节/噪声训练模型的结果。在这种情况下，模型开始记忆训练数据。这会在训练数据上产生良好的性能，但对于不可见的数据，模型的准确性会显著下降。为了解决过拟合问题并帮助模型变得更加通用，分割数据集被认为是必要的步骤。作为经验法则，数据集通常被分割为训练集、测试集和验证集，其定义如下。

（1）训练集：用于模型训练过程的观察子集。算法使用该数据集来学习机器学习模型的参数。

（2）测试集：这是仅用于评估完全训练模型性能的数据子集。测试数据的预测精度是模型在真实场景中遇到的未知数据上的性能指标。

（3）验证集：观测值的子集，用于在训练过程中评估模型的预测性能。使用验证数据在预测误差中观察到的趋势有助于确定足够训练的迭代次数。在典型的模型训练中，通过迭代训练过程，训练集和验证集的预测误差都应该持续降低。然而，如果我们观察到训练数据的预测误差继续减少，但验证数据的预测误差开始增加，那么应该停止训练。验证数据的预测误差开始增加的点表示开始过拟合。

Scikit-learn 中的 train_test_split 函数可以打乱数据集并进行拆分。这个函数将以 75%的数据及对应标签作为训练集，剩下的 25%的数据及其标签作为测试集。训练集与测试集的分配比例可以是随意的，但使用 25%的数据作为测试集是很好的经验法则。

在 Scikit-learn 库中，我们通常使用大写字母"X"来表示特征数据，而使用小写字

母"y"来表示目标标签。这种命名习惯源自经典的数学函数表示法 $f(x) = y$，其中"x"代表函数的输入值，"y"代表相应的输出值。之所以选择大写的"X"，是因为在机器学习中，特征数据是以二维数组（即矩阵）的形式存在的；而标签或目标则通常是一维数组（即向量），因此使用小写的"y"。这种命名方式也遵循了数学表示中的常规约定。

那么我们对数据调用 train_test_split，并对输出结果采用下面这种命名方法：

```
from sklearn.model_selection import train_test_split
X_train, X_test, y_train, y_test = train_test_split(
    iris_dataset['data'], iris_dataset['target'], random_state=0)
```

在对数据进行分割之前，train_test_split 函数利用伪随机数生成器将数据打乱。如果我们只是将最后的 25%的数据作为测试集，那么所有数据点的标签都是 2，因为数据点是按标签排序的。测试集中只有三个类别之一，这无法告诉我们模型泛化能力如何，所以我们将数据打乱，确保测试集中包含所有类别的数据。

为了保证每次执行相同函数时能够得到一致的输出，我们确保输出的 X_train、X_test、y_train 和 y_test 均为 numpy 数组格式。其中，X_train 包括了整体数据集的 75%，而 X_test 则包含剩余的 25%。这样的数据划分方式确保了模型可以在训练集上学习，并在测试集上验证其性能和泛化能力：

```
print("X_train shape:", X_train.shape)
print("y_train shape:", y_train.shape)
print("X_test shape:", X_test.shape)
print("y_test shape:", y_test.shape)
```

代码运行结果如下：

X_train shape: (112, 4)

y_train shape: (112,)

X_test shape: (38, 4)

y_test shape: (38,)

1.2.2 数据观察

在构建机器学习模型之前，通常需要对数据集进行可视化分析，以了解数据的信息、异常值和特殊值，还包括处理数据集中的量纲问题。最常用的可视化方法是绘制散点图，通过直观展示数据，我们可以观察特征之间的关系。然而，由于数据展示的限制，我们只能在三维以下进行可视化。为了解决这个问题，最好的方法是绘制散点图矩阵，通过该矩阵可以查看所有特征两两之间的关系。然而，散点图矩阵无法同时显示所有特征之间的关系，可能需要进行其他调整来探索更多数据之间的联系[5,6]。

下面这段 Python 代码主要用于加载和可视化鸢尾花（iris）数据集的特征间关系，首先导入必要的库和模块：pandas 用于数据处理，mglearn 为机器学习库，sklearn.datasets

中的 load_iris 用于加载鸢尾花数据集，matplotlib.pyplot 用于绘图。使用%matplotlib inline 魔法命令，该命令会使 Jupyter Notebook 能够在页面中直接显示图形。加载鸢尾花数据集，并将数据集中的特征（花瓣和萼片的长度与宽度）转换为 pandas 的 DataFrame 格式，以便于进行数据操作和可视化。定义 x 轴和 y 轴的标签为鸢尾花数据集中的四个特征，即萼片和花瓣的长度与宽度。调用 pd.plotting.scatter_matrix 函数创建散点图矩阵。这个散点图矩阵可以帮助观察不同特征间的关系。在这个散点图中，每个点的颜色代表了鸢尾花的种类（标签）。对于散点图矩阵中的每个子图（ax），如果子图在最底部，就设置 x 轴标签；如果子图在最左侧，就设置 y 轴标签。并且调整了这些标签的字体大小。通过 tick_params 方法设置坐标轴刻度标签的大小。最后，使用 plt.savefig 将生成的散点图矩阵保存为名为 data watching 的图片文件，分辨率为 300 dpi，并确保图像在保存时不会被裁剪。使用 plt.show()函数显示图像。图 1.5 是训练集中特征的散点图矩阵。数据点的颜色与鸢尾花的品种相对应。

```python
import pandas as pd
import mglearn
from sklearn.datasets import load_iris
%matplotlib inline
import matplotlib.pyplot as plt
import matplotlib.pyplot as plt
#加载鸢尾花数据集
iris_dataset = load_iris()
iris_dataframe = pd.DataFrame(iris_dataset['data'], columns=iris_dataset['feature_names'])
#定义 x 轴和 y 轴的标签
x_labels = ['萼片长度/cm', '萼片宽度/cm', '花瓣长度/cm', '花瓣宽度/cm']
y_labels = ['萼片长度/cm', '萼片宽度/cm', '花瓣长度/cm', '花瓣宽度/cm']
# Create the scatter matrix plot
scatter_matrix_axes = pd.plotting.scatter_matrix(iris_dataframe, c=iris_dataset['target'],
                        figsize=(12, 12),marker='o', hist_kwds={'bins': 20},
s=60,alpha=.8)
#为每个子图设置 x 轴和 y 轴标签并调整字体大小
fontsize_labels = 12
fontsize_ticks = 12
for i, row_axes in enumerate(scatter_matrix_axes):
    for j, ax in enumerate(row_axes):
        if i == len(scatter_matrix_axes) - 1:
            ax.set_xlabel(x_labels[j], fontsize=fontsize_labels)
        if j == 0:
            ax.set_ylabel(y_labels[i], fontsize=fontsize_labels)
```

```
                ax.tick_params(axis='both', which='major', labelsize=fontsize_ticks)
#显示修改后的散点图矩阵
plt.savefig('data watching', dpi=300, bbox_inches='tight')
plt.show()
```

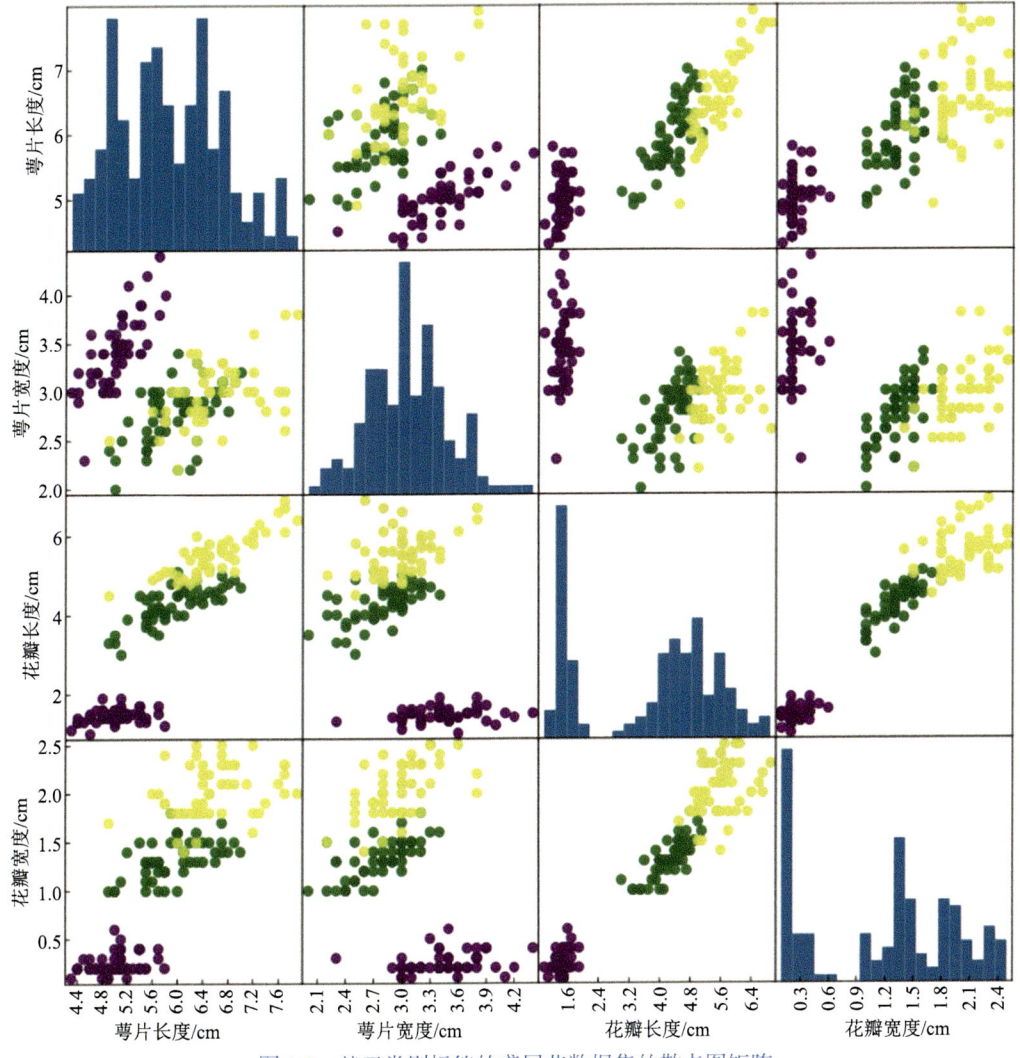

图 1.5　基于类别标签的鸢尾花数据集的散点图矩阵

图 1.5 的散点图矩阵表明通过花瓣和萼片的尺寸测量数据，三种鸢尾花品种之间可以明显区分。这表明机器学习模型有很大的潜力能够准确地识别并区分这些品种。

1.2.3　欠拟合和过拟合

欠拟合和过拟合是机器学习中常见的两种问题，它们都与模型在训练数据和未知数据上的泛化性能有关。

1. 欠拟合

欠拟合是指模型在训练数据上的拟合程度不足，无法很好地捕捉到数据中的模式和特征。这通常是由于模型过于简单或者不够复杂，无法学习数据中的真实关系。在欠拟合的情况下，模型在训练数据和测试数据上的性能都不理想。

解决欠拟合问题的方法如下。

（1）增加模型复杂度：例如，对于线性回归模型，可以尝试添加更多的特征或者使用多项式回归。

（2）增加训练次数：对于神经网络，可以增加训练迭代次数，使模型有更多的机会学习数据中的模式。

（3）调整模型参数：调整模型的超参数，如学习率、树的深度等，以找到更适合数据的参数组合。

2. 过拟合

过拟合是指模型在训练数据上表现很好，但在未知数据（测试数据）上性能较差。这通常是因为模型过于复杂，以至于捕捉到了训练数据中的噪声和特殊情况，而这些情况并不是真实的普遍规律。

解决过拟合问题的方法如下。

（1）简化模型：降低模型的复杂度，如减少特征数量、减少神经网络层数等。

（2）增加训练数据量：通过增加更多的训练样本，使模型能够学习到更多的真实规律，减少对噪声的学习。

（3）使用正则化（regularization）：正则化是用于对模型的复杂性施加约束的方法，目的是防止过度拟合数据而失去泛化能力。常见的正则化形式包括 L1 正则化和 L2 正则化。L1 正则化倾向于产生稀疏权重矩阵，即模型的一些权重参数会被推至零，从而实现特征选择的效果。L2 正则化则会惩罚权重参数的平方，确保没有任何一个权重会变得过大，促使模型权重更加平滑分布，这有助于减少模型在训练数据上的过拟合现象，使模型在新数据上有更好的预测性能。

（4）交叉验证（cross-validation）：通过将数据集分为多个子集，并在不同子集上进行训练和验证，以评估模型的泛化性能。这有助于选择合适的模型和参数，从而减轻过拟合。

在实际应用中，需要通过调整模型复杂度、添加或减少特征、调整超参数等方法，来找到一个平衡点，使模型在欠拟合和过拟合之间达到最佳状态。这个平衡点意味着模型具有良好的泛化性能，在未知数据上也能取得较好的预测结果。以下是一些建议，以帮助读者在实践中找到这个平衡点。

（1）保持模型简单：尽量选择简单的模型，只在必要时增加模型复杂度。简单的模型更容易理解，也更容易泛化。

（2）特征选择与工程：仔细挑选与问题相关的特征，并尝试对特征进行预处理和转换，以便更好地表示数据中的真实关系。

（3）模型验证：通过交叉验证和其他验证方法，了解模型在不同数据集上的性能，以评估其泛化能力。

（4）超参数调整：尝试不同的超参数组合，以找到在训练数据和测试数据上都表现良好的配置。可以使用网格搜索、随机搜索等方法进行系统性的超参数调整。

（5）防止过拟合：使用正则化技术，如 L1 正则化、L2 正则化，以及早停（early stopping）等方法，限制模型的复杂度，降低过拟合的风险。

（6）保持数据多样性：确保训练数据充足并具有多样性，以便模型能够学习到更多的真实规律，而不是局限于训练数据中的特定情况。

通过以上建议和实践，读者可以更好地找到一个平衡点，使模型在欠拟合和过拟合之间达到最佳状态。这将有助于模型在实际问题中取得更好的性能。

下面我们使用一个例子来演示欠拟合和过拟合的问题，以及我们如何使用具有多项式特征的线性回归来近似非线性函数。这段代码演示了使用 Scikit-learn 库在模拟数据上执行线性回归的过程，以及如何根据多项式特征的不同次数展示欠拟合和过拟合现象。通过分别使用一次、四次和十五次多项式特征，代码生成了三个不同的拟合模型并将其与真实函数进行了对比，如图 1.6 所示。通过观察每个子图，可以得出拟合程度的差异，图 1.6 中曲线拟合对比清晰地展示了各自的区别，接下来我们用一段代码来详细说明。

```python
#导入所需库和模块：
import numpy as np
import matplotlib.pyplot as plt
from sklearn.pipeline import Pipeline
from sklearn.preprocessing import PolynomialFeatures
from sklearn.linear_model import LinearRegression
from sklearn.model_selection import cross_val_score
#设置字体和画布参数：
plt.rcParams['font.family'] = 'SimHei'
plt.rcParams['axes.unicode_minus'] = False
plt.rcParams['font.size'] = 14
#定义真实函数（模拟数据生成的基准）：
def true_fun(X):
    return np.cos(1.5 * np.pi * X)
#设置随机数生成器种子，初始化变量和数据生成：
np.random.seed(0)
n_samples = 30
degrees = [1, 4, 15]
X = np.sort(np.random.rand(n_samples))
y = true_fun(X) + np.random.randn(n_samples) * 0.1
#设置画布大小并开始循环绘制三种情况：
plt.figure(figsize=(17, 5))
```

```python
#对于每种情况,创建一个子图,设置刻度标签字体大小:
for i in range(len(degrees)):
    ax = plt.subplot(1, len(degrees), i + 1)
    ax.tick_params(axis='both', which='major', labelsize=20)
    plt.setp(ax, xticks=(), yticks=())
    #创建多项式特征和线性回归模型,将它们添加到管道中:
    polynomial_features = PolynomialFeatures(degree=degrees[i], include_bias=False)
    linear_regression = LinearRegression()
    pipeline = Pipeline(
        [
            ("多项式特征", polynomial_features),
            ("线性回归", linear_regression),
        ]
    )
    #使用管道拟合数据:
    pipeline.fit(X[:, np.newaxis], y)
    #使用交叉验证评估模型
    scores = cross_val_score(
        pipeline, X[:, np.newaxis], y, scoring="neg_mean_squared_error", cv=10
    )
    #生成测试数据并绘制模型、真实函数和样本:
    X_test = np.linspace(0, 1, 100)
    plt.plot(X_test, pipeline.predict(X_test[:, np.newaxis]), label="模型")
    plt.plot(X_test, true_fun(X_test), label="真实函数")
    plt.scatter(X, y, edgecolor="b", s=20, label="样本")
    #设置子图的坐标轴标签、范围和标题:
    plt.xlabel("x", fontsize=24)
    plt.ylabel("y", fontsize=24)
    plt.xlim((0, 1))
    plt.ylim((-2, 2))
    plt.legend(loc="best")
    plt.title(
        '多次项项数: {}项'.format(
            degrees[i])
    )
plt.savefig('Underfitting vs. Overfitting.png', dpi=300, bbox_inches='tight')
plt.show()
```

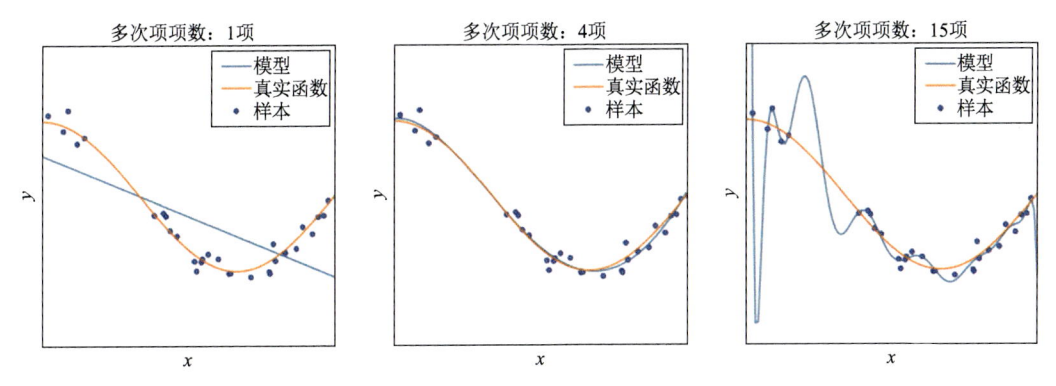

图 1.6　欠拟合、泛化、过拟合分析结果图

图 1.6 展示了希望逼近的函数，它是余弦函数的一部分。同时，图 1.6 还显示了来自真实函数的样本数据以及不同多项式特征程度的模型的逼近结果。可以观察到线性函数（一次多项式）无法很好地拟合训练样本，即出现了欠拟合现象。而四次多项式几乎完美地逼近了真实函数。然而，对于更高程度的多项式，模型开始过度拟合训练数据，即学习到了训练数据中的噪声。为了定量评估过拟合和欠拟合的情况，我们使用交叉验证方法。通过计算验证集上的均方误差（MSE），我们可以评估模型在训练数据之外的泛化能力，即模型正确泛化到新样本的能力。MSE 越高，说明模型从训练数据中正确泛化的可能性越小。

1.3　监 督 学 习

正如我们在本章开头所讨论的，已知输入预测变量输出的问题属于监督学习范畴。监督学习是一种机器学习方法，它使用已标记的训练数据来学习如何对新数据进行预测或分类[7]。图 1.7 展示了监督学习的基本流程。

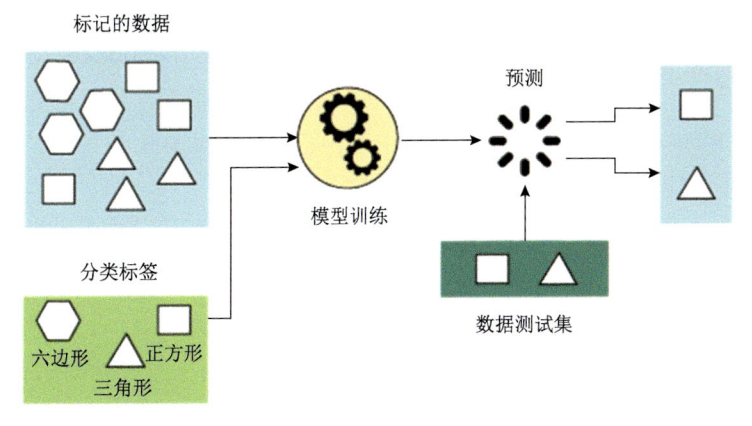

图 1.7　监督学习基本流程

监督学习算法分为两类：回归和分类。在回归问题中，目标变量是连续的，如预测房价、股票价格等。回归算法的目标是预测目标变量的值。然而，在分类问题中，目标变量是离散的，如预测某篇文章的主题、预测某张图片中是否包含某种物体等。分类算法的目标是将数据分到对应的类别。换句话说，目标是拟合出一个函数，它表示由输入变量提供的系统信息，以预测或推断响应或因（输出）变量。

在本节中，我们会阐述各种回归和分类算法的具体实现办法以及每个算法的性能。

1.3.1 K 近邻算法

Scikit-learn 库中的 sklearn.neighbors 提供了基于邻近性的无监督和监督学习方法的功能。无监督最近邻是许多其他学习方法的基础，尤其是流形学习和谱聚类。监督邻居学习分为两种形式：一种是具有离散标签的数据分类，另一种是具有连续标签的数据回归。

最近邻方法的基本原理是找到与新数据点距离最近的预定义数量的训练样本，并从这些样本中预测标签。样本数量可以是用户定义的常数（K 近邻学习），也可以根据数据点的局部密度变化（基于半径的邻域学习）。通常，距离可以是任何度量，其中标准欧几里得距离是最常见的选择。基于邻居的方法被认为是非泛化的机器学习方法，因为它们仅"记住"所有训练数据（可能会转换为快速索引结构）。

最近邻方法非常简单，已经在许多分类和回归问题中取得了成功，如手写数字识别和卫星图像场景分类。作为一种非参数方法，它通常在具有非常不规则决策边界的分类情况下表现出色。算法的具体理论公式可以参考文献[8]和[9]。

1. K 近邻回归

K 近邻回归是一种基于实例的学习方法，用于回归问题。KNN 回归算法的主要思想是：对于一个新的样本点，找到其在训练集中 K 个最近邻的样本，然后将这 K 个最近邻样本的输出取平均值作为预测值。KNN 回归算法的具体步骤如下。

首先，我们导入了必要的 Python 库和模块，包括 numpy、matplotlib 及 Scikit-learn 的 neighbors 模块中的 KNeighborsRegressor 类。接下来，使用 numpy 生成了一组随机数据。其中 X 表示输入数据，T 表示用于生成预测结果的一组等距样本数据，y 表示目标输出。X 的形状为(40, 1)，y 的形状为(40,)，而 T 则具有形状(500, 1)。在 y 的一部分数据中，加入了一些随机噪声。代码如下：

```
import numpy as np
import matplotlib.pyplot as plt
from sklearn import neighbors
plt.rcParams['font.family'] = 'Microsoft YaHei'
np.random.seed(0)
X = np.sort(5 * np.random.rand(40, 1), axis=0)
```

```
T = np.linspace(0, 5, 500)[:, np.newaxis]
y = np.sin(X).ravel()
y[::5] += 1 * (0.5 - np.random.rand(8))
```

我们定义了 KNN 模型的两个超参数：n_neighbors 和 weights。其中，weights 有两种取值：均匀权重（uniform）和距离权重（distance）。在这个过程中，权重函数决定了不同点对预测结果的影响程度。对于均匀权重函数，所有最近邻点的权重相等；而对于距离权重函数，点与预测点的距离越近，其权重越大。然后我们使用这些参数分别对数据进行拟合。

```
n_neighbors = 5
for i, weights in enumerate(["uniform", "distance"]):
    knn = neighbors.KNeighborsRegressor(n_neighbors, weights=weights)
    y_ = knn.fit(X, y).predict(T)
    plt.subplot(2, 1, i + 1)
    plt.scatter(X, y, color="darkorange", label="原始数据")
    plt.plot(T, y_, color="navy", label="预测值")
    plt.axis("tight")
    plt.legend()
    plt.title("KNN 回归 (K = %i, 权重 = '%s')" % (n_neighbors, weights))
plt.tight_layout()
plt.show()
```

我们使用 plt.show 函数展示结果，如图 1.8 所示。

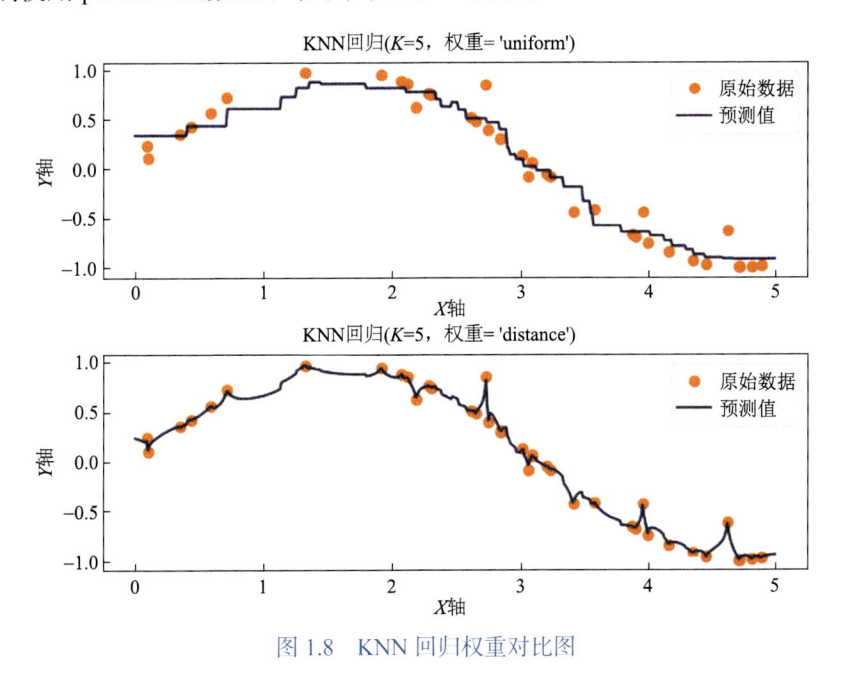

图 1.8 KNN 回归权重对比图

我们在图 1.8 中可以发现在距离权重下，原始数据均被波及，但这并不能表明该模型具有泛化性，很有可能是过拟合，因为我们在原来的数据集中人为加入了扰动，而该权重下的拟合，将所有数据均拟合进去，这是不符合现实规律认识的，所以每当模型训练完后，我们必须验证模型的泛化性，当然具体的验证过程，我们使用后面几章的详细案例来做分析。

那么介绍完 KNN 算法后，我们可以稍微总结它的优点，即简单直观，易于实现，并且在训练集较大时效果通常较好。但是，它的缺点也很明显，如需要计算每个测试样本与训练样本之间的距离，计算量较大，特别是当训练集较大时。此外，在高维空间中，KNN 算法的性能会下降，这被称为"维数灾难"问题。另外，KNN 算法对异常值也较为敏感。

2. K 近邻分类

K 近邻（KNN）是一种简单直观的算法，用于分类和回归任务。它的核心思想是根据相似度（通常是空间距离）将数据分配给最常见的类别。具体操作时，对于每一个待分类的样本，算法会计算其与所有已知分类样本的距离，选择最近的 K 个样本。这些样本的类别通过投票机制决定新样本的类别，类别出现频率最高的即为新样本的类别。

算法的效果很大程度上取决于 K 值的选择和距离度量方式。K 值较小可能会使模型过于复杂，容易受到噪声的影响；而 K 值较大则可能导致模型过于简单，不能很好地捕捉数据特征。尽管 KNN 在处理大数据集时计算开销大，但由于其简洁性和无须训练过程的特点，仍然是许多实际应用中的首选算法之一。我们使用一段代码实现一个简单的 KNN 分类器，并用于对鸢尾花数据集进行分类。下面是这个代码的具体讲解。

首先，导入了必要的 Python 库和模块，如 matplotlib、seaborn 和 Scikit-learn 的 neighbors、datasets 和 inspection 模块。同时，我们设置了中文字体为"Microsoft YaHei"。和一个超参数 n_neighbors，表示 KNN 分类器中的 K 值。KNN 分类器中的 K 值是指在计算预测样本与训练样本之间的距离时，要考虑多少个邻近的训练样本。这个参数通常被称为"近邻数"。在 KNN 分类器中，K 值的选择对分类器的性能有很大的影响。如果 K 值过小，分类器对噪声的容忍度就会降低，模型会变得更加复杂，并且对训练数据集的过拟合风险会增加。反之，如果 K 值过大，分类器会过度简化，忽略了样本间的细节信息，从而导致偏差增加，欠拟合风险也会增加。通常，可以采用交叉验证的方式，在训练数据集上选择最优的 K 值。另外，随着训练数据集的增大，K 的最优值也会有所变化，因此需要对新数据集重新进行选择。那么本次案例我们暂取 K 为 15，有兴趣的同学可以更改此值去查看不同的结果。

```python
import matplotlib.pyplot as plt
import seaborn as sns
from matplotlib.colors import ListedColormap
from sklearn import neighbors, datasets
from sklearn.inspection import DecisionBoundaryDisplay
```

```
plt.rcParams['font.family'] = 'Microsoft YaHei'
n_neighbors = 15
```

然后，我们去加载 Scikit-learn 自带的鸢尾花数据集 iris，然后只取了前两个特征作为输入数据 X。

```
iris = datasets.load_iris()
X = iris.data[:, :2]
y = iris.target
```

定义了两个颜色映射 cmap_light 和 cmap_bold，用于可视化分类结果。

```
cmap_light = ListedColormap(["orange", "cyan", "cornflowerblue"])
cmap_bold = ["darkorange", "c", "darkblue"]
```

使用 Scikit-learn 的 KNeighborsClassifier 类创建了一个 KNN 分类器，分别采用了均匀权重和距离权重，并用训练数据 X 和标签 y 进行拟合。利用 Scikit-learn 的 DecisionBoundaryDisplay 类和 matplotlib 的 pcolormesh 函数绘制了分类边界。这里，DecisionBoundaryDisplay.from_estimator()方法根据分类器 clf 对数据 X 进行分类，并用颜色映射 cmap_light 绘制分类边界。同时，利用 Seaborn 的 scatterplot 函数绘制了训练数据集中的数据点，并用颜色映射 cmap_bold 表示不同的标签。

```
for weights in ["uniform", "distance"]:
    clf = neighbors.KNeighborsClassifier(n_neighbors, weights=weights)
    clf.fit(X, y)

    _, ax = plt.subplots()
    DecisionBoundaryDisplay.from_estimator(clf,X,cmap=cmap_light,ax=ax,
                                response_method="predict",
                                plot_method="pcolormesh",
                                xlabel='萼片长度/cm',
                                ylabel='萼片宽度/cm',
                                shading="auto")

    sns.scatterplot(x=X[:, 0],y=X[:, 1],hue=iris.target_names[y],
                        palette=cmap_bold,alpha=1.0,edgecolor="black",)
    plt.title("分类结果(三类) (K = %i, 权重 = '%s')" % (n_neighbors, weights))
plt.show()
```

汇总上述代码，并展示结果，如图 1.9 所示，基本最近邻分类使用统一权重：也就是说，分配给查询点的类别是根据最近邻的简单多数投票计算得出的。在某些情况下，最好对邻居进行加权,以使距离较近的邻居对适应度的贡献更大。这可以通过设置权重关键字来实现。默认值 weights='uniform' 为每个相邻节点分配统一权重。weights='distance' 则分配与查询点距离的倒数成正比的权重。或者,用户可以提供自定义的距离函数来计算权重。

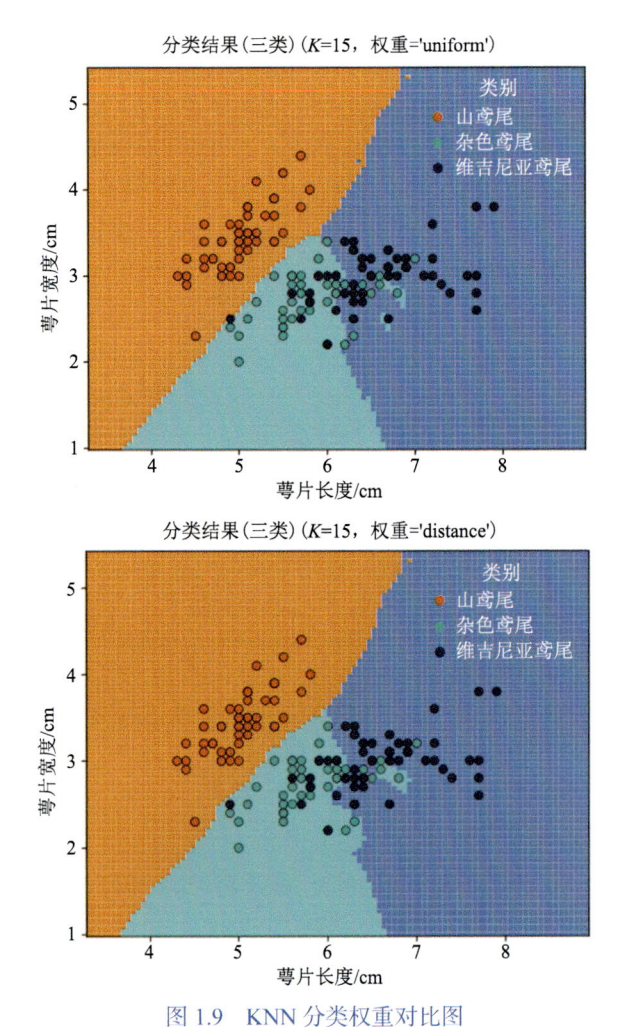

图 1.9 KNN 分类权重对比图

KNN 算法的分类原理与 KNN 算法的回归原理类似,也是基于邻近性假设。对于一个新的样本点,KNN 算法会在训练数据集中找出距离该点最近的 K 个点,然后根据这些点的标签值进行投票或加权投票,最终确定该点的类别。图 1.9 中也很好地说明了这一点。

总之,KNN 算法是一种简单有效的分类或回归算法,其原理简单易懂,并且易于实现。在处理小型数据集或需要实时分类或回归的问题时,KNN 算法是一个不错的选择。

1.3.2 线性模型

线性模型是实践中广泛使用的一类模型,它利用输入特征的线性函数(linear

function）进行预测，稍后会对此进行解释。

1. 用于回归的线性模型——多元线性回归

多元线性回归，或简称多元回归，是最简单的回归算法。该算法用于研究两个或多个变量之间的关系。它假设目标变量与每个独立变量之间存在线性关系，即目标变量可以用一个或多个独立变量的线性组合来表示。该算法的训练过程试图最小化观察到的输出值和模型预测的输出值之间的残差平方和[10]。

对于多元回归问题，线性模型预测的公式如下：

$$\hat{y} = w[0] \cdot x[0] + w[1] \cdot x[1] + \cdots + w[p] \cdot x[p] + b \qquad (1\text{-}1)$$

式中，$x[0], x[1], \cdots, x[p]$ 是数据点的特征；$w[0], w[1], \cdots, w[p]$ 和 b 是学习模型的参数；$\hat{y}$ 是模型预测结果。具体参考文献[10]。

多元线性回归算法常用于研究多个变量之间的关系，下面的示例仅使用糖尿病数据集的第一个特征，以说明二维图中的数据点。

载入糖尿病数据集，将数据集中的体重指数（BMI）特征赋值给变量 diabetes_X，将糖尿病进展赋值给变量 diabetes_y。并使用 numpy 中的 newaxis 方法将 BMI 特征转换为二维数组，以便与 sklearn 中的线性回归模型兼容。

```
import matplotlib.pyplot as plt
import numpy as np
from sklearn import datasets, linear_model
from sklearn.metrics import mean_squared_error, r2_score
diabetes_X, diabetes_y = datasets.load_diabetes(return_X_y=True)
diabetes_X = diabetes_X[:, np.newaxis, 2]
```

将数据集划分为训练集和测试集，训练集中包括除了最后 20 个样本以外的所有样本，测试集包括最后 20 个样本，并创建一个线性回归对象 regr。

```
diabetes_X_train = diabetes_X[:-20]
diabetes_X_test = diabetes_X[-20:]
diabetes_y_train = diabetes_y[:-20]
diabetes_y_test = diabetes_y[-20:]
regr = linear_model.LinearRegression()
```

使用训练集中的数据对线性回归模型进行训练，即通过 fit() 方法来调整模型参数，使其最小化平均均方误差。使用测试集中的数据进行预测，即通过 predict() 方法来预测糖尿病进展。

```
regr.fit(diabetes_X_train, diabetes_y_train)
diabetes_y_pred = regr.predict(diabetes_X_test)
```

使用 sklearn.metrics 中的 mean_squared_error 和 r2_score 函数来评估模型的性能，分别计算均方误差和决定系数。

```
print("回归系数:", regr.coef_)
print("均方误差: %.2f" % mean_squared_error(diabetes_y_test, diabetes_y_pred))
print("决定系数: %.2f" % r2_score(diabetes_y_test, diabetes_y_pred))
```

使用 matplotlib.pyplot 中的 scatter 和 plot 函数来可视化展示预测结果。其中，scatter 函数用于绘制测试集中的真实值和对应的 BMI 值，plot 函数用于绘制预测结果和对应的 BMI 值。

```
plt.scatter(diabetes_X_test, diabetes_y_test, color="black")
plt.plot(diabetes_X_test, diabetes_y_pred, color="blue", linewidth=3)
```

使用 xlabel、ylabel、xticks 和 yticks 函数来设置坐标轴标签和刻度，并使用 show 函数展示图形，如图 1.10 所示。

```
plt.xlabel("BMI")
plt.ylabel("糖尿病回归")
plt.xticks(())
plt.yticks(())
plt.show()
```

代码结果如下：
回归系数: [938.23786125]
均方误差: 2548.07
决定系数: 0.47

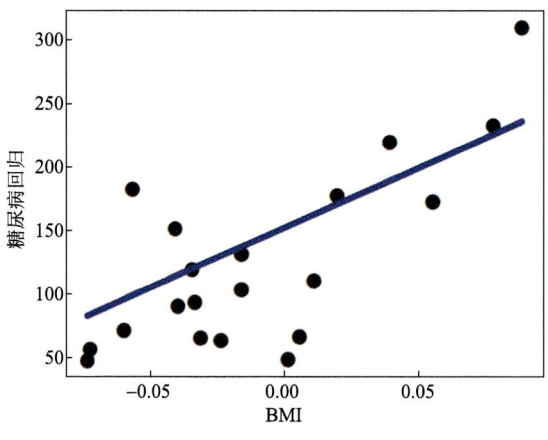

图 1.10　BMI 与糖尿病回归分析图

在图 1.10 中可以看到直线，显示了线性回归如何尝试绘制一条直线，该直线将最好地最小化数据集中观察到的响应与线性近似预测的响应之间的残差平方和。

2. 用于分类的线性模型——逻辑回归

逻辑回归是一种广泛应用于二分类问题的统计方法。在二分类问题中，每个样本仅有两种可能的状态，它要么属于某一个类别，要么属于另一个类别，不存在第三种可能。逻辑回归通过 sigmoid 函数，即逻辑函数，将线性回归的输出映射到 0 和 1 之间，用于预测样本属于某一类别的概率。sigmoid 函数的输出在输入值发生微小变动时，会产生剧烈的变化，这一特点使得逻辑回归在判别不同类别的样本时特别有效。下面是 softmax 函数，由式（1-2）表示[11]。

$$f_{\text{softmax}}(z^i) = \frac{e^{z_j}}{\sum_{j=1}^{k} e^{z_j}} \tag{1-2}$$

式中，k 是多分类问题中的类数；i 是对应于输入 z^i 计算 softmax 函数的类。softmax 函数从 0 到 1 的快速变化代表它具有处理多个类别的能力。z 表示来自模型最后一层的输出，即未归一化的预测。向量 z 包含了每个类别的分数。e^{z_j} 是指对向量 z 的第 j 个分量进行指数运算。分母中的 $\sum_{j=1}^{k} e^{z_j}$ 代表对向量 z 的所有分量做指数运算并求和，这确保了 softmax 的输出是归一化的。简单来说，softmax 函数提供样本属于 k 个类别中的任何一个的概率。多项逻辑回归也称为 softmax 回归。以下代码使用 Scikit-learn 库中的 LogisticRegression 模型在 iris 数据集的前两个特征（萼片长度和萼片宽度）上进行分类。具体的解释如下。

导入 matplotlib、Scikit-learn 库中的逻辑回归模型、iris 数据集和 DecisionBoundaryDisplay 类，使用 Scikit-learn 库中的 datasets 模块加载 iris 数据集，并从中提取了前两个特征作为特征矩阵 X，以及对应的分类标签 Y。

```python
import matplotlib.pyplot as plt
from sklearn.linear_model import LogisticRegression
from sklearn import datasets
from sklearn.inspection import DecisionBoundaryDisplay
iris = datasets.load_iris()
X = iris.data[:, :2]
Y = iris.target
```

创建了一个逻辑回归实例，并使用 fit 方法在 X 和 Y 上进行拟合，训练模型。

```python
logreg = LogisticRegression(C=1e5)
logreg.fit(X, Y)
```

用 DecisionBoundaryDisplay 类可视化训练后的决策边界。使用 from_estimator 方法，传入训练好的 LogisticRegression 实例，以及特征矩阵 X，指定使用 predict 方法来获取分类结果，设置绘图相关参数（如颜色映射、绘图方法、颜色填充等），以及 x 轴和 y 轴的标签和间距。最后绘制样本点的散点图，其中"X[:, 0]"和"X[:, 1]"分别代表特征矩阵 X 中的第一列和第二列特征值，"c=Y"代表使用分类标签 Y 来为不同类别的样本点着色。

```
_, ax = plt.subplots(figsize=(4, 3))
DecisionBoundaryDisplay.from_estimator(
    logreg,
    X,
    cmap=plt.cm.Paired,
    ax=ax,
    response_method="predict",
    plot_method="pcolormesh",
    shading="auto",
    xlabel="萼片长度/cm",
    ylabel="萼片宽度/cm",
    eps=0.5,
)

plt.scatter(X[:, 0], X[:, 1], c=Y, edgecolors="k", cmap=plt.cm.Paired)
plt.xticks(())
plt.yticks(())
plt.show()
```

上述代码运行结果如图 1.11 所示。

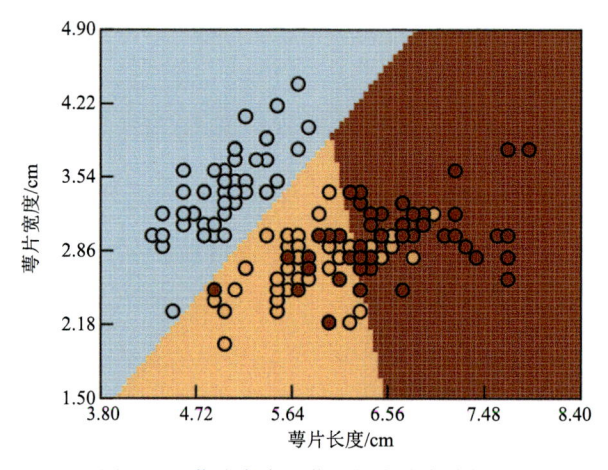

图 1.11　萼片宽度和萼片长度分类分析图

DecisionBoundaryDisplay 类可以从一个 Scikit-learn 的分类器中获取分类结果，并在

二维空间中绘制决策边界。这个方法的特点在于它使用了绘制决策边界的新的方式，将分类结果映射到颜色上，利用颜色填充二维空间。这种方法对于更复杂的决策边界和更高维度的数据集都具有良好的可视化效果。

而 LogisticRegression 模型是一种广泛使用的分类器，它具有简单、高效和可解释性强等特点，因此在实际应用中被广泛使用。

1.3.3 支持向量机

1. 支持向量回归

支持向量回归（SVR）使用支持向量机（SVM）算法来进行回归预测。SVM 是一种旨在解决分类和回归问题的算法。它试图找到一个超平面或一组超平面来分隔不同类别的数据点，并尽可能增加到任何类别最近点的距离。与传统的回归算法相比，SVR 能够更好地处理非线性数据和噪声干扰，适用于高维数据和小样本数据集。图 1.12 中展示了 SVR 的主要思想：在特征空间中找到最优超平面，使得该超平面与样本点之间的距离最大化。同时，核函数是一个重要的概念，它用于将数据从原始空间映射到高维特征空间，从而使得样本在高维特征空间中更容易分离。

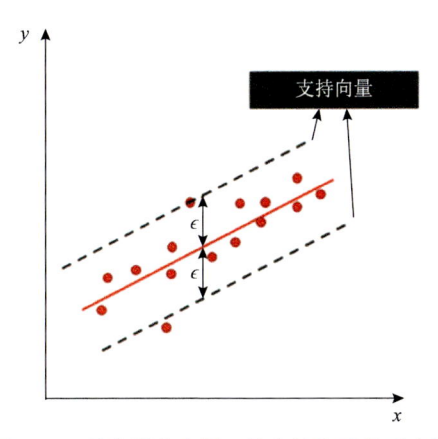

图 1.12　具有误差容限 ϵ 的支持向量的示意图

SVR 通过最小化预测误差和正则化项之和来训练模型，并使用支持向量来确定超平面的位置。SVR 的优点是能够处理高维数据，泛化能力强，且不容易受到噪声的影响。同时，由于 SVR 的原理和核函数的选择与 SVM 相同，因此训练过程比较简单，适用于小样本数据集。缺点是需要对模型参数进行调优，计算量较大，且需要选择合适的核函数和超参数。在这种方法中，通过允许误差余量，对每个点进行回归。在图 1.12 中，对于每一个数据点 y，得到一个介于 $y+\epsilon$ 和 $y-\epsilon$ 之间的预测值。这里的误差容限 ϵ 是由两个支持向量界定的，它们为模型提供了必要的调整灵活性。

支持向量回归算法最常用于预测连续变量，如测井数据、油价波动等。它在数据集中有少量异常值的情况下工作良好，因为它使用了边界支持向量来进行预测，而不是使用整个数据集。

除了误差范围，这个算法还利用了一个内核技巧。内核技巧将非线性低维空间投影到高维空间。在高维空间中，可以把原来的非线性问题表示成线性问题。Scikit-learn 中的支持向量回归实现有几个内核可用，包括线性核函数（linear）、sigmoid 核函数、高斯径向基核函数（rbf）和多项式核函数（polynomial，以下简称 poly）。具体理论可参考文献[12]和文献[13]。

由于数据集中非线性的存在，在这个例子中，选择线性核函数、高斯径向基核函数和多项式核函数对正弦函数进行回归拟合。具体的代码解释如下。

首先，我们在导入必要的库后，生成了一个 40 个样本的一维数据集，其中 X 是一维特征矩阵，y 是对应的目标变量。这里使用了 numpy 库生成了一些随机数，并对目标变量添加了一些噪声。

```python
import numpy as np
from sklearn.svm import SVR
import matplotlib.pyplot as plt
X = np.sort(5 * np.random.rand(40, 1), axis=0)
y = np.sin(X).ravel()
y[::5] += 3 * (0.5 - np.random.rand(8))
```

然后，创建三个不同的 SVR 模型，使用了不同的核函数（rbf、linear 和 poly）和对应的超参数，如惩罚系数 C、核函数系数 gamma、多项式核函数的次数 degree、epsilon 和 coef0 等。

```python
svr_rbf = SVR(kernel="rbf", C=100, gamma=0.1, epsilon=0.1)
svr_lin = SVR(kernel="linear", C=100, gamma="auto")
svr_poly = SVR(kernel="poly", C=100, gamma="auto", degree=3, epsilon=0.1, coef0=1)
```

下面这段代码定义了一些绘图相关的参数，如线宽、模型实例列表、核函数的标签列表和模型颜色列表。并使用 subplots 方法创建了一个包含 3 个子图的图形，并将它们放在同一行，坐标数据共享 y 轴。

```python
lw = 2
svrs = [svr_rbf, svr_lin, svr_poly]
kernel_label = ["高斯径向基", "线性", "多项式"]
model_color = ["m", "c", "g"]
fig, axes = plt.subplots(nrows=1, ncols=3, figsize=(22, 7), sharey=True)
fontsize_labels = 14
fontsize_ticks = 16
for ix, svr in enumerate(svrs):
    axes[ix].plot(
        X,
```

```python
        svr.fit(X, y).predict(X),
        color=model_color[ix],
        lw=lw,
        label="{} 模型".format(kernel_label[ix]),
    )
    axes[ix].scatter(
        X[svr.support_],
        y[svr.support_],
        facecolor="none",
        edgecolor=model_color[ix],
        s=50,
        label="{} 核函数".format(kernel_label[ix]),
    )
    axes[ix].scatter(
        X[np.setdiff1d(np.arange(len(X)), svr.support_)],
        y[np.setdiff1d(np.arange(len(X)), svr.support_)],
        facecolor="none",
        edgecolor="k",
        s=50,
        label="其他训练数据",
    )
    axes[ix].legend(
        loc="upper right",
        bbox_to_anchor=(0.4, 0.25),
        ncol=1,
        fancybox=True,
        shadow=True,
        fontsize=fontsize_labels,
    )
    axes[ix].tick_params(axis='both', which='major', labelsize=fontsize_ticks)
fig.text(0.5, 0, "数据", ha="center", va="center", fontsize=24)
fig.text(0, 0.5, "目标", ha="center", va="center", rotation="vertical", fontsize=24)
fig.suptitle("支持向量回归", fontsize=28)
plt.tight_layout()
plt.savefig('Support Vector Regression (SVR) using linear and non-linear kernels.png',
            dpi=300, bbox_inches='tight')
plt.show()
```

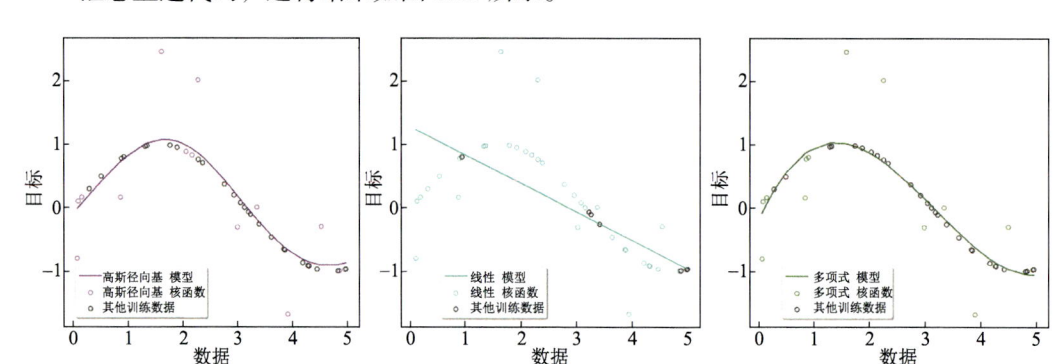

汇总上述代码，运行结果如图 1.13 所示。

图 1.13　支持向量回归不同核函数回归对比分析图

从图 1.13 中我们发现高斯径向基核函数在这个示例中表现最好。它具有很好的灵活性，能够适应各种数据分布，并且能够处理非线性关系。它在拟合正弦函数的任务中能够捕捉到数据的周期性，并产生较好的预测结果。线性核函数在这个示例中表现较差。它适用于处理具有线性关系的数据，但对于非线性数据的拟合能力有限，因此无法很好地适应正弦函数的曲线形状。多项式核函数在这个示例中表现与高斯径向基核函数近似。它能够处理一定程度的非线性关系，但对于复杂的非线性数据可能不够灵活。在这个示例中，多项式核函数的拟合曲线与目标值之间存在一定的偏差。

SVR 模型的性能还受到参数的影响，如 C、gamma、epsilon 等。在这部分代码中，对于每个核函数，使用了一组固定的参数值。对于不同的数据集和任务，需要进行参数调整以获得更好的拟合效果。在实际应用中，可以通过交叉验证等技术来选择最优的参数组合，以提高 SVR 模型的性能和泛化能力。

因此，通过这部分代码的 SVR 对比分析，我们可以得出结论：在处理正弦函数数据拟合任务时，高斯径向基核函数的 SVR 模型表现最好，而线性核函数的 SVR 模型表现最差。选择适当的核函数和调整参数可以提高 SVR 模型的性能，使其更好地适应不同类型的数据分布和关系。

2. 支持向量分类

本节第一部分讨论了支持向量和内核技巧。支持向量分类器（support vector classification，SVC）使用类似的概念。为了进行分类，该算法构建了最佳超平面，将属于不同类别的样本分开。通过选择一组训练数据（其中包含若干个独立变量和一个目标变量）将数据映射到高维空间，使得数据可以被完美分割，最后构建决策边界，使得正样本和负样本尽可能远离决策边界。但是支持向量分类算法的缺点在于计算复杂度较高，适用于小规模的数据集。另外，在处理多分类问题时，需要使用多个二分类器，这会增加复杂度。这里我们还是使用鸢尾花数据集，对其进行 2D 投影上不同线性 SVM 分类器的比较。那么下面来分部分展示代码：

首先，加载鸢尾花数据集，将数据集中的前两个特征作为输入特征 X，将数据集中

的标签作为目标值 y。

```python
import matplotlib.pyplot as plt
from sklearn import svm, datasets
from sklearn.inspection import DecisionBoundaryDisplay

iris = datasets.load_iris()
X = iris.data[:, :2]
y = iris.target

C = 1.0
```

这里需要注意的是，SVM regularization parameter 是 SVM 模型中的一个超参数，通常用 C 表示，用于控制模型的复杂度和对训练数据的拟合程度。在 SVM 中，我们希望找到一个能够将不同类别的数据点分开的超平面，而 C 参数则是在平衡最大化分类边际（maximum margin）和最小化分类错误（misclassifications）之间的权衡。

具体来说，C 参数的取值范围是正实数，它决定了 SVM 模型在分类边际和分类错误之间的折中。较小的 C 值将导致较大的分类边际，但可能会导致一些数据点被错误地分类；而较大的 C 值将导致较小的分类边际，但会更强地迫使模型正确分类每个数据点。因此，C 参数的取值需要在模型选择过程中进行调整，以获得最佳的分类性能。

需要注意的是，C 参数不同于其他模型参数（如核函数的参数），它并不是通过交叉验证或其他技术来优化的，而是需要手动指定的超参数。在实践中，通常会尝试不同的 C 值，以找到最佳的分类效果。

然后，创建四个 SVM 模型，分别使用不同的核函数（linear、rbf、poly）和一个线性的支持向量分类器，训练模型，并存储在 models 变量中。这里需要重点区分 svm.SVC 和 svm.LinearSVC 的用法，这两个都是支持向量机中用于分类的线性模型，它们的区别在于实现方式和数学原理。

svm.SVC(kernel="linear", C=C)中的 kernel 参数指定使用的内核函数为线性核函数，这意味着算法将数据映射到高维空间并尝试找到一个超平面，该超平面能够以线性方式最大化地分开不同的类别。线性核函数以其实现简便和理解直观的特点，非常适合处理那些本身就线性可分的数据集。然而，对于非线性可分的复杂数据，这种线性映射可能不足以有效地分类，此时可能需使用更高级的非线性核函数来处理数据。

svm.LinearSVC(C=C, max_iter=10000)是使用了线性 SVM 的一种实现方式，它使用了不同于 svm.SVC 的优化算法，即使用坐标轴下降（coordinate descent）方法而不是求解二次规划的方法来优化模型。这个实现方式的优点是可以更快地训练模型，同时支持更大的数据集。缺点是它不能直接使用内核技巧，因此只能处理线性可分问题。此外，LinearSVC 也没有 SVC 中的 decision_function 方法，而是使用了 predict_proba 方法来得到分类概率。

因此，在实际应用中，如果数据集是线性可分的，则可以使用 svm.SVC(kernel=

"linear"，C=C)；如果数据集是线性不可分的，则可以使用 svm.SVC(kernel="rbf", gamma=0.7, C=C)等非线性核函数，或者使用 svm.LinearSVC(C=C, max_iter=10000)来处理线性问题。

```python
models = (
    svm.SVC(kernel="linear", C=C),svm.LinearSVC(C=C, max_iter=10000),
    svm.SVC(kernel="rbf", gamma=0.7, C=C),
    svm.SVC(kernel="poly", degree=3, gamma="auto", C=C),
)
models = (clf.fit(X, y) for clf in models)
titles = (
    "线性核函数（Linear）",
    "线性支持向量分类",
    "高斯径向基核函数（rbf）",
    "三次多项式核函数（Polynomial）",
)
```

最后，我们定义用于绘制图表的标题。创建一个 2×2 的子图表格，并调整子图之间的距离。对于每个 SVM 模型，绘制决策边界，并将其显示在相应的子图中。绘制决策边界使用了 DecisionBoundaryDisplay 类，它可以根据分类器的预测结果自动计算决策边界，并将其绘制在图表上。在每个子图上绘制训练数据点，使用不同的颜色表示不同的类别。设置子图的标题和坐标轴标签，并显示图表。

```python
fig, sub = plt.subplots(2, 2, figsize=(12, 12))
plt.subplots_adjust(wspace=0.4, hspace=0.4)
X0, X1 = X[:, 0], X[:, 1]
for clf, title, ax in zip(models, titles, sub.flatten()):
    disp =DecisionBoundaryDisplay.from_estimator(clf,X,
        response_method="predict",
        cmap=plt.cm.coolwarm,alpha=0.8,ax=ax,
        xlabel="萼片长度/cm",
        ylabel="萼片宽度/cm",
    )
    ax.scatter(X0, X1, c=y, cmap=plt.cm.coolwarm, s=20, edgecolors="k")
    ax.set_xticks(())
    ax.set_yticks(())
    ax.set_title(title)
plt.tight_layout()
plt.savefig(' SVM classifiers.png', dpi=300, bbox_inches='tight')
```

```
plt.show()
```

汇总上述代码，结果展示如图 1.14 所示。

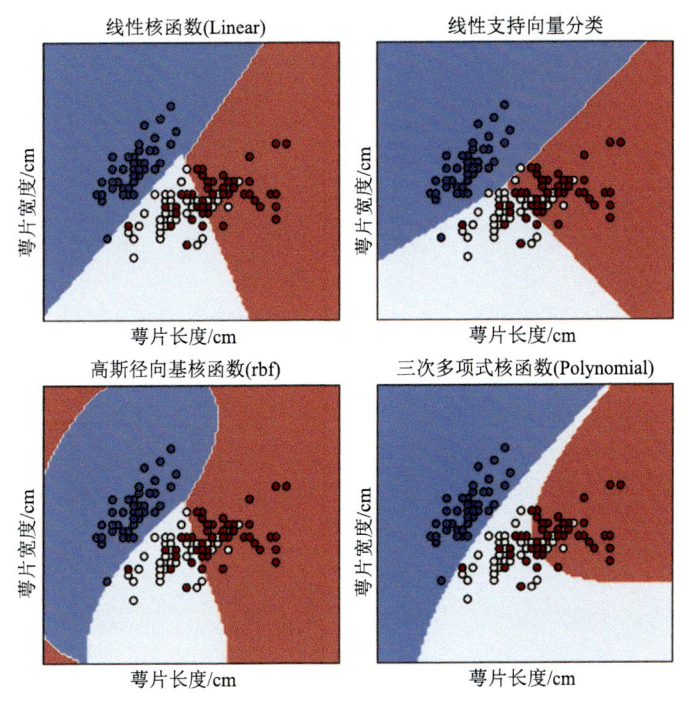

图 1.14 支持向量回归不同核函数对比分类分析图

图 1.14 展示了如何绘制具有不同内核的四个 SVM 分类器的决策表面。线性模型 LinearSVC（）和 SVC（kernel='linear'）产生了略有不同的决策边界。这可能是以下差异的结果：LinearSVC（）最小化了不敏感平方损失（squared epsilon-insensitive loss），而 SVC（kernel='linear'）最小化了常规平方损失（epsilon-insensitive loss）。

在 SVR 中，这两个函数的作用都是通过拟合一个边界区间，使得大部分训练样本位于该区间内，并且在该区间内尽可能靠近目标变量的真实值。但是最小化不敏感平方损失对偏离真实值较远的样本更加敏感，通过平方处理强调了大偏差的影响。而最小化常规平方损失则将所有大于误差容限 ϵ 的偏差都视为同样的损失。因此选择使用哪种损失函数取决于具体的问题和需求，以及对偏差的敏感度和处理方式的偏好。

对于 LinearSVC（）模型来说，使用了一对多(也称为一对其余)的多类归约，而 SVC（kernel='linear'）使用一对一的多类归约。两个线性模型都具有线性决策边界（相交超平面），而非线性核模型（多项式或高斯径向基）具有更灵活的非线性决策边界，其形状取决于内核的种类及其参数。最后需要注意的是，虽然绘制鸢尾花 2D 数据集分类器的决策函数有助于直观地了解它们各自的表达能力，但这些终归不能直接推广到更现实的高维问题。

1.3.4 决策树

1. 决策树回归

决策树是非参数的基于树的用于分类和回归的机器学习算法。该算法通过构建由多个叶节点构成的基于规则的分层树结构来工作。在每个叶节点的一个特征或一组特征上施加一个条件。在决策树的每个节点，训练数据中的样本根据施加的条件被分成多个子节点。预测值是基于末端叶节点中样本的平均值计算的。

决策树回归采用一种分而治之的策略，通过递归方式不断地将数据集分割成更小的子集。在每一次分割中，算法选择一个特征并对其进行划分，旨在找到最优的分割点，以便最小化子集内的总平方误差。这一连串的划分过程会在满足特定的终止条件时停止，如达到树的预设最大深度，或是节点上的数据量减少到最小样本数以下，或是进一步的分割无法显著提高预测的准确性。最终，算法会根据落入各叶节点的数据特征值输出相应的预测值。图 1.15 中很好地展示了这一过程。决策树回归因其可解释性和易用性而成为一种流行的算法。它可以处理连续特征和分类特征，并且可以捕获特征和目标变量之间的非线性关系。但是，如果树太深，它可能会遭受过拟合的影响，并且它可能并不总是很好地推广到看不见的数据。

在训练过程中，该算法学习在每个叶节点分割训练数据的规则，以便最小化观察值和预测值之间的均方误差。由于决策树的高度可解释性，它常常用于回归问题。然而，这种算法存在过拟合的问题，可参考文献[14]。

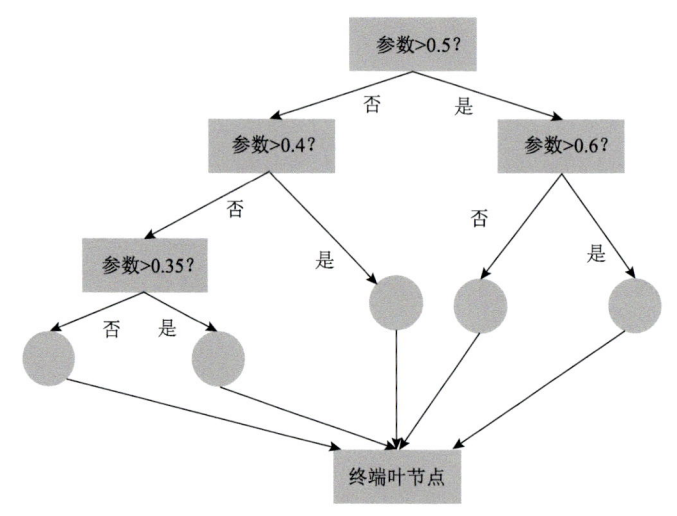

图 1.15 决策树回归树状分析图

下面这段代码演示了如何使用 sklearn.tree 模块中的 DecisionTreeRegressor 类进行决策树回归。

```
import numpy as np
from sklearn.tree import DecisionTreeRegressor
```

```python
import matplotlib.pyplot as plt

rng = np.random.RandomState(1)
X = np.sort(5 * rng.rand(80, 1), axis=0)
y = np.sin(X).ravel()
y[::5] += 3 * (0.5 - rng.rand(16))

regr_1 = DecisionTreeRegressor(max_depth=2)
regr_2 = DecisionTreeRegressor(max_depth=5)
regr_1.fit(X, y)
regr_2.fit(X, y)

X_test = np.arange(0.0, 5.0, 0.01)[:, np.newaxis]
y_1 = regr_1.predict(X_test)
y_2 = regr_2.predict(X_test)

plt.figure()
plt.scatter(X, y, s=20, edgecolor="black", c="darkorange", label="数据")
plt.plot(X_test, y_1, color="cornflowerblue", label="最大深度=2", linewidth=2)
plt.plot(X_test, y_2, color="yellowgreen", label="最大深度=5", linewidth=2)
plt.xlabel("数据")
plt.ylabel("目标")
plt.legend()
plt.show()
```

以下是代码的逐步解释。

（1）导入必要的模块和库：DecisionTreeRegressor（来自 Scikit-learn 库的决策树回归模型）。

（2）创建一个随机数据集：rng 是一个具有固定种子（1）的随机数生成器，以确保结果的可重复性。X 包含 0~5 范围内的 80 个随机数据点，按升序排序。y 包含 X 中每个点的正弦值，并在每隔 5 个数据点处添加噪声。

（3）拟合回归模型：创建两个决策树回归器 regr_1 和 regr_2，最大深度分别为 2 和 5。将这两个模型拟合到数据集（X, y）。

（4）预测：X_test 包含 0~5 范围内的等间距值，间隔为 0.01。y_1 和 y_2 分别是 regr_1 和 regr_2 对 X_test 数据点的预测。

（5）绘制结果：用深橙色和黑色边缘创建原始数据点（X, y）的散点图。用蓝色线绘制 regr_1 的预测（X_test, y_1）。用绿色线绘制 regr_2 的预测（X_test, y_2）。为绘图添加标签、标题和图例。使用 plt.show()显示绘图。

代码运行结果如图 1.16 所示。

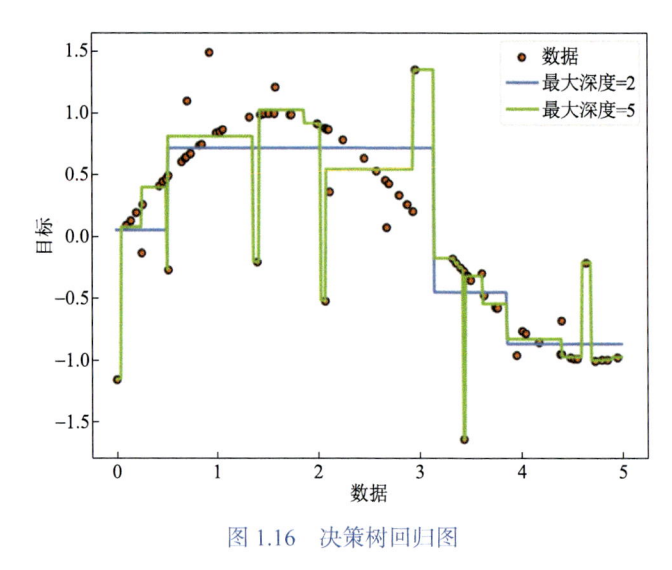

图 1.16　决策树回归图

绘图结果说明了具有不同最大深度的决策树回归器如何拟合带有噪声的正弦数据。最大深度为 2 的树（蓝线）不足以捕捉数据的变化，而最大深度为 5 的树（绿线）可以更紧密地拟合数据，但可能对噪声过拟合。

2. 决策树分类

决策树分类算法遵循与前面讨论的决策树回归类似的方法。在回归算法中，预测是通过对样本所属的终端叶节点中的值进行平均来生成的。在分类问题中，属于终端树节点的所有样本都被分类为其中一个类别。在模型训练期间，该算法试图最小化熵（随机性）并最大化信息增益。一棵没有随机性的经过充分训练的树的所有样本都只属于任何给定终端叶节点中的一个样本类。

下面代码展示了使用决策树分类器来对鸢尾花数据集特征进行训练的过程。对于每对鸢尾花特征，决策树首先从训练样本中得到简单阈值规则，然后根据阈值分类形成决策树分类边界。下面这段代码还演示了如何使用 sklearn.tree 模块中的 DecisionTreeClassifier 类进行决策树分类。以下是代码的逐步解释。

首先加载 Scikit-learn 附带的 iris 数据集的副本：

```
from sklearn.datasets import load_iris
iris = load_iris()
```

然后显示在所有特征对上训练的树的决策函数：

```
import numpy as np
import matplotlib.pyplot as plt
from sklearn.datasets import load_iris
```

```python
from sklearn.tree import DecisionTreeClassifier
from sklearn.inspection import DecisionBoundaryDisplay
#设置参数
n_classes = 3
plot_colors = "ryb"
plot_step = 0.02

x_labels = ['萼片长度/cm', '萼片长度/cm', '萼片长度/cm',
            '萼片宽度/cm', '萼片宽度/cm', '花瓣长度/cm']
y_labels = ['萼片宽度/cm', '花瓣长度/cm', '花瓣宽度/cm',
            '花瓣长度/cm', '花瓣宽度/cm', '花瓣宽度/cm']

for pairidx, pair in enumerate([[0, 1], [0, 2], [0, 3], [1, 2], [1, 3], [2, 3]]):
    #选取两两相关的参数
    X = iris.data[:, pair]
    y = iris.target
    #训练数据集
    clf = DecisionTreeClassifier().fit(X, y)
    #展示决策边界
    ax = plt.subplot(2, 3, pairidx + 1)
    plt.tight_layout(h_pad=0.5, w_pad=0.5, pad=2.5)
    DecisionBoundaryDisplay.from_estimator(
        clf,
        X,
        cmap=plt.cm.RdYlBu,
        response_method="predict",
        ax=ax,
        x_labels = x_labels,
        y_labels = y_labels
    )
    #展示训练数据集
    for i, color in zip(range(n_classes), plot_colors):
        idx = np.where(y == i)
        plt.scatter(
            X[idx, 0],
            X[idx, 1],
            c=color,
```

```
                    label=iris.target_names[i],
                    cmap=plt.cm.RdYlBu,
                    edgecolor="black",
                    s=15,
            )
        ax.set_xlabel(x_labels[pairidx])
        ax.set_ylabel(y_labels[pairidx])
plt.legend(loc="lower right", borderpad=0, handletextpad=0)
_ = plt.axis("tight")
plt.savefig('iris_dtc.png', dpi=300, bbox_inches='tight')
plt.show()
```

代码运行结果如图 1.17 所示。

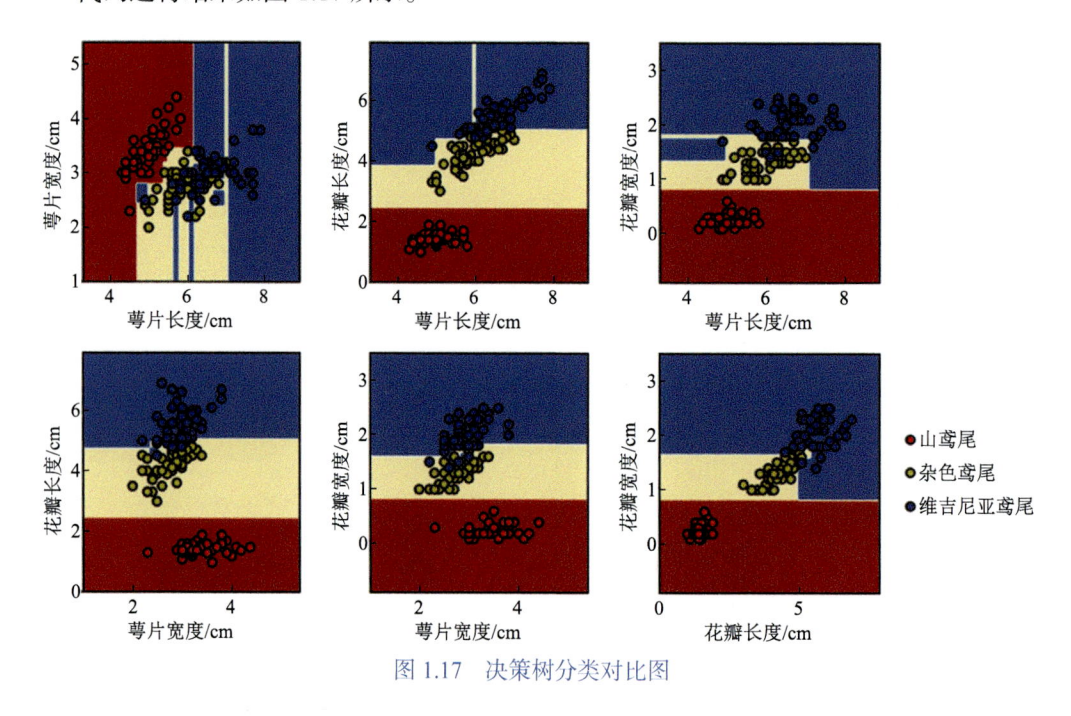

图 1.17　决策树分类对比图

图 1.17 中展示了如何使用决策树分类器对鸢尾花进行分类，并显示了不同特征对分类结果的影响。

（1）了解不同特征之间的关系。通过观察不同子图中的决策边界，我们可以了解不同特征之间的关系，如花瓣长度和花瓣宽度对分类的影响更大，而萼片长度和萼片宽度对分类的影响则较小。

（2）比较不同特征对分类的影响。通过比较不同子图中的决策边界，我们可以比较不同特征对分类的影响，如在第二行第一排的子图中，花瓣长度和萼片宽度之间的决策边界更好地将不同物种的样本分开，在第二行第三排的子图中，花瓣宽度和花瓣长度之间的决策边界更好地分离了不同物种的样本。

（3）理解决策树分类器如何工作。每个子图展示了一个基于两个特征的训练后的决策树分类器，用不同颜色的散点表示三个鸢尾花物种中的样本，并将它们分开。决策树分类器根据这些特征将样本分类为三个不同的物种，决策边界是决策树分类器的预测结果。在每个子图中，水平轴和垂直轴表示一对特征，而决策边界用不同颜色的区域表示。

因此，多子图的展示方式可以帮助我们更好地理解决策树分类器如何对鸢尾花进行分类，并且帮助我们了解不同特征对分类的影响，从而在进行机器学习模型选择和开展特征工程时提供指导。

1.3.5 集成学习：Bagging 与 Boosting

到目前为止，我们已经讨论了单一机器学习模型所提供的最佳和可复现的性能情况。然而，在现实场景中，基于算法的单一模型可能无法提供最佳解决方案。为了应对这一挑战，本节引入了集成学习，当使用相同的算法训练多个机器学习模型以提供更强大的预测模型时，集成学习就会体现巨大的算法优势[15]。

集成学习想法是将多个弱学习者组合起来，创建一个强大的学习集成，它可以提供比单个机器学习模型更高的精度。Bagging 和 Boosting 是这一类别中最常见的两种技术。它们有助于减少噪声、方差（即避免过拟合）或偏差（即避免欠拟合）。

在定义这些概念之前，重要的是了解 Bootstrapping 算法，这是统计学中使用的一种重采样技术。在引导过程中，从提供的数据集中随机抽取几个样本，并进行替换。Bootstrapping 算法可以量化与统计学习方法相关的不确定性。

1. Bagging

Bagging 是 Bootstrap Aggregation 的缩写，是由 Leo Breiman 开发的一项技术，旨在减少学习模型的方差。虽然在一些机器学习算法（如决策树）中会遇到高方差（过拟合），但当同质弱学习者（即性能较差的模型）通过并行训练进行组合，并通过回归或分类过程提供预测时，Bagging 非常有用。这一过程产生了一个更稳健的模型，并减少了过拟合的机会。

Bagging 的 Bootstrapping 部分是指从数据集中有放回地抽取若干随机样本的重采样方法。因此，Bootstrapping 创建了从同一分布中提取的多个较小的随机数据集。每个自举样本（bootstrapped）数据集都用于训练模型，然后将输出聚合成一个最终结果。然而，聚合也有不同的含义，这取决于所要解决的问题类型。在处理回归问题时，聚合意味着对所有模型中的每个观察结果进行平均。而在分类中，聚合意味着为每个观察结果选择最常见的类别，类似于进行多数表决。这一过程令人印象深刻，但是它实际上是如何帮助减少模型的方差呢？每个模型都在不同的数据集上进行训练，因为它们是通过 Bootstrapping 得到的。因此，每个模型都会产生一些不同的错误，从而导致明显的误差和方差。在聚合步骤中,误差和方差都会减少,实际上,在回归问题中,它们会被平均掉。在分类的表现上,就是多个弱分类器组合变成强分类器。图 1.18 中展示了这一过程,图中第一排中所有绿色、红色和蓝色的数据点代表了重采样的数据点,然后将数据放在这三个分类器上运行,最后合并重新拟合边界,得到最终的集成决策边界。

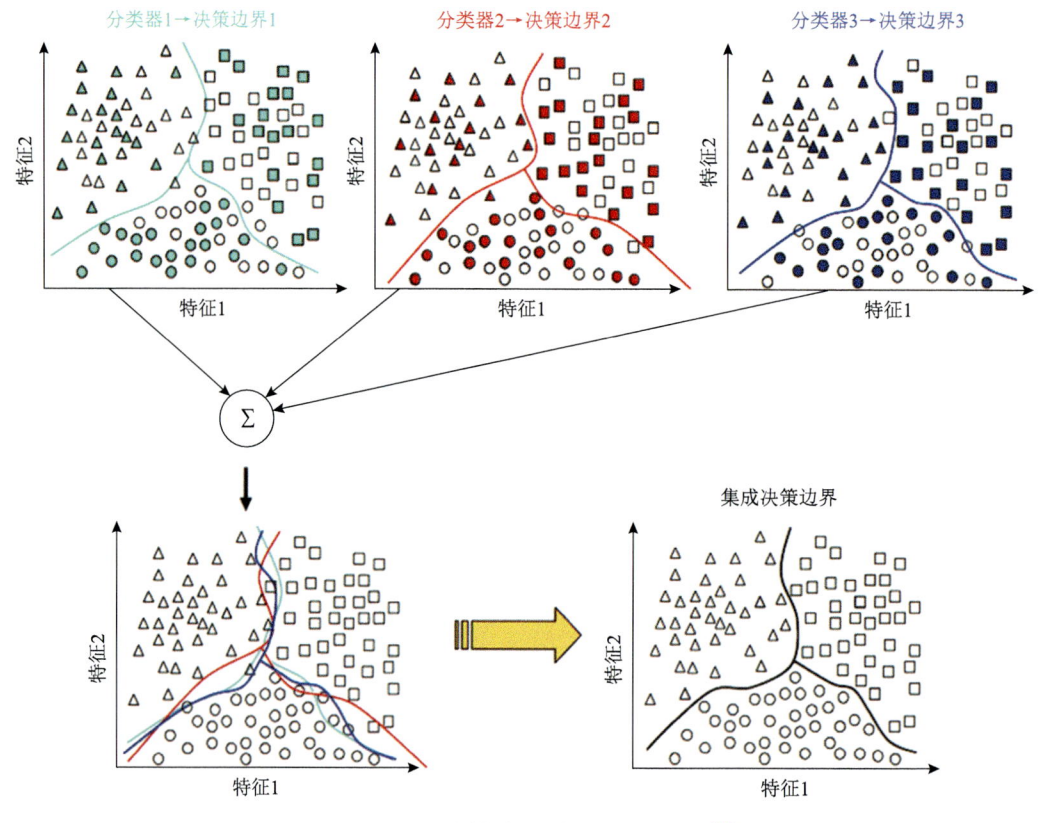

图 1.18 重采样与集成算法原理示意图[15]

  Bagging 的优势在于它可以减少模型的方差。通过使用不同的训练集生成多个基本模型,Bagging 可以降低模型对训练数据的敏感性,提高泛化能力。每个基本模型都会对数据集的不同部分产生不同的学习结果,通过集成这些结果,可以减少模型的误差,并在某种程度上抑制过拟合现象。此外,Bagging 还能够有效地处理高维数据和复杂的分类问题。通过构建多个基本模型,Bagging 可以捕捉数据的不同方面和特征子集,从而更好地适应复杂的数据分布和决策边界。

  总结起来,Bagging 是一种集成技术,图 1.19 展示了多个基本模型结合输出以提高预测的准确性和稳定性的技术流程。它通过自助采样和模型组合的方式,降低模型的方差,并在处理高维数据和复杂分类问题时表现出色。

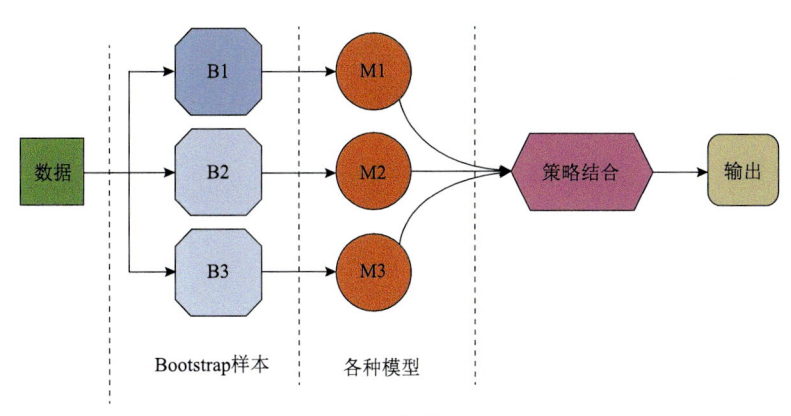

图 1.19 Bagging 的算法原理示意图

我们将使用单个决策树回归和集成算法 Bagging 回归来比较它们的优劣，同时我们会计算预期均方误差以进行对比。

在回归问题中，我们可以通过偏差、方差和噪声来分解估计量的预期均方误差。其中，偏差项是指在回归数据集上对估计器的预测与最佳可能估计器（即贝叶斯模型）的预测之间存在的平均差异量。方差项则衡量了同一问题不同随机实例下估计器预测结果的可变性。在本文中，每个问题实例都被标记为"LS"，表示"学习示例"。最后，噪声项则度量数据可变性导致无法减少的误差部分。

首先，我们还是导入相关的 Python 库，这段代码使用 Python 中的 numpy 和 matplotlib 库以及 Scikit-learn 库中的 BaggingRegressor 和 DecisionTreeRegressor 类，用于演示使用 Bagging 回归器进行模型集成的效果。

```
import numpy as np
import matplotlib.pyplot as plt
from sklearn.ensemble import BaggingRegressor
from sklearn.tree import DecisionTreeRegressor
n_repeat = 50 #计算期望的迭代次数
n_train = 50 #训练集的大小
n_test = 1000 #测试集的大小
noise = 0.1 #噪声的标准差
np.random.seed(0)
```

然后，我们更改估计器的参数来探索其他估计量的预期均方误差，这应该适用于具有高方差的估计器（如决策树或 KNN），但对于低方差的估计器（如线性模型）来说效果不佳。

```
estimators = [("决策树", DecisionTreeRegressor()),
            ("Bagging(基于决策树)",BaggingRegressor(DecisionTreeRegressor())),
]
n_estimators = len(estimators)
```

接着，定义了两个函数：f(x)函数用于生成模拟的数据；generate(n_samples, noise, n_repeat=1)函数用于生成数据集，其中 n_samples 表示样本数量，noise 表示噪声的标准差，n_repeat 表示重复次数，用于生成多组数据集。使用 np.random.rand()函数生成[0, 1)区间内的随机数，并将其缩放到[−5, 5)区间内，得到一个一维的特征向量 X；对 X 进行排序，得到有序的特征向量 X。如果 n_repeat 等于 1，表示只生成一组数据，那么就用函数 f(X)来计算真实值，并加上噪声项得到 y；如果 n_repeat 大于 1，表示需要生成多组数据，那么就用 f(X)计算真实值，并在每一组数据中加入不同的噪声项，得到 y；最后，将 X 和 y 转化为 numpy 数组，并返回。

```
def f(x):
    x = x.ravel()
    return np.exp(-(x**2)) + 1.5 * np.exp(-((x - 2) ** 2))
def generate(n_samples, noise, n_repeat=1):
    X = np.random.rand(n_samples) * 10 - 5
    X = np.sort(X)
    if n_repeat == 1:
        y = f(X) + np.random.normal(0.0, noise, n_samples)
    else:
        y = np.zeros((n_samples, n_repeat))
        for i in range(n_repeat):
            y[:, i] = f(X) + np.random.normal(0.0, noise, n_samples)
    X = X.reshape((n_samples, 1))
    return X, y

X_train = []
y_train = []

for i in range(n_repeat):
    X, y = generate(n_samples=n_train, noise=noise)
    X_train.append(X)
    y_train.append(y)

X_test, y_test = generate(n_samples=n_test, noise=noise, n_repeat=n_repeat)
```

接下来，创建一个图片尺寸为(10, 8)的 figure 绘图底板，并开始循环比较两个回归器的效果；对于每个回归器，首先使用 np.zeros()函数创建一个大小为(n_test, n_repeat)的全 0 数组 y_predict，用于存储预测值；然后，使用 for 循环进行 n_repeat 次训练，并将得到的预测值存储在 y_predict 中；在进行完 n_repeat 次训练后，计算均方误差的分解，其中 y_error 表示误差，y_bias 表示偏差平方，y_var 表示方差，y_noise 表示噪声方差。

```
plt.figure(figsize=(10, 8))
#循环估算器进行比较
for n, (name, estimator) in enumerate(estimators):
    #计算预测值
    y_predict = np.zeros((n_test, n_repeat))

    for i in range(n_repeat):
        estimator.fit(X_train[i], y_train[i])
        y_predict[:, i] = estimator.predict(X_test)

    #基于偏差值的平方(bias^2) + 方差(variance) + 噪声(noise) 均方误差分解
    y_error = np.zeros(n_test)
    for i in range(n_repeat):
        for j in range(n_repeat):
            y_error += (y_test[:, j] - y_predict[:, i]) ** 2

    y_error /= n_repeat * n_repeat
    y_noise = np.var(y_test, axis=1)
    y_bias = (f(X_test) - np.mean(y_predict, axis=1)) ** 2
    y_var = np.var(y_predict, axis=1)
    print(
        "{0}: {1:.4f} (error) = {2:.4f} (bias^2) "
        " + {3:.4f} (var) + {4:.4f} (noise)".format(
            name, np.mean(y_error), np.mean(y_bias), np.mean(y_var), np.mean(y_noise)
        )
    )
```

最后，使用 plt.subplot()函数创建一个 2 行 n_estimators 列的子图，并绘制回归器的预测结果和误差分解图。在绘制误差分解图时，先绘制 y_error（误差）曲线，然后绘制 y_bias（偏差平方）曲线、y_var（方差）曲线和 y_noise（噪声方差）曲线；并调整子图的大小和位置，显示结果，最终结果图见图 1.20。注意下面的代码是在 for n, (name, estimator) in enumerate(estimators):下运行的，所以代码前面都需要缩进两格。

```
    plt.subplot(2, n_estimators, n + 1)
    plt.plot(X_test, f(X_test), "b", label="人造数据集的真实函数曲线")
    plt.plot(X_train[0], y_train[0], ".b", label="带有噪声的数据集")
    for i in range(n_repeat):
        if i == 0:
```

```python
            plt.plot(X_test, y_predict[:, i], "r", label=r"模型在测试集上的预测结果")
        else:
            plt.plot(X_test, y_predict[:, i], "r", alpha=0.05)
    plt.plot(X_test, np.mean(y_predict, axis=1), "c",
            label=r"所有学习样本（LS）上模型预测的期望（平均值）")
    plt.xlim([-5, 5])
    plt.title(name)
    if n == n_estimators - 1:
        plt.legend(loc=(1.1, 0.5))
    plt.subplot(2, n_estimators, n_estimators + n + 1)
    plt.plot(X_test, y_error, "r", label="总误差")
    plt.plot(X_test, y_bias, "b", label="偏差的平方"),
    plt.plot(X_test, y_var, "g", label="方差"),
    plt.plot(X_test, y_noise, "c", label="固有噪声")
    plt.xlim([-5, 5])
    plt.ylim([0, 0.1])
    if n == n_estimators - 1:
        plt.legend(loc=(1.1, 0.5))
plt.subplots_adjust(right=0.75)
plt.show()
```

上述代码运行结果如下。

决策树：

0.0255 (error) = 0.0003 (bias^2) + 0.0152 (var) + 0.0098 (noise)

Bagging（基于决策树）：

0.0196 (error) = 0.0004 (bias^2) + 0.0092 (var) +0.0098 (noise)

图 1.20 通过一维回归示例展示了决策树（左列图）与应用 Bagging 算法的决策树（右列图）的预测表现。在这些图中，蓝点代表随机数据集的样本，而深红色曲线显示了基于这些样本训练的模型预测。浅红色曲线展示了从其他随机抽样数据集训练得到的模型预测，反映了预测结果的变异性或"散布范围"。

从左上图可以看出，决策树对训练数据的微小变化非常敏感，导致较大的方差（即预测的散布范围较宽）。而偏差，即模型平均预测（青色曲线）与理想预测（深蓝色曲线）之间的差异，在这个例子中相对较小，表示模型的平均预测与真实模型非常接近。

左下图进一步分解了误差，显示决策树具有低偏差但方差高。同时，固有噪声部分稳定在 0.01 左右，揭示了数据本身的随机性对误差的贡献。

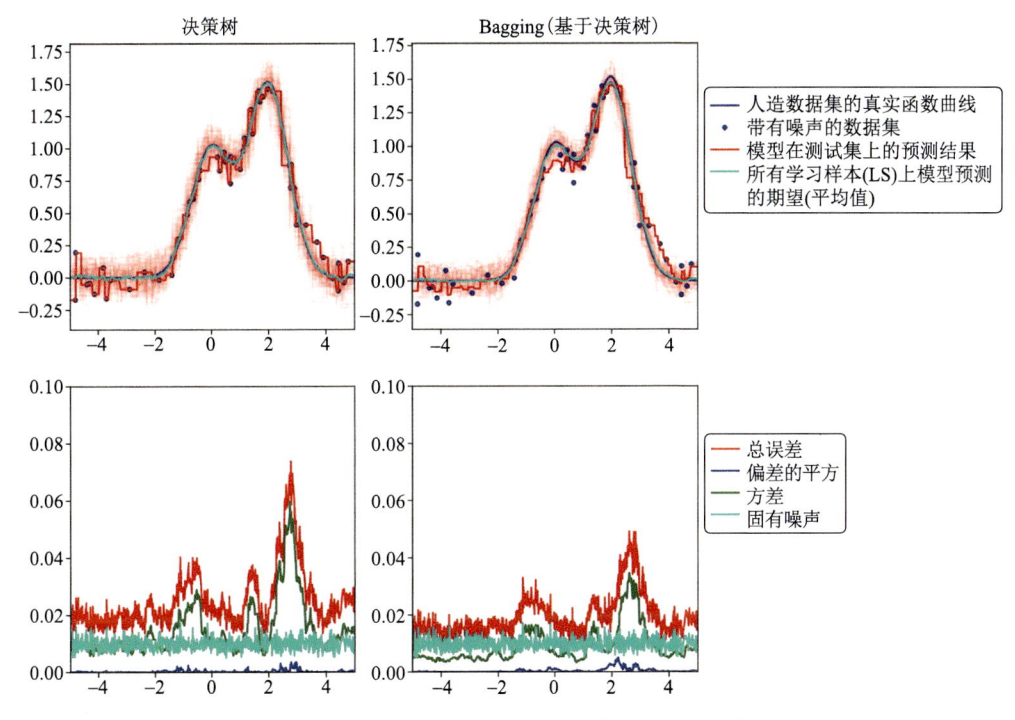

图 1.20　决策树和 Bagging(基于决策树)方法对比分析图

右侧的图展示了采用 Bagging 算法后的情况。与决策树相比，Bagging 算法使偏差略有增加——尤其是在某些区域，如 x=2 附近，平均预测与理想模型之间的差异更加明显。然而，Bagging 算法显著降低了方差，如右下图所示，预测的散布范围（绿色区域）相比决策树更窄。

综上所述，虽然 Bagging 算法略微增加了模型的偏差，但它大幅度减少了方差，从而在总体上降低了预测误差。这表明，通过对多个模型的预测进行综合，Bagging 算法能够有效地改善模型对未见数据的泛化能力，为复杂问题提供了一种更稳健的解决方案。

2. Boosting

接续对 Bagging 的讨论，Boosting 算法则从一系列同质的弱学习器中逐步且自适应地进行学习。这种方法的核心在于，它重点关注那些在先前训练迭代中性能较差的模型，以此来最小化模型的偏差，即尝试解决欠拟合问题，而非像 Bagging 那样专注于减少方差以防止过拟合。简而言之，Boosting 不是采用 Bagging 的同等权重平均策略来生成预测，而是通过结合多个学习器的力量，以形成整体性能更为优越的模型。

Boosting 的过程一般有以下几个步骤，具体流程可参考图 1.21。

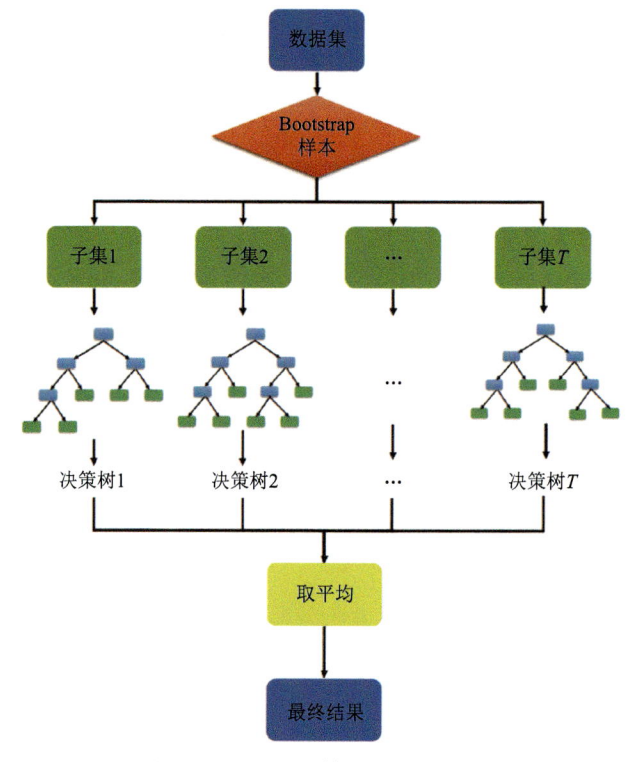

图 1.21　Boosting 算法的原理示意图

（1）初始化训练集，并赋予每个样本相等的权重。

（2）通过一个弱学习者（如决策树）对训练集进行训练，并生成一个预测模型。

（3）计算预测模型的误差率（或损失），并据此调整各样本的权重，确保那些被错误分类的样本在后续的训练中获得更高的关注度。

（4）使用调整权重后的样本再次训练弱学习者，生成另外一个预测模型，并更新样本的权重。

（5）重复步骤（3）和（4），直到达到预定的迭代次数或错误率足够小。

（6）最终的预测模型由多个弱学习者组合而成，通常使用加权平均的方式生成最终的预测结果。

Boosting 的关键在于每个弱学习者的训练过程是基于前一轮学习的结果进行的，即它们是顺序学习的。通过关注先前模型中预测错误的样本，并加大这些样本的权重，Boosting 使得后续模型能够更加关注于难以分类的样本，从而减小整体模型的偏差。

Boosting 的优势在于它能够处理复杂的分类问题，并在偏差方面表现出色。通过迭代训练和逐步调整样本权重，Boosting 能够逐渐改善模型的性能，提高预测的准确性。此外，Boosting 还能够自适应地学习，根据不同样本的重要性调整模型的训练过程，提高对关键样本的关注度。

总结一下，Boosting 是一种集成学习方法，通过顺序和自适应地学习一系列弱学习者来构建强大的模型。它通过迭代训练和样本权重调整来减少模型的偏差，并在处理复杂分类问题和关注关键样本方面表现出色。最终的预测模型是通过多个弱学习者的组合来生成的，以提供更好的性能。

接下来我们还是应用鸢尾花模型，来展示 Boosting 算法和单个决策树的区别。这里我们直接展示全部代码，并在代码框内部展示具体的操作部分。

```python
import numpy as np
import matplotlib.pyplot as plt
from matplotlib.colors import ListedColormap
from sklearn.datasets import load_iris
from sklearn.model_selection import train_test_split
from sklearn.ensemble import GradientBoostingClassifier
from sklearn.tree import DecisionTreeClassifier
#加载数据
iris = load_iris()
X = iris.data[:, :2]
y = iris.target
#划分训练集和测试集
X_train, X_test, y_train, y_test = train_test_split(X, y, test_size=0.3, random_state=42)
#实例化单个决策树模型和Gradient Boosting模型
dt = DecisionTreeClassifier(max_depth=3)
gb = GradientBoostingClassifier(learning_rate=0.1, n_estimators=100, max_depth=3)
#拟合模型
dt.fit(X_train, y_train)
gb.fit(X_train, y_train)
#绘制分类图
x_min, x_max = X[:, 0].min() - 1, X[:, 0].max() + 1
y_min, y_max = X[:, 1].min() - 1, X[:, 1].max() + 1
xx, yy = np.meshgrid(np.arange(x_min, x_max, 0.1), np.arange(y_min, y_max, 0.1))
fig, axes = plt.subplots(1, 2, figsize=(10, 5))
#绘制单个决策树的分类图
Z = dt.predict(np.c_[xx.ravel(), yy.ravel()])
Z = Z.reshape(xx.shape)
axes[0].contourf(xx, yy, Z, alpha=0.5, cmap=ListedColormap(['#FFAAAA',
                 '#AAFFAA', '#AAAAFF']))
axes[0].scatter(X_train[:, 0], X_train[:, 1], c=y_train,
                cmap=ListedColormap(['#FFAAAA', '#AAFFAA',
                '#AAAAFF']), alpha=1, edgecolor='black', linewidth=1.2)
axes[0].scatter(X_test[:, 0], X_test[:, 1], c=y_test,
```

```
                    cmap=ListedColormap(['#FFAAAA', '#AAFFAA',
                    '#AAAAFF']), alpha=0.8, edgecolor='black', linewidth=1.2)
axes[0].set_xlabel('萼片长度/cm ')
axes[0].set_ylabel('萼片宽度/cm ')
axes[0].set_title('决策树分类器')
#绘制Gradient Boosting分类器的分类图
Z = gb.predict(np.c_[xx.ravel(), yy.ravel()])
Z = Z.reshape(xx.shape)
axes[1].contourf(xx, yy, Z, alpha=0.5, cmap=ListedColormap(['#FFAAAA',
                    '#AAFFAA', '#AAAAFF']))
axes[1].scatter(X_train[:, 0], X_train[:, 1], c=y_train,
                    cmap=ListedColormap(['#FFAAAA', '#AAFFAA',
                    '#AAAAFF']), alpha=1, edgecolor='black', linewidth=1.2)
axes[1].scatter(X_test[:, 0], X_test[:, 1], c=y_test,
                    cmap=ListedColormap(['#FFAAAA', '#AAFFAA',
                    '#AAAAFF']), alpha=0.8, edgecolor='black', linewidth=1.2)
axes[1].set_xlabel('萼片长度/cm ')
axes[1].set_ylabel('萼片宽度/cm')
axes[1].set_title(' Gradient Boosting分类器')
plt.show()
```

代码运行结果如图 1.22 所示。

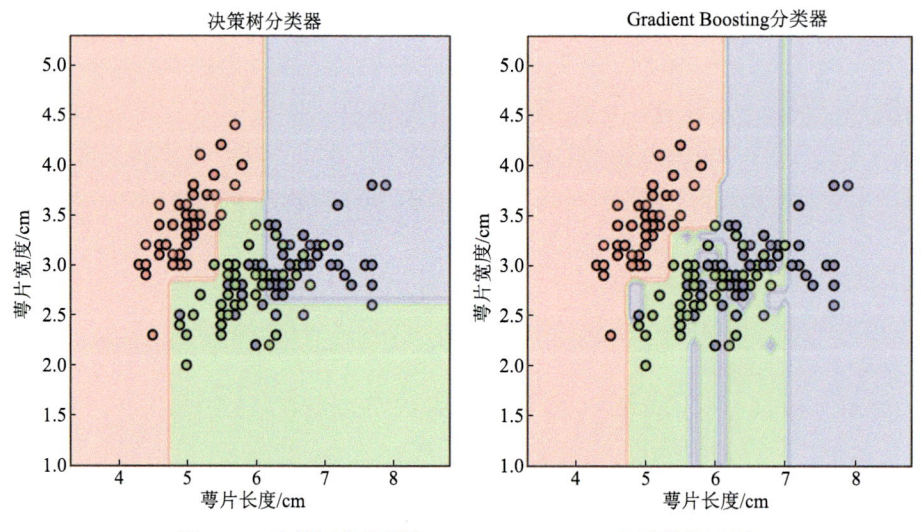

图 1.22　决策树分类器和 Gradient Boosting 分类器的区别

Bagging 和 Boosting 的区别如下。

（1）样本选择：Bagging 训练集是在原始集中有放回选取的，从原始集中选出的各轮训练集之间是独立的；Boosting 每一轮的训练集不变，只是训练集中每个样例在分类器中的权重发生变化，而权重据上一轮的分类结果进行调整。

（2）样例权重：Bagging 使用均匀取样，每个样例的权重相等；Boosting 根据错误率不断调整样例的权重，错误率越大则权重越大。

（3）预测函数：Bagging 所有预测函数的权重相等；Boosting 每个弱分类器都有相应的权重，对于分类误差小的分类器会有更大的权重。

（4）并行计算：Bagging 各个预测函数可以并行生成；Boosting 各个预测函数只能顺序生成，因为后一个模型参数需要前一轮模型的结果。

这两种方法都是把若干个分类器整合为一个分类器的方法，只是整合的方式不一样，最终得到不一样的效果，将不同的分类算法套入到此类算法框架中一定程度上会提高原单一分类器的分类效果，但是也增大了计算量。

下面是将决策树与这些算法框架进行结合所得到的新的算法：

（1）Bagging + 决策树 = 随机森林。

（2）AdaBoost + 决策树 = 提升树。

（3）Gradient Boosting + 决策树 = GBDT。

因此，Bagging 和 Boosting 在样本选择、样例权重、预测函数和并行计算等方面有明显区别。它们通过将不同的分类器集成为一个整体来提高分类效果，如随机森林、提升树和 GBDT 等算法就是将决策树与这些集成方法相结合而得到的新算法。这些集成算法的应用可以提高单一分类器的性能，但同时也增加了计算量。

1.3.6 决策树集成

1. 随机森林

随机森林是基于 Bagging 的一种进阶算法，其中每个弱学习器都是决策树。与 Bagging 相比，随机森林在样本随机采样的基础上，还引入了特征的随机选择。虽然随机森林在基本思想上仍然属于 Bagging 的范畴，但它具有更高的随机性。

随机森林算法将 Bagging 应用于输入特征和训练数据。对于随机森林模型中的每棵决策树，都会随机选择一部分输入特征的子集和训练数据进行训练。这种算法能够并行训练多个决策树。

决策树算法容易出现过拟合问题，因为它倾向于完全记住整个训练数据，而无法进行泛化。然而，随机森林通过对特征和训练数据进行随机抽样的方式，解决了这个问题。这种集成方法可以提供稳健的预测模型。如果需要了解更多相关理论，可以参考该领域经典文献[16,17]。

这里我们选取随机森林和极端随机树来对比分析，随机森林（random forest）和极端随机树（extra tree，全称为 extremely randomized tree）都是集成方法，即通过合并多个模型（在这种情况下是决策树）的预测结果以提高预测精度和/或稳定性的方法。然而，尽管在某些方面相似，但在如何训练其组成树的方式上，它们有所不同。

1）随机森林

在训练每棵树时，随机森林使用了自助采样（bootstrap sampling）。这意味着它从原始训练集中进行有放回的随机抽样以生成新的训练集，新的训练集大小与原始训练集相同，但一些样本可能会被多次抽中，而另外一些样本可能一次都不会被抽中。

在确定每个节点的分裂条件时，随机森林首先从所有特征中随机选择一部分特征，然后在这部分特征中寻找最佳的分裂条件。具体来说，对于每个候选特征，它都会计算所有可能的分裂点（即所有可能的特征值）并选择最佳的分裂点。

2）极端随机树

极端随机树同样使用了自助采样来生成新的训练集。但是在确定每个节点的分裂条件时，极端随机树更进一步地引入了随机性。具体来说，它首先从所有特征中随机选择一部分特征，然后对于每个候选特征，它不再寻找最佳的分裂点，而是随机选择一个分裂点。

这些差异使得极端随机树通常比随机森林有更大的方差和更小的偏差，这可能在某些问题上有利，而在另一些问题上则可能不利。总的来说，哪种方法更好往往需要通过交叉验证等方法来确定。

下面我们具体讲解一段代码。

```python
import numpy as np
import matplotlib.pyplot as plt
from matplotlib.colors import ListedColormap
from matplotlib.gridspec import GridSpec
from sklearn.datasets import load_iris
from sklearn.ensemble import (
                    RandomForestClassifier,
                    ExtraTreesClassifier,
                    )
#设置参数
plot_idx = 1
n_classes = 3
n_estimators = 30
cmap = plt.cm.RdYlBu
#用于绘制分类器决策边界和散点图的步长参数
plot_step = 0.02 #参数定义了在特征空间中绘制这些点时使用的步长
plot_step_coarser = 0.5 #粗化分类器猜测的步长宽度
RANDOM_SEED = 13 #在每次迭代中固定种子
```

在研究鸢尾花数据集时，参数 n_classes 代表数据集中存在的类别总数。对于此数据集，该值为 3，对应于三种不同的鸢尾花品种：山鸢尾（setosa）、杂色鸢尾（versicolour）

以及维吉尼亚鸢尾（virginica）。此外，参数 n_estimators 指定了在构建随机森林和极端随机树时所需使用的树木数量。在此例中，这一数值均为 30。值得注意的是，树木数量的增加会提高分类器的性能和复杂度，但同时也会导致训练和预测所需时间的增长。另一个关键参数 cmap，用于确定绘制分类器决策边界和散点图时所采用的颜色映射。本例中采用的是一个渐变色系，从红色过渡到黄色，最后到蓝色，象征从负类到正类的变化。此颜色映射的选择不仅增加了视觉上的吸引力，也有助于更直观地理解分类器的决策过程。

plot_step 和 plot_step_coarser 是用于绘制分类器决策边界和散点图的步长参数,在绘制分类器决策边界时，我们需要在特征空间中绘制一系列点，并根据分类器的预测值对它们进行着色。plot_step 参数定义了在特征空间中绘制这些点时使用的步长。更具体地说，它指定了网格上的点之间的间隔大小，以便在决策边界上绘制等高线。这是一个相对较小的步长，通常设置为 0.01 或更小。当绘制散点图时，我们需要在特征空间中绘制一些点来表示数据。plot_step_coarser 参数定义了在特征空间中绘制这些点时使用的步长。更具体地说，它指定了散点图上的点之间的间隔大小。由于散点图不需要像等高线那样精细地绘制分类器边界，因此这个步长通常比 plot_step 大得多。需要注意的是，这些参数值应该根据数据集的特征数量和范围来调整，以确保绘图效果最佳。如果特征空间非常大，plot_step 和 plot_step_coarser 的值可能需要更小，以便更好地绘制决策边界和散点图。如果特征空间非常小，则可以使用更大的步长值以加快绘图速度。

RANDOM_SEED 定义了在每次迭代中使用的随机种子。这个参数有助于在多次运行时获得相同的结果。在这个例子中，RANDOM_SEED 被设置为 13。

然后我们加载数据集，并在之后绘图过程中贴上中文的横纵坐标标签。

```
#加载数据集
iris = load_iris()
#赋予鸢尾花数据集标签名称
feature_names = iris.feature_names
#创建一个空矩阵来存储标签
labels = np.empty_like(feature_names, dtype=object)
labels[0] = "萼片长度/cm"
labels[1] = "萼片宽度/cm"
labels[2] = "花瓣长度/cm"
labels[3] = "花瓣宽度/cm"
```

让我们关注到下面代码中的两个嵌套的 for 循环，在外部的循环 for i, pair in enumerate([[0, 1], [0, 2], [2, 3]]):中，是遍历 iris 数据列表[[0, 1], [0, 2], [2, 3]]。具体来说，iris 数据集包含四个特征，它们的索引从 0 开始。[0, 1] 指的是第一个特征（索引为 0）和第二个特征（索引为 1），[0, 2]指的是第一个特征（索引为 0）和第三个特征（索引为 2），[2, 3]指的是第三个特征（索引为 2）和第四个特征（索引为 3）。iris 数据集的前四个特征为：['sepal length (cm)', 'sepal width (cm)', 'petal length (cm)', 'petal width (cm)']，

那么 [[0, 1], [0, 2], [2, 3]] 实际上表示的是以下的特征对：[['sepal length (cm)', 'sepal width (cm)'], ['sepal length (cm)', 'petal length (cm)'], ['petal length (cm)', 'petal width (cm)']]。这意味着模型将在这三对特征上进行训练和预测。最后，在每次迭代中，它将列表的索引赋值给 i，并将列表中的当前元素（在这种情况下是另一个列表，如[0, 1]）赋值给 pair。

```python
#定义模型
models = [
    RandomForestClassifier(n_estimators=n_estimators),
    ExtraTreesClassifier(n_estimators=n_estimators),
]
#定义模型名称
model_names = ["随机森林", "极端随机树"]
#定义子图尺寸
fig = plt.figure(figsize=(8, 12))
#遍历鸢尾花中每对特征和每个模型
for i, pair in enumerate([[0, 1], [0, 2], [2, 3]]):
    for j, model in enumerate(models):
        #两两取其对应特征
        X = iris.data[:, pair]
        y = iris.target
        #对数据进行随机打乱，以便在训练分类器之前，
        #将数据集中的样本随机分成训练集和测试集
        idx = np.arange(X.shape[0])
        np.random.seed(RANDOM_SEED)
        np.random.shuffle(idx)
        X = X[idx]
        y = y[idx]
        #标准化
        mean = X.mean(axis=0)
        std = X.std(axis=0)
        X = (X - mean) / std
        #训练模型
        model.fit(X, y)
        #评估模型
        scores = model.score(X, y)
        #构建分类器性能结果字符串，并将字符串中无用的部分切掉
        model_details = model_title
        if hasattr(model, "estimators_"):
```

```
            model_details += ",包含 {} 棵树".format(len(model.estimators_))
        #打印分类器的性能结果
        print("分类器{}在特征集 {} 上的准确率为 {}。".format(model_details, pair, scores))

        plt.subplot(3, 2, i*2+j+1)
        if j == 0 or j == 1:
            plt.ylabel(labels[pair[1]])
        if i == 0 or i == 1 or i == 2:
            plt.xlabel(labels[pair [0]])

    plt.subplot(3, 2, plot_idx)
    if plot_idx <= len(models):
        #在每一列顶部说明模型名称
        plt.title(model_title, fontsize=12)


    #绘制决策边界
    x_min, x_max = X[:, 0].min() - 1, X[:, 0].max() + 1
    y_min, y_max = X[:, 1].min() - 1, X[:, 1].max() + 1
    xx, yy = np.meshgrid(
        np.arange(x_min, x_max, plot_step), np.arange(y_min, y_max, plot_step)
    )
    #在机器学习库Scikit-learn中, "estimators_"属性通常用于
    #存储模型的各个子模型。
    #例如,在一个随机森林模型中,每个决策树就是一个子模型,
    #这些决策树就存储在"estimators_"属性中。
    #计算每棵树在最终可视化图中的透明度。透明度被设置得较低,
    #以便你能够看到所有的决策边界。
    estimator_alpha = 1.0 / len(model.estimators_)
    #对模型中的每棵树进行迭代
    for tree in model.estimators_:
        Z = tree.predict(np.c_[xx.ravel(), yy.ravel()])
        #对网格上的每个点进行预测。
        # np.c_[xx.ravel(), yy.ravel()]生成了一个二维数组,
        #其中每一行包含了一个点的坐标。
        Z = Z.reshape(xx.shape)
        #将预测结果Z重新调整为与xx和yy相同的形状,以便在图上进行绘制。
        cs = plt.contourf(xx, yy, Z, alpha=estimator_alpha, cmap=cmap)
```

```python
    #构建一个粗糙的网格来绘制一组集成分类
    xx_coarser, yy_coarser = np.meshgrid(
        np.arange(x_min, x_max, plot_step_coarser),
        np.arange(y_min, y_max, plot_step_coarser),
    )
    Z_points_coarser = model.predict(
        np.c_[xx_coarser.ravel(), yy_coarser.ravel()]).reshape(xx_coarser.shape)
    cs_points = plt.scatter(
        xx_coarser,
        yy_coarser,
        s=15,
        c=Z_points_coarser,
        cmap=cmap,
        edgecolors="none",
    )
    #绘制训练点，这些点聚类在一起，并具有黑色轮廓
    plt.scatter(
        X[:, 0],
        X[:, 1],
        c=y,
        cmap=ListedColormap(["r", "y", "b"]),
        edgecolor="k",
        s=20,
    )
    plot_idx += 1 #利用循环绘制下一个图

#调整子图之间的间距并保存图形
fig.suptitle("鸢尾花数据集特征子集上的分类器", fontsize=12, y=0.92)
plt.savefig("iris_classifiers.png")
plt.show()
```

最后我们运行上面代码，结果如下所示：

分类器随机森林在特征集[0, 1]上的准确率为 0.926667。
分类器极端随机树在特征集[0, 1]上的准确率为 0.926667。
分类器随机森林在特征集[0, 2]上的准确率为 0.993333。
分类器极端随机树在特征集[0, 2]上的准确率为 0.993333。
分类器随机森林在特征集[2, 3]上的准确率为 0.993333。
分类器极端随机树在特征集[2, 3]上的准确率为 0.993333。

结果中的中括号[ ]代表了图 1.23 中各个子图的位置,并展示了每个分类器在训练集上的准确率。由于随机森林和极端随机树是基于集成学习的算法,它们可以包含多个决策树,因此 scores 变量中包含的准确率是基于所有树的预测结果进行计算的。按质量降序排列,当使用 30 个估计器对所有 4 个特征进行训练(本例之外)并使用 10 折交叉验证进行评分时,发现在特征集[0, 2]和特征集[2, 3]上,也就是用花瓣长度和萼片长度特征构建的分类器准确率最高。同样我们将决策边界和数据散点分别绘制在不同的子图上,最终结果输出如图 1.23 所示。

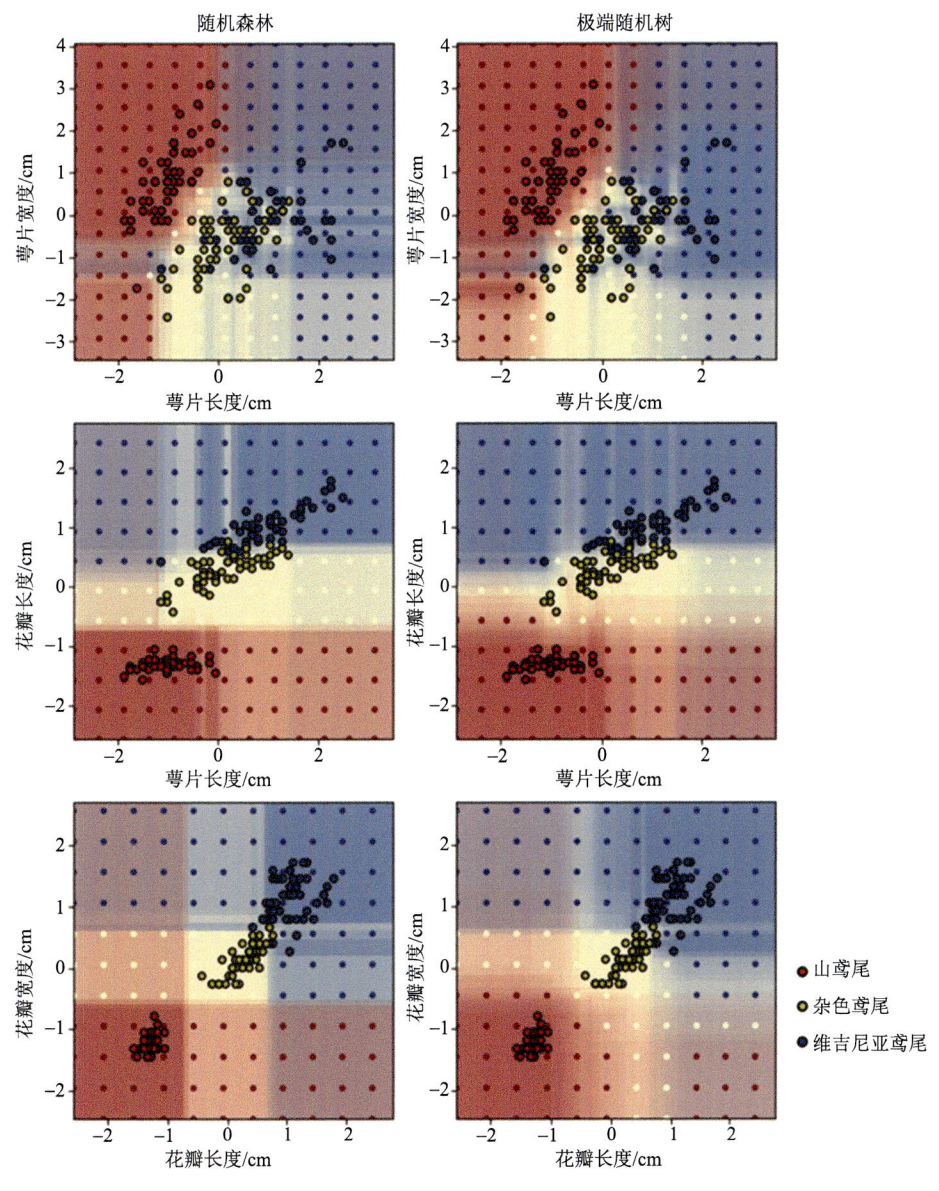

图 1.23　基于随机森林和极端随机树分类器的鸢尾花分类结果图

51

图 1.23 比较了随机森林分类器（第一列）和极端随机树分类器（第二列）学习到的决策面。第一行只使用萼片宽度和萼片长度特征来构建分类器，第二行只使用花瓣长度和萼片长度特征来构建分类器，第三行只使用花瓣宽度和花瓣长度特征来构建分类器。值得注意的是，随机森林和极端随机树可以在多个核上并行拟合，因为每棵树都是独立于其他树构建的。

2. GBoost: Gradient Boosting

Gradient Boosting(GDBT)的原理是通过加入新的弱学习器来不断提高模型的准确性。在 GDBT 中，每个弱学习器是一棵决策树，其构建过程可以通过最小化损失函数来完成。在每次迭代中，GDBT 会根据上一次的预测结果来计算当前样本的残差，然后构建一棵决策树来拟合残差，将决策树的预测结果与上一次的预测结果相加，得到当前的预测结果。最后，GDBT 会将所有弱学习器的预测结果加起来得到最终的预测结果。GDBT 的优点很明显：

（1）可以处理各种类型的数据，包括连续型、离散型、类别型等。

（2）对于特征的缺失值和噪声数据具有较强的鲁棒性。

（3）在处理高维度数据时表现优异，因为 GDBT 可以有效地处理稀疏特征。

（4）可以通过加入正则化项来避免过拟合问题。

（5）在处理非线性问题时具有较强的表现力，因为 GDBT 可以通过集成多个决策树来捕捉数据的复杂关系。

但是它的缺点也很明显：

（1）训练时间相对较长，因为 GDBT 是一种串行算法。

（2）对于高维度数据，由于其训练速度较慢，因此可能需要降低数据维度。

（3）当数据存在噪声或异常值时，GDBT 可能过于拟合训练数据，导致泛化性能下降。

接下来我们用一个案例来介绍这个算法的特性，这段代码使用糖尿病数据集来演示如何使用 GradientBoostingRegressor 模型进行回归分析，并使用 PCA 对数据进行降维，最终绘制了原始参数和预测结果的散点图。

```python
import numpy as np
import pandas as pd
import matplotlib.pyplot as plt
from sklearn import datasets
from sklearn.model_selection import train_test_split
from sklearn.metrics import mean_squared_error
from sklearn.ensemble import GradientBoostingRegressor
from sklearn.decomposition import PCA
#加载糖尿病数据集
diabetes = datasets.load_diabetes()
```

```python
X = diabetes.data
y = diabetes.target
data = np.concatenate([X, y.reshape(-1, 1)], axis=1)
columns = diabetes.feature_names + ['target']
df = pd.DataFrame(data, columns=columns)
#使用PCA降维
pca = PCA(n_components=1)
X_pca = pca.fit_transform(X)
#将数据集拆分为训练集和测试集
X_train, X_test, y_train, y_test = train_test_split(X_pca, y, test_size=0.2,
                                                    random_state=42)
#创建GradientBoostingRegressor模型
gbr = GradientBoostingRegressor(n_estimators=100, learning_rate=0.1,
    max_depth=3, random_state=42)
#训练模型
gbr.fit(X_train, y_train)
#预测
y_pred = gbr.predict(X_test)
#绘制散点图
plt.scatter(X_test, y_test, color='b', label='原始参数')
plt.scatter(X_test, y_pred, color='r', label='预测结果')
plt.xlabel('PCA成分')
plt.ylabel('疾病回归分析')
plt.legend()
plt.show()
```

具体的代码解释如下：

（1）加载糖尿病数据集，并将数据集拆分为训练集和测试集。

（2）使用 PCA 对数据集进行降维，这里设置 n_components=1，表示将数据集降维至一维。

（3）创建 GradientBoostingRegressor 模型，并设置了一些参数，如 n_estimators 表示迭代次数，learning_rate 表示每个弱学习器的权重缩减系数，max_depth 表示决策树的深度，random_state 表示随机数种子。

（4）使用训练集训练模型。

（5）对测试集进行预测，并计算预测结果与真实结果之间的均方误差（mean_squared_error）。

（6）绘制散点图，其中蓝色散点表示原始参数，红色散点表示预测结果。

（7）添加标题、标签和图例，最终展示图像。

总体来说，这段代码演示了如何使用 GradientBoostingRegressor 模型对糖尿病数据集进行回归分析，并利用 PCA 进行数据降维，最终通过散点图来展示回归结果。代码运行结果如图 1.24 所示。

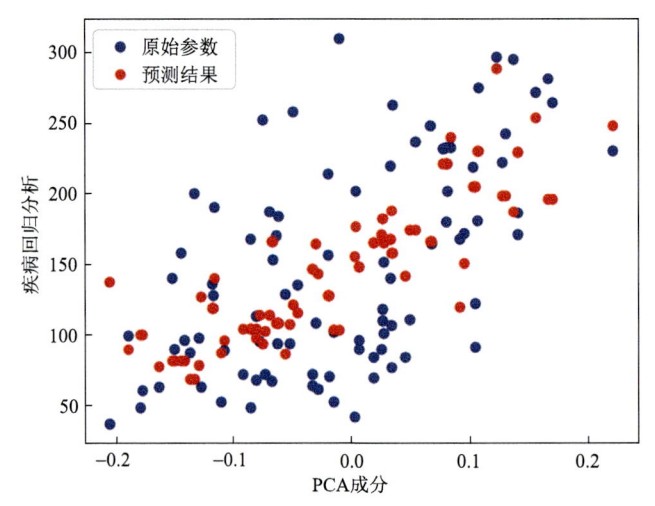

图 1.24　关于糖尿病数据集的 Gradient Boosting 回归分析散点图

同样我们也用代码展示了使用 GradientBoostingClassifier 模型进行分类的基本流程，并使用 PCA 进行特征降维和数据集可视化。另外，该代码还演示了如何使用 matplotlib 绘制等高线图来可视化分类器的决策边界。

```python
import numpy as np
import matplotlib.pyplot as plt
from sklearn import datasets
from sklearn.model_selection import train_test_split
from sklearn.metrics import accuracy_score
from sklearn.ensemble import GradientBoostingClassifier
from sklearn.decomposition import PCA
#加载葡萄酒数据集
wine = datasets.load_wine()
X = wine.data
y = wine.target
#使用PCA降维
pca = PCA(n_components=2)
X_pca = pca.fit_transform(X)
#将数据集拆分为训练集和测试集
X_train, X_test, y_train, y_test = train_test_split(X_pca, y, test_size=0.2, random_state=42)
#创建GradientBoostingClassifier模型
```

```
gbc = GradientBoostingClassifier(n_estimators=100,
                 learning_rate=0.1, max_depth=3, random_state=42)
#训练模型
gbc.fit(X_train, y_train)
#绘制等高线图
x_min, x_max = X_pca[:, 0].min() - 1, X_pca[:, 0].max() + 1
y_min, y_max = X_pca[:, 1].min() - 1, X_pca[:, 1].max() + 1
xx, yy = np.meshgrid(np.arange(x_min, x_max, 0.1),
np.arange(y_min, y_max, 0.1))
Z = gbc.predict(np.c_[xx.ravel(), yy.ravel()])
Z = Z.reshape(xx.shape)
plt.contourf(xx, yy, Z, alpha=0.8, cmap=plt.cm.RdYlBu)
plt.scatter(X_pca[:, 0], X_pca[:, 1], c=y, edgecolors='k', marker='o', s=70)
plt.xlabel('PCA成分1')
plt.ylabel('PCA成分2')
plt.show()
```

代码运行结果如图 1.25 所示。

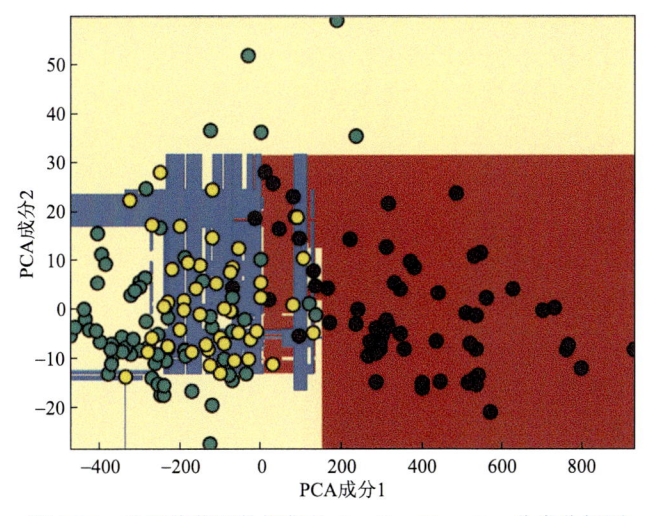

图 1.25 关于葡萄酒数据集的 Gradient Boosting 分类分析图

3. XGBoost: eXtreme Gradient Boosting

XGBoost 是一种集成学习算法，广泛应用于机器学习和数据科学领域。它是一种梯度提升框架，通过使用多个弱学习器（通常是决策树）的组合来构建一个更强大的预测模型。它通过迭代地训练一系列弱学习器来逐步改进模型的性能。在每一轮迭代中，模型会根据前一轮的预测结果和真实值之间的残差来训练下一个弱学习器。然后，通过将多个弱学习器的预测结果相加，得到最终的预测结果。图 1.26 详细地展示了这一过程。

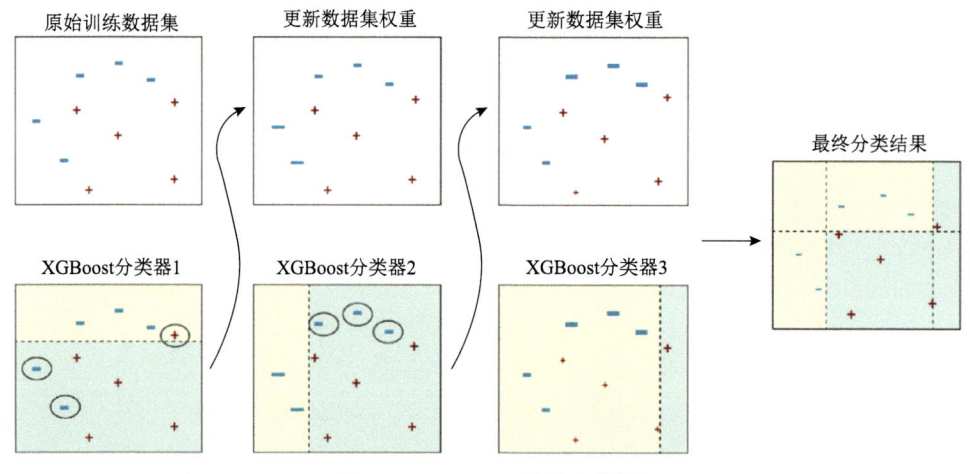

图 1.26　XGBoost 分类流程图

XGBoost 具有许多优点，包括高性能、可扩展性和高准确性。它使用了一些技术来优化模型的训练速度和预测性能，如特征列排序、缺失值处理、并行化等。XGBoost 还支持自定义损失函数和评估指标，可以适应不同的问题类型。当然，XGBoost 有许多可调节的参数，包括树的数量、树的深度、学习率等。为了获得最佳的性能，通常需要进行参数调优。常用的调优方法包括网格搜索、随机搜索和贝叶斯优化等。

现在我们简要介绍一下它的核心组成部分，包括决策树的构建、损失函数、正则化以及梯度提升算法的应用。

1）决策树的构建

XGBoost 使用决策树作为基本的弱学习器。决策树是一种递归二分分割的模型，通过将特征空间划分为多个矩形区域来进行预测。每个叶子节点代表一个特征空间的子区域，而每个非叶子节点代表一个分割规则。

决策树的构建过程是一个递归的过程。从根节点开始，根据选定的分割准则（如信息增益或基尼系数），选择最优的特征和切分点来划分数据。然后，递归地对每个子节点进行分裂，直到达到预定义的停止条件（如达到最大深度）或无法进一步减小损失函数。

2）损失函数

XGBoost 的目标是最小化损失函数。常见的损失函数包括均方误差（MSE）用于回归问题和对数损失函数（log loss）用于分类问题。除了常见的损失函数外，XGBoost 还支持自定义损失函数。

损失函数还包括正则化项，用于控制模型的复杂度。正则化项有助于防止过拟合，并通过对叶子节点分数进行惩罚来促使树的生长受到限制。

3）正则化

XGBoost 引入了两种正则化项来限制模型的复杂度：L1 正则化（Lasso）和 L2 正则化（Ridge）。

L1 正则化通过在损失函数中添加特征权重的绝对值之和，促使模型稀疏化，即鼓励特征选择。

L2 正则化通过在损失函数中添加特征权重的平方和，鼓励模型权重分散，减少特征间的共线性。

4）梯度提升算法的应用

XGBoost 使用梯度提升算法来逐步改进模型的预测能力。在每一轮迭代中，模型会根据上一轮的预测结果和真实值之间的残差来训练下一个弱学习器。

在梯度提升过程中，通过最小化损失函数的负梯度来确定每个样本的残差。每个弱学习器的目标是拟合这些残差，使得模型的预测逐步逼近真实值。为了进一步提高模型的鲁棒性和泛化能力，XGBoost 在每一轮迭代中引入了学习率（或步长）的概念，控制每个弱学习器对最终预测结果的贡献程度。

通过以上原理的组合，XGBoost 能够有效地构建强大的预测模型。其核心是使用梯度提升算法来训练一系列决策树模型，并通过正则化控制模型的复杂度。这使得 XGBoost 在各种机器学习任务中表现出色，并在许多竞赛和实际应用中得到了广泛认可。

下面我们用一段代码来训练鸢尾花数据集，通过 XGBoost 来做分类处理，使用 PCA 降维，使用 RobustScaler 进行缩放，并使用 Scikit-learn 中的 DecisionBoundaryDisplay.from_estimator 来绘制分类器的决策边界，最后使用 matplotlib 绘制等高线区块和数据散点图，代码清单如下：

```python
import numpy as np
import matplotlib.pyplot as plt
from sklearn import datasets
from sklearn.model_selection import train_test_split
from sklearn.preprocessing import RobustScaler
from sklearn.decomposition import PCA
from sklearn.inspection import DecisionBoundaryDisplay
from xgboost import XGBClassifier
#载入数据
iris = datasets.load_iris()
#这里为了可视化，我们只选取前两个特征
X = iris.data[:, :2]
y = iris.target
#划分数据集
X_train, X_test, y_train, y_test = train_test_split(X, y, test_size=0.2, random_state=42)
#使用RobustScaler进行缩放
```

```
scaler = RobustScaler()
X_train_scaled = scaler.fit_transform(X_train)
X_test_scaled = scaler.transform(X_test)
#使用PCA进行降维
pca = PCA(n_components=2)
X_train_pca = pca.fit_transform(X_train_scaled)
X_test_pca = pca.transform(X_test_scaled)
#训练XGBoost模型
xgb = XGBClassifier()
xgb.fit(X_train_pca, y_train)
#用estimator绘制决策边界
display = DecisionBoundaryDisplay.from_estimator(
    xgb, X_train_pca, response_method="predict", alpha=.5
)
#绘制训练集数据点
scatter = plt.scatter(X_train_pca[:, 0], X_train_pca[:, 1], c=y_train, edgecolor='k')
#添加图例
plt.legend(*scatter.legend_elements(), title="分类集合")
plt.xlabel('特征 1')
plt.ylabel('特征 2')
#显示图像
plt.show()
```

代码运行结果如图 1.27 所示。

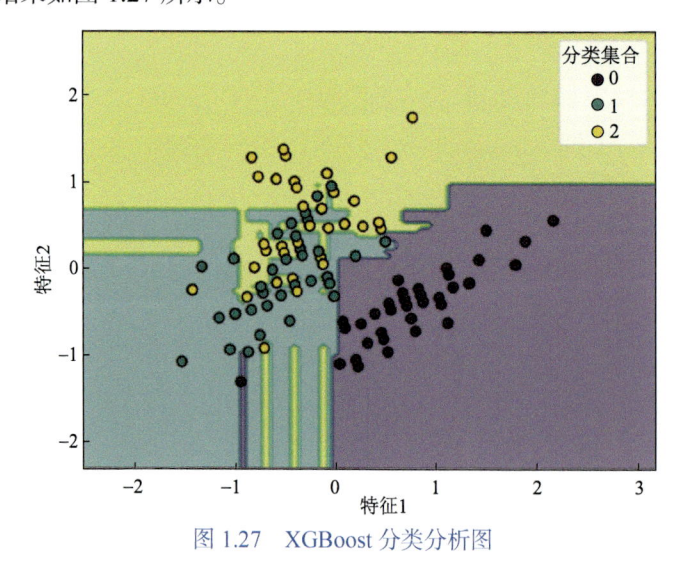

图 1.27　XGBoost 分类分析图

1.3.7 高斯朴素贝叶斯分类

高斯朴素贝叶斯算法基于贝叶斯定理，假设多个输入特征独立地影响样本属于特定类别的概率。该算法假定与每个类相关联的连续特征呈高斯分布或正态分布[18]。

该算法利用最大似然原理，可以预测样本点属于特定类的概率。该算法也属于基本分类算法的范畴，但性能优于其他基本分类算法，如多项逻辑回归。下面的代码片段显示了该算法的示例实现和分类结果。

```python
import numpy as np
import matplotlib.pyplot as plt
from sklearn import datasets
from sklearn.model_selection import train_test_split
from sklearn.naive_bayes import GaussianNB
from sklearn.metrics import classification_report
#加载鸢尾花数据集
iris = datasets.load_iris()
X = iris.data[:, :2] #只选取前两个特征，便于可视化
y = iris.target
#划分训练集和测试集
X_train, X_test, y_train, y_test = train_test_split(X, y, test_size=0.3, random_state=42)
#创建高斯朴素贝叶斯分类器
gnb = GaussianNB()
#训练模型
gnb.fit(X_train, y_train)
#在测试集上预测
y_pred = gnb.predict(X_test)
#打印分类报告
print(classification_report(y_test, y_pred, target_names=iris.target_names))
#可视化结果
x_min, x_max = X[:, 0].min() - 1, X[:, 0].max() + 1
y_min, y_max = X[:, 1].min() - 1, X[:, 1].max() + 1
xx, yy = np.meshgrid(np.arange(x_min, x_max, 0.02),
np.arange(y_min, y_max, 0.02))
Z = gnb.predict(np.c_[xx.ravel(), yy.ravel()])
Z = Z.reshape(xx.shape)
plt.contourf(xx, yy, Z, alpha=0.4)
scatter = plt.scatter(X[:, 0], X[:, 1], c=y, edgecolors='k', marker='o', s=50)
plt.xlabel('萼片长度/cm')
```

```
plt.ylabel('萼片宽度/cm ')
plt.legend(*scatter.legend_elements(), loc="upper left", title="类别")
plt.show()
```

代码运行结果如表 1.1 和图 1.28 所示。

表 1.1　高斯朴素贝叶斯模型评估表

项目	precision（准确率）	recall（召回率）	f-score（f-分数）	support（支持率）
山鸢尾	1.00	1.00	1.00	19
杂色鸢尾	0.78	0.54	0.64	13
维吉尼亚鸢尾	0.65	0.85	0.74	13
宏平均	0.81	0.79	0.80	45
加权平均	0.83	0.82	0.82	45

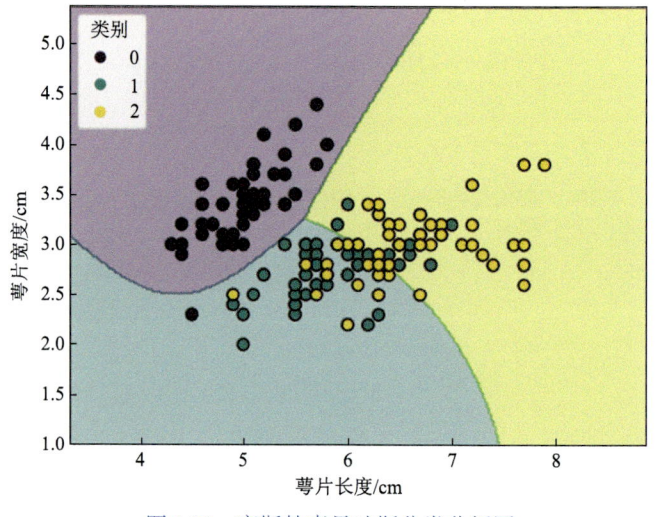

图 1.28　高斯朴素贝叶斯分类分析图

print(classification_report(y_test, y_pred, target_names=iris.target_names))这段代码的输出是一个分类报告，显示了模型在鸢尾花数据集上的性能评估。报告为每个类别（山鸢尾、杂色鸢尾、维吉尼亚鸢尾）提供了几个关键的性能指标：准确率、召回率、f-分数、支持率，并且还提供了模型整体的宏平均、加权平均评分。这些指标的含义如下。

准确率：表示被模型正确预测为该类的样本数占模型预测为该类的总样本数的比例。例如，对于山鸢尾类，准确率是 1.00，意味着模型预测为山鸢尾的所有样本中，100%都是正确的。

召回率：表示被模型正确预测为该类的样本数占实际为该类的总样本数的比例。例如，对于杂色鸢尾类，召回率是 0.54，意味着实际为杂色鸢尾的样本中，只有 54%被模型正确预测。

f-分数：是准确率和召回率的调和平均数，用于综合反映模型的准确率和召回率。f-分数越高，表示模型的性能越好。例如，维吉尼亚鸢尾类的 f-分数是 0.74，表示该类在准确率和召回率方面达到了较好的平衡。

支持率：表示实际属于该类的样本数量。例如，山鸢尾类的支持率是 19，意味着测试集中有 19 个样本实际上是山鸢尾。

宏平均：是对准确率、召回率和 f-分数进行简单算术平均，不考虑每个类别的样本数。它提供了一个整体的性能评估，忽略了类别不平衡的影响。

加权平均：是对准确率、召回率和 f-分数进行加权平均，权重为各类别的样本数。这种方法可以反映类别不平衡的数据集的性能。

总之，这个分类报告提供了一个全面的模型性能评估，包括了对每个类别的评估以及整体模型的评估，帮助我们理解模型在各个方面的表现如何。

1.3.8 回归算法的比较

我们将使用不同的回归器在三个随机生成的回归数据集上进行训练和测试，并将回归线和散点图显示在一个图中。代码中使用了以下 5 种回归器。

（1）线性回归。

（2）弹性网络（ElasticNet）回归。

（3）随机森林回归。

（4）KNN 回归。

（5）Gradient Boosting 回归。

导入 Scikit-learn 库中不同的算法包，并定义回归器的名称和实例。使用三个具有不同噪声的随机回归数据集。接下来，创建一个图形，并开始遍历数据集。对于每个数据集，将其分为训练集和测试集。接着，遍历每个回归器使用训练集拟合回归器。将回归器的 R^2 分数计算出来并存储在变量 score 中。绘制回归线，分别用不同的颜色和标记绘制训练点和测试点，并在右下角显示 R^2 分数。

这么做的目的是比较不同回归器在不同数据集上的性能，通过比较 R^2 分数和回归线的拟合情况，可以更好地了解哪种回归器在特定数据集上的表现更好。

```python
import numpy as np
import matplotlib.pyplot as plt
from sklearn.model_selection import train_test_split
from sklearn.preprocessing import StandardScaler
from sklearn.pipeline import make_pipeline
from sklearn.datasets import make_regression
from sklearn.linear_model import LinearRegression, ElasticNet
from sklearn.ensemble import RandomForestRegressor, GradientBoostingRegressor
```

```python
from sklearn.neighbors import KNeighborsRegressor
names = [
    "线性回归",
    "弹性网络（ElasticNet）回归",
    "随机森林回归",
    "KNN回归",
    "Gradient Boosting回归",
]
regressors = [
    LinearRegression(),
    ElasticNet(alpha=1.0),
    RandomForestRegressor(max_depth=5, n_estimators=10, max_features=1),
    KNeighborsRegressor(n_neighbors=3),
    GradientBoostingRegressor(),
]
#生成三个随机回归数据集
datasets = [
    make_regression(n_samples=100, n_features=1, noise=20,
    random_state=0),
    make_regression(n_samples=100, n_features=1, noise=30,
    random_state=1),
    make_regression(n_samples=100, n_features=1, noise=40,
    random_state=2),
]
figure = plt.figure(figsize=(27, 9))
i = 1
#遍历数据集
for ds_cnt, ds in enumerate(datasets):
#预处理数据集，将其分为训练集和测试集
    X, y = ds
    X_train, X_test, y_train, y_test = train_test_split(X, y,
    test_size=0.4, random_state=42)
    x_min, x_max = X.min() - 0.5, X.max() + 0.5
    y_min, y_max = y.min() - 0.5, y.max() + 0.5
    #遍历回归器
    for name, regr in zip(names, regressors):
        ax = plt.subplot(len(datasets), len(regressors), i)
```

```python
            regr = make_pipeline(StandardScaler(), regr)
            regr.fit(X_train, y_train)
            score = regr.score(X_test, y_test)
            #绘制回归线
            X_line = np.linspace(x_min, x_max, 1000).reshape(-1, 1)
            y_line = regr.predict(X_line)
            ax.plot(X_line, y_line, color='r', linewidth=5)
            #绘制训练点
            ax.scatter(X_train, y_train, color='b', s=30, marker='o',
                       edgecolors='k', label="Train")
            #绘制测试点
            ax.scatter(X_test, y_test, color='g', s=30, marker='^', edgecolors='k',
                       label="Test", alpha=0.8)
            ax.set_xlim(x_min, x_max)
            ax.set_ylim(y_min, y_max)
            ax.set_xticks(())
            ax.set_yticks(())
            if ds_cnt == 0:
                ax.set_title(name, fontsize=20)
                ax.text(x_max - 0.3, y_min + 20, "R²={:.2f}".format(score),
                        size=20, horizontalalignment="right")
            if i % len(regressors) == 1:
                ax.legend(loc='upper left', fontsize=16)
            i += 1

plt.tight_layout()
plt.show()
```

代码运行结果如图 1.29 所示。

1.3.9 分类算法的比较

分类算法中仅展示了算法的精度，为了更直观地展现各个算法的区别，我们将引用 Scikit-learn 的官方案例代码演示在三个不同的数据集上比较不同分类算法的分类效果，并用决策边界图形直观地展示分类效果。首先，定义 10 种分类器，分别是 KNN、线性 SVM、高斯径向基 SVM、高斯过程、决策树、随机森林、神经网络、AdaBoost、朴素贝叶斯和二次判别分析(QDA)。

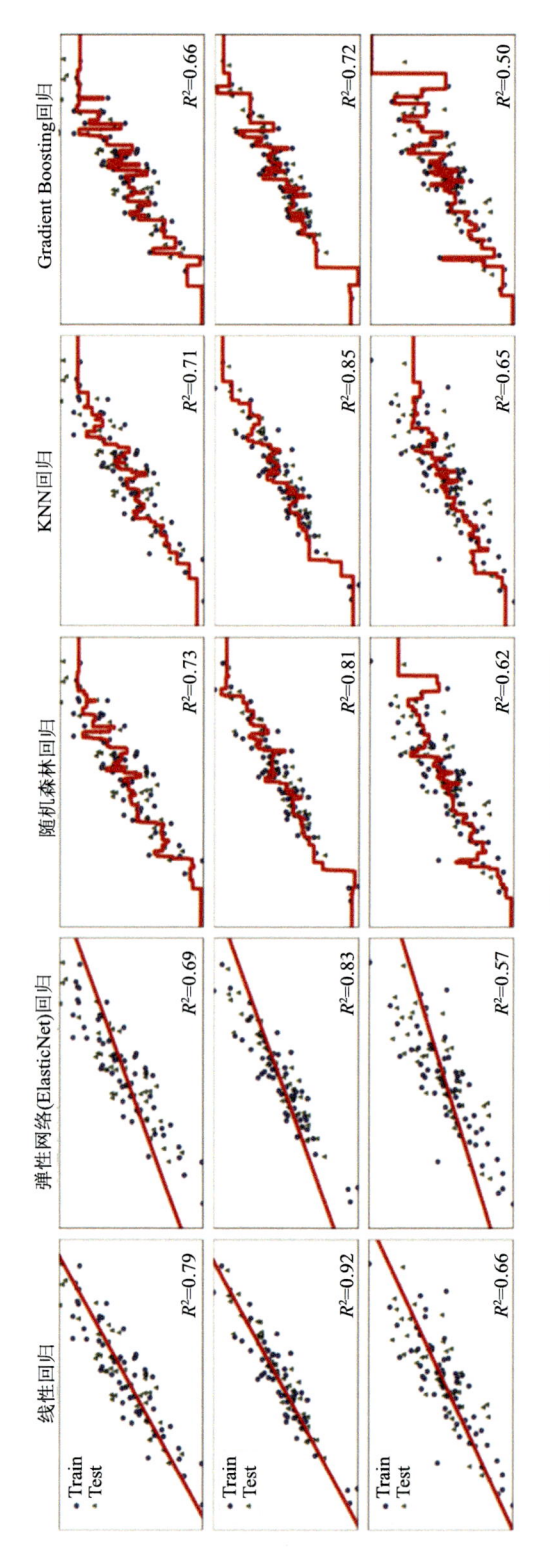

图1.29 回归算法对比图

```python
import pandas as pd
import numpy as np
import matplotlib.pyplot as plt
from matplotlib.colors import ListedColormap
from sklearn.model_selection import train_test_split
from sklearn.preprocessing import StandardScaler
from sklearn.pipeline import make_pipeline
from sklearn.datasets import make_moons, make_circles, make_classification
from sklearn.neural_network import MLPClassifier
from sklearn.neighbors import KNeighborsClassifier
from sklearn.svm import SVC
from sklearn.gaussian_process import GaussianProcessClassifier
from sklearn.gaussian_process.kernels import RBF
from sklearn.tree import DecisionTreeClassifier
from sklearn.ensemble import RandomForestClassifier, AdaBoostClassifier
from sklearn.naive_bayes import GaussianNB
from sklearn.discriminant_analysis import QuadraticDiscriminantAnalysis
from sklearn.inspection import DecisionBoundaryDisplay
#定义分类器名称
names = [
    "KNN","线性SVM","高斯径向基SVM","高斯过程",
    "决策树","随机森林","神经网络","AdaBoost","朴素贝叶斯","二次判别分析",]
#定义各个分类器
classifiers = [
    KNeighborsClassifier(3),
    SVC(kernel="linear", C=0.025),
    SVC(gamma=2, C=1),
    GaussianProcessClassifier(1.0 * RBF(1.0)),
    DecisionTreeClassifier(max_depth=5),
    RandomForestClassifier(max_depth=5, n_estimators=10, max_features=1),
    MLPClassifier(alpha=1, max_iter=1000),
    AdaBoostClassifier(),
    GaussianNB(),
    QuadraticDiscriminantAnalysis(),
]
```

然后，使用 make_classification、make_moons 和 make_circles 三个函数生成了三个不同的数据集，分别为线性可分数据集、月形数据集和环状数据集。

```python
#生成三个数据集分别为线性可分数据集、月形数据集和环状数据集
X, y = make_classification(n_features=2, n_redundant=0, n_informative=2,
        random_state=1,n_clusters_per_class=1)
#生成一个线性可分的数据集
rng = np.random.RandomState(2)
X += 2 * rng.uniform(size=X.shape)
linearly_separable = (X, y)

datasets = [
    make_moons(noise=0.3, random_state=0),
    #make_moons: 生成两个半月形状的数据集
    make_circles(noise=0.2, factor=0.5, random_state=1),
    #make_circles: 生成两个圆形状的数据集
    linearly_separable,
    #合并刚才的线性可分数据集
]
```

接着，在循环中，对于每个数据集，将数据集拆分为训练集和测试集，对每个分类器训练模型并计算测试集的准确率得分。

```python
#设置画图区域
figure = plt.figure(figsize=(27, 9))
i = 1
#迭代数据集
for ds_cnt, ds in enumerate(datasets):
    #预处理数据集，分为训练和测试部分
    X, y = ds
    X_train, X_test, y_train, y_test = train_test_split(
        X, y, test_size=0.4, random_state=42
    )
    x_min, x_max = X[:, 0].min() - 0.5, X[:, 0].max() + 0.5
    y_min, y_max = X[:, 1].min() - 0.5, X[:, 1].max() + 0.5
    #先绘制数据集
    cm = plt.cm.RdBu
    cm_bright = ListedColormap(["#FF0000", "#0000FF"])
    ax = plt.subplot(len(datasets), len(classifiers) + 1, i)
    if ds_cnt == 0:
        ax.set_title("输入数据")
```

```python
#绘制训练点
ax.scatter(X_train[:, 0], X_train[:, 1], c=y_train, cmap=cm_bright,
    edgecolors="k")
#绘制测试点
ax.scatter(X_test[:, 0], X_test[:, 1], c=y_test, cmap=cm_bright,
        alpha=0.6, edgecolors="k"
)
ax.set_xlim(x_min, x_max)
ax.set_ylim(y_min, y_max)
ax.set_xticks(())
ax.set_yticks(())
i += 1
#迭代分类器
for name, clf in zip(names, classifiers):
    ax = plt.subplot(len(datasets), len(classifiers) + 1, i)
    clf = make_pipeline(StandardScaler(), clf)
    clf.fit(X_train, y_train)
    score = clf.score(X_test, y_test)
    DecisionBoundaryDisplay.from_estimator(clf, X, cmap=cm, alpha=0.8,
        ax=ax, eps=0.5
)
#绘制训练点
ax.scatter(
    X_train[:, 0], X_train[:, 1], c=y_train, cmap=cm_bright, edgecolors="k"
)
#展示测试数据点
ax.scatter(
    X_test[:, 0],
    X_test[:, 1],
    c=y_test,
    cmap=cm_bright,
    edgecolors="k",
    alpha=0.6,
)
ax.set_xlim(x_min, x_max)
ax.set_ylim(y_min, y_max)
ax.set_xticks(())
```

```
        ax.set_yticks(())
        if ds_cnt == 0:
            ax.set_title(name)
        ax.text(
            x_max - 0.3,
            y_min + 0.3,
            ("%.2f" % score).lstrip("0"),
            size=15,
            horizontalalignment="right",
        )
        i += 1
plt.tight_layout()
plt.show()
```

最后，为了深入理解各个分类器的性能，将对每个分类器的决策边界进行可视化处理，并在图 1.30 中展示训练集与测试集的散点图。此外，为了直观展现每个模型的效能，将在相应的图像中标注出其准确率得分。

此外，本书还精心设计了图像及其字体样式，以提升整个分类器比较过程的直观性和易理解性。编写的代码旨在使读者能迅速把握不同分类器在处理各种形状的数据集时的分类效果，并便于比较它们的性能表现。值得注意的是，在每个子图的右下角标注了一个准确率值，这一值反映了对三个随机选取的数据集应用不同算法后的结果。然而，选择最佳的求解算法仅是问题的一部分。深入调整算法参数（调参）和理解数据集中数据之间的相互关系，对于实现最优的分类效果同样至关重要。

1.4　无监督学习

到目前为止，我们讨论了与监督学习相关的问题，其中机器学习算法试图将训练数据中的输入特征映射到相应的输出变量。在无监督学习问题中，没有关联的输出变量映射到输入特征。相反，无监督学习算法是在训练数据中寻找隐藏的数据联系，来辅助人类更好地去理解数据。一般来说，无监督学习通常用来探索数据联系，而不是像监督学习一样，去自动化某一个工作进程。Yarowsky[19]开创性地将语言学假设和无监督学习融合起来，展示了统计数据驱动的技术在自然语言处理领域中的强大作用，减小了与监督学习的性能差距，避免了对昂贵的手工标记训练数据的需求。无监督学习问题的两大类包括聚类和降维，在本书中重点讲解四种聚类方法以及降维中的主成分分析，无监督学习算法分类可见图 1.31。

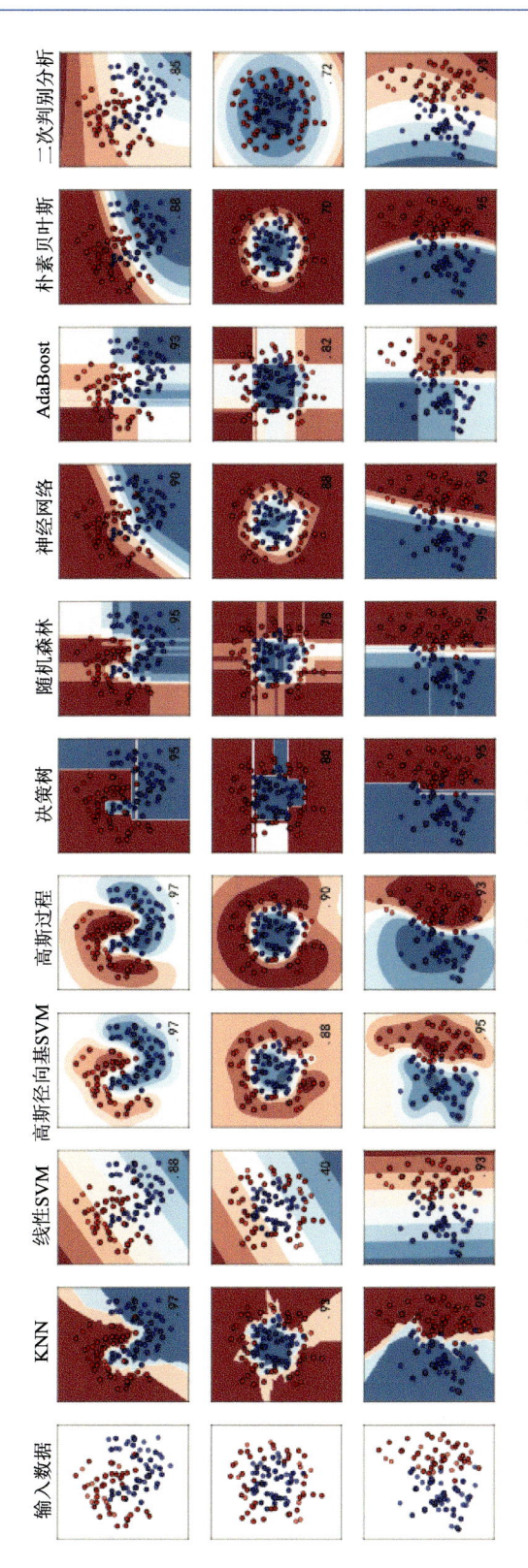

图1.30 分类算法对比图

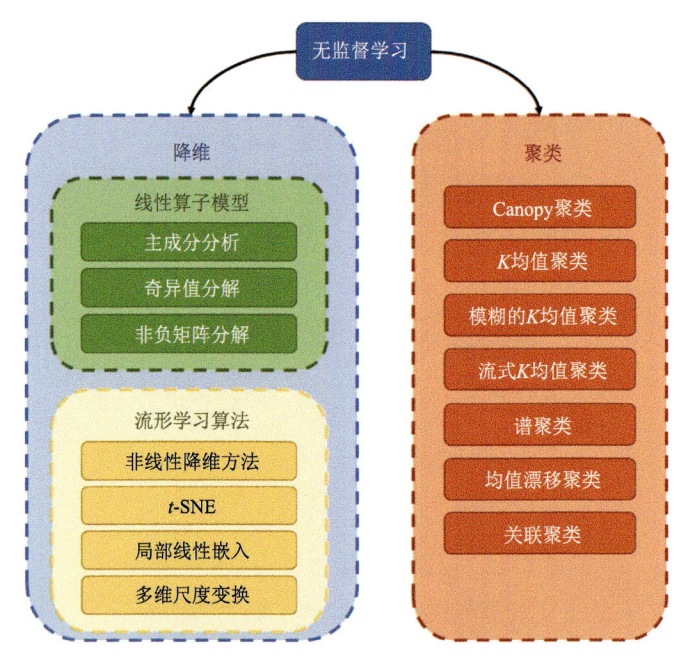

图 1.31 无监督学习算法类型

1.4.1 聚类

在这类无监督学习中，算法试图在样本数据中找到具有相似特征的聚类。聚类算法在样本数据上工作得很好，其中存在相对不同的样本群体。该方法与分类算法类似，聚类算法为每个数据点分配一个数字，表示这个点属于哪个簇。这里要提出一点，聚类和监督学习中的分类的区别还是在于标签的问题，图 1.32 可以展现这个问题。

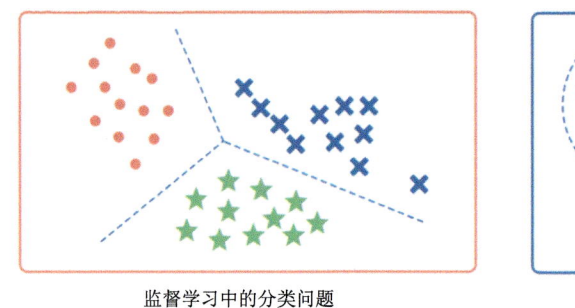

图 1.32 监督学习分类与无监督学习聚类问题

在本节中我们重点介绍以下四种聚类算法：
（1）K 均值（K-means）聚类。
（2）近邻传播（affinity propagation）聚类。

（3）凝聚层次聚类（agglomerative clustering）。
（4）DBSCAN (density-based spatial clustering of applications with noise)。
首先我们生成一些数据，后面将使用这些数据作为聚类技术的输入。

```python
import pandas as pd
import numpy as np
import seaborn as sns
import matplotlib.pyplot as plt
plt.rcParams['font.family'] = ['sans-serif']
plt.rcParams['font.size'] = '10'
plt.rcParams['font.sans-serif'] = ['SimHei']
#设置样本数和特征数
n_samples = 1000
n_features = 4
#创建一个空数组来存储数据
data = np.empty((n_samples, n_features))
#为每个特征生成随机数据
for i in range(n_features):
data[:, i] = np.random.normal(size=n_samples)
#创建 5 个具有不同密度和质心的簇
cluster1 = data[:200, :] + np.random.normal(size=(200, n_features), scale=0.5)
cluster2 = data[200:400, :] + np.random.normal(size=(200, n_features), scale=1) +
           np.array([5,5,5,5])
cluster3 = data[400:600, :] + np.random.normal(size=(200, n_features), scale=1.5) +
           np.array([-5,-5,-5,-5])
cluster4 = data[600:800, :] + np.random.normal(size=(200, n_features), scale=2) +
           np.array([5,-5,5,-5])
cluster5 = data[800:, :] + np.random.normal(size=(200, n_features), scale=2.5) +
           np.array([-5,5,-5,5])
#将集群合并为一个数据集
X = np.concatenate((cluster1, cluster2, cluster3, cluster4, cluster5))
#绘制数据图
plt.scatter(X[:, 0], X[:, 1])
plt.show()
```

代码运行结果如图 1.33 所示。

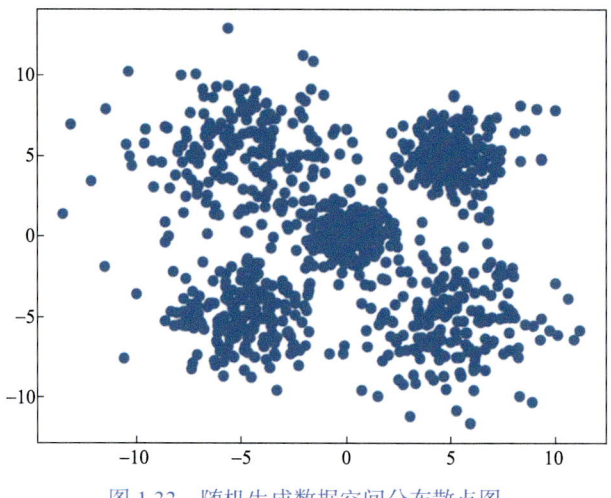

图 1.33　随机生成数据空间分布散点图

```
df = pd.DataFrame(X, columns=["特征_1", "特征_2", "特征_3", "特征_4"])
cluster_id = np.concatenate((np.zeros(200), np.ones(200), np.full(200, 2), np.full(200, 3),
                np.full(200, 4)))
df["簇_id"] = cluster_id
df
```

首先，这段代码使用 pandas 库创建了一个名为 df 的 DataFrame，其数据来源于数组 X，并且为这个 DataFrame 定义了四列，分别命名为"特征_1"、"特征_2"、"特征_3"和"特征_4"。接着，代码创建了一个名为 cluster_id 的数组，该数组由五部分组成，每部分包含 200 个元素，分别赋值为 0、1、2、3 和 4。这样，cluster_id 数组总共有 1000 个元素，每 200 个元素表示一个簇的标识。最后，这个 cluster_id 数组被添加到 DataFrame df 中作为一个新的列（命名为"簇_id"），用于表示每个数据点所属的簇。简而言之，这段代码创建了一个包含四个特征和一个簇标识列的 DataFrame，用于表示一个有 1000 个点、分为 5 个簇的数据集。代码运行结果如表 1.2 所示。

表 1.2　随机生成数特征与标签表

索引值	特征_1	特征_2	特征_3	特征_4	簇_id
0	0.79126	1.100124	−1.84598	−1.52783	0
1	−0.84667	−0.80341	−0.36549	−0.24754	0
2	−0.09305	−1.04288	−0.76981	0.833128	0
3	1.010972	−0.99747	2.504632	−0.35277	0
4	0.751249	0.48251	0.813652	−0.92158	0
...	...	...	...	...	...
995	−10.4106	10.24599	−2.8543	1.533668	4
996	−2.93418	2.706463	−2.52011	6.480214	4

续表

索引值	特征_1	特征_2	特征_3	特征_4	簇_id
997	−2.07611	7.399149	−8.50946	10.64415	4
998	−5.53567	5.36447	−2.16393	3.589769	4
999	−3.58803	6.049794	−3.76768	8.045134	4

1. K 均值聚类

K 均值聚类作为无监督学习领域中最基础且广泛应用的算法之一，旨在从未标记的数据集中推断出固定数量的聚类。在无监督学习框架下，算法仅依赖输入向量，不涉及任何预先标记的结果。K 均值聚类的核心是在数据集中确定一定数量的聚类，这些聚类是基于某些相似性指标聚集在一起的数据点集合。算法的关键概念之一是"质心"，它代表着每个聚类的中心位置，可以是虚构的或实际存在的点。K 均值聚类的目标是通过最小化聚类内部的平方和，即每个数据点与其所属聚类的质心之间的距离，来将数据点合理分配到各个聚类中。这里的"均值"指的是在确定聚类质心时使用的数据点的平均值。K 均值聚类的工作流程开始于从数据集中随机选择一组初始质心，这些质心作为各个聚类的初始中心。接下来，算法通过一系列迭代计算来不断优化这些质心的位置。在每次迭代中，数据点会根据其与各个质心的距离被重新分配到最近的聚类，随后更新每个聚类的质心位置。这个过程持续进行，直到质心的位置稳定下来，或达到预定的迭代次数，从而完成聚类的过程。通过这种方式，K 均值聚类能够有效地识别出数据集中的固有结构，为进一步的数据分析提供基础[20]。

一般来说，质心已经稳定，它们的值不再发生变化时，表示聚类过程已经结束，或者我们人为定义迭代次数，在规定的迭代次数后停止。

接下来我们举个 Scikit-learn 中自带的案例，用刚才生成的随机数来解释 K 均值聚类的方法。

```
from sklearn.cluster import KMeans
#定义函数：
kmeans = KMeans(n_clusters=5)
#拟合模型：
km = kmeans.fit(X)
km_labels = km.labels_
#可视化结果：
plt.scatter(X[:, 0], X[:, 1],
            c=kmeans.labels_,
            s=70, cmap='Paired')
plt.scatter(kmeans.cluster_centers_[:, 0],kmeans.cluster_centers_[:, 1],
            marker='^', s=100, linewidth=2,c=[0, 1, 2, 3, 4])
```

代码运行结果如图 1.34 所示。

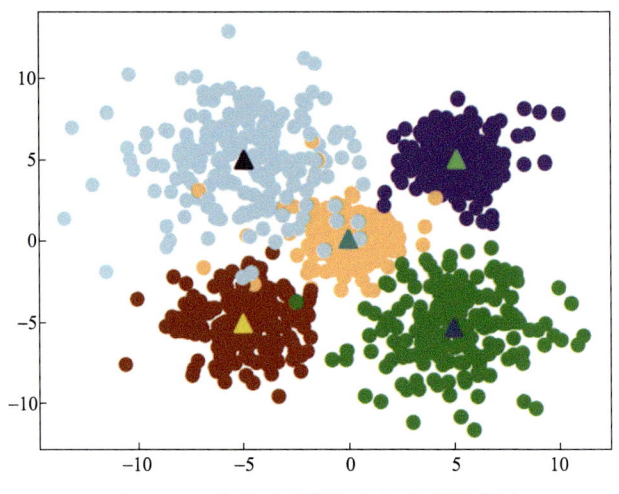

图 1.34　K 均值聚类数据空间分布散点图

总结一下，K 均值聚类是一种广泛用于数据聚类分析的技术。K 均值算法的优点是简单易懂，计算速度较快，适用于大规模数据集。但是它也存在一些缺点，如对于非球形簇的处理能力较差，容易受到初始簇心的选择影响，需要预先指定簇的数量 K 等。此外，当数据点之间存在噪声或者离群点时，K 均值算法可能会将它们分配到错误的簇中。

2. 近邻传播聚类

近邻传播是一种基于图论的聚类算法，旨在识别数据中的 exemplars（代表点）和 clusters（簇）。与 K 均值等传统聚类算法不同，近邻传播聚类不需要事先指定聚类数目，也不需要随机初始化簇心，而是通过计算数据点之间的相似性得出最终的聚类结果。

近邻传播聚类算法的优点是不需要预先指定聚类数目，且能够处理非凸形状的簇。但是该算法的计算复杂度较高，需要大量的存储空间和计算资源，并且对于噪声点和离群点的处理能力较弱[21]。

下面这段代码展示了如何使用 Scikit-learn 库中的 Affinity Propagation 算法来进行数据聚类。首先，通过 Affinity Propagation 类创建一个聚类模型实例 af，指定了偏好参数 preference 为 -563 和随机状态 random_state 为 0，以确保结果的可重复性。然后，使用.fit(X) 方法在数据集 X 上拟合这个模型。接下来，通过 af.cluster_centers_indices_ 获得聚类中心的索引，并通过 af.labels_ 获取每个数据点的簇标签。变量 n_clusters 通过计算聚类中心索引的长度来确定形成的簇的数量。最后，代码打印出估计的簇数。简而言之，这段代码使用 Affinity Propagation 算法在数据集 X 上执行聚类操作，并输出形成的簇数。

```
from sklearn.cluster import Affinity Propagation
#拟合模型:
af = Affinity Propagation(preference=-563, random_state=0).fit(X)
cluster_centers_indices = af.cluster_centers_indices_
af_labels = af.labels_
```

```
n_clusters_ = len(cluster_centers_indices)
#打印簇数:
print("估计簇数: %d" % n_clusters_)
```

代码结果如下:

估计簇数: 10

然后使用 matplotlib 库绘制近邻传播聚类算法的结果。

```
import matplotlib.pyplot as plt
from itertools import cycle
plt.close("all")
plt.figure(1)
plt.clf()
colors = cycle("bgrcmykbgrcmykbgrcmykbgrcmyk")
for k, col in zip(range(n_clusters_), colors):
    class_members = af_labels == k
    cluster_center = X[cluster_centers_indices[k]]
    plt.plot(X[class_members, 0], X[class_members, 1], col + ".")
    plt.plot(
        cluster_center[0],
        cluster_center[1],
        "o",
        markerfacecolor=col,
        markeredgecolor="k",
        markersize=14,
    )
    for x in X[class_members]:
        plt.plot([cluster_center[0], x[0]], [cluster_center[1], x[1]], col)
plt.show()
```

　　根据聚类结果绘制数据点和聚类中心的图形。循环遍历每个聚类簇，并使用颜色循环迭代器中的下一个颜色来绘制该聚类的数据点和聚类中心。具体来说，k 是当前聚类簇的编号，col 是当前颜色字符，class_members 是一个布尔型数组，用于标记聚类结果是否属于当前聚类簇，cluster_center 是当前聚类簇的中心点，X[class_members, 0]和X[class_members, 1]分别是所有属于当前聚类簇的数据点的 x 坐标和 y 坐标，用于绘制数据点的散点图。"o"表示绘制圆形标记，markerfacecolor 和 markeredgecolor 参数分别设置标记内部和边缘的颜色，markersize 参数设置标记的大小。使用两个 plt.plot()函数分别绘制数据点和聚类中心。最后一个循环遍历属于当前聚类簇的所有数据点，并使用颜色 col 绘制从聚类中心到每个数据点的连线。

代码输出结果如图 1.35 所示。

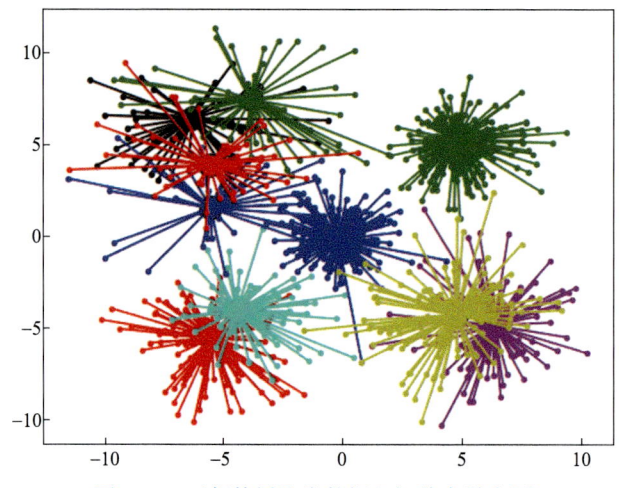

图 1.35　近邻传播聚类数据空间分布散点图

3. 凝聚层次聚类

凝聚层次聚类是一种自底向上的聚类算法，它将每个数据点视为一个初始簇，并将它们逐步合并成更大的簇，直到达到停止条件为止。在该算法中，每个数据点最初被视为一个单独的簇，然后逐步合并簇，直到所有数据点被合并为一个大簇。

凝聚层次聚类算法的优点是适用于不同形状和大小的簇，且不需要事先指定聚类数目。此外，该算法也可以输出聚类层次结构，便于分析和可视化。缺点是计算复杂度较高，尤其是在处理大规模数据集时，需要消耗大量的计算资源和存储空间。此外，该算法对初始簇的选择也比较敏感，可能会导致不同的聚类结果[22]。

```
import numpy as np
import matplotlib.pyplot as plt
from sklearn.cluster import AgglomerativeClustering
#拟合模型
clustering = AgglomerativeClustering(n_clusters=5).fit(X)
AC_labels = clustering.labels_
n_clusters = clustering.n_clusters_
print("估计簇数: %d" % clustering.n_clusters_)
```

代码结果如下：

估计簇数: 5

接下来使用 matplotlib 库绘制基于凝聚层次聚类算法结果的散点图：

```
colors = ['purple', 'orange', 'green', 'blue', 'red']
model = AgglomerativeClustering(n_clusters=5, linkage="ward", affinity="euclidean")
model.fit(X)
```

```
plt.figure()
plt.scatter(X[:, 0], X[:, 1], c=model.labels_, cmap="rainbow", alpha=0.5)
plt.axis("tight")
plt.tick_params(axis="both", labelsize=16)
plt.show()
```

代码输出结果如图 1.36 所示。

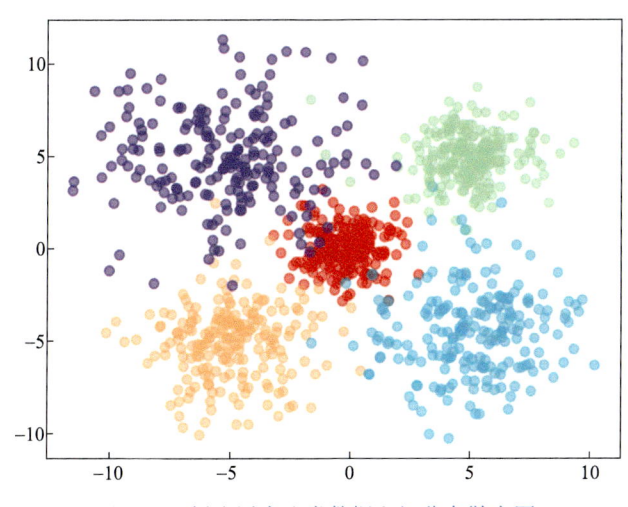

图 1.36 凝聚层次聚类数据空间分布散点图

4. DBSCAN

DBSCAN 是一种基于密度的聚类算法，其可以有效地发现任意形状的簇，并能够处理噪声数据。DBSCAN 算法的核心思想是：对于一个给定的数据点，如果它的密度达到一定的阈值，则它属于一个簇；否则，它被视为噪声点[23,24]。

DBSCAN 算法的优点是能够自动识别簇的数目，并且对于任意形状的簇都有较好的效果，而且还能够有效地处理噪声数据，不需要预先指定簇的数目。缺点是对于密度差异较大的数据集，可能会导致聚类效果不佳，需要进行参数调整和优化。另外，该算法对于高维数据集的处理效果也不如其他算法。下面这段代码中我们使用 Scikit-learn 库来实现聚类算法。首先，通过指定邻域半径 eps 为 3 和最小样本数 min_samples 为 20，创建了 DBSCAN 类的一个实例 db。然后，使用.fit(X)方法在数据集 X 上拟合这个模型。模型拟合后，通过 db.labels_ 获取了数据点的簇标签，其中标签为–1 的点被视为噪声点。然后，计算了簇的数量，即不同标签的总数减去噪声点（如果存在）。此外，通过计算标签数组中–1 出现的次数，得出了噪声点的数量。最后，打印出估计的簇数和噪声点的数量。

```
from sklearn.cluster import DBSCAN
db = DBSCAN(eps=3, min_samples=20).fit(X)
DBSCAN_labels = db.labels_
```

```
#标签中的簇数，忽略噪声（如果存在）．
n_clusters_ = len(set(DBSCAN_labels)) - (1 if -1 in DBSCAN_labels else 0)
n_noise_ = list(DBSCAN_labels).count(-1)
print("估计簇数: %d" % n_clusters_)
print("估计噪声点的数量: %d" % n_noise_)
```

代码输出结果如下：

估计簇数: 5

估计噪声点的数量: 184

采用 DBSCAN 聚类算法处理数据时，首先，利用内置的 set()函数对 DBSCAN_labels 数组进行转换，创建一个集合 unique_labels。集合是一种独特的数据结构，特点是元素无序且唯一，因此这一转换步骤允许我们有效地识别算法分配的所有独特类别。然后，代码使用 numpy 库的 zeros_like()函数来创建一个与 DBSCAN_labels 数组形状相同的新数组，该数组的所有元素初始值为 0，并且数组的数据类型被设置为布尔型。这个新创建的布尔数组被命名为 core_samples_mask，其主要目的是标记数据集中的核心点。核心点是指那些在 DBSCAN 算法中满足特定邻域条件的点，通常是指周围有足够数量的邻近点的数据点。最后，通过将 core_samples_mask 数组中对应于 db.core_sample_indices_ 数组所列出的所有索引位置的元素设为 True，从而标记出这些位置的数据点为核心点。这里的 db.core_sample_indices_是 DBSCAN 算法运行完成后生成的数组，包含了所有被算法识别为核心点的数据点的索引。

```
unique_labels = set(DBSCAN_labels)
core_samples_mask = np.zeros_like(DBSCAN_labels, dtype=bool)
corc_samples_mask[db.core_sample_indices_] = True
```

接下来使用 matplotlib 库绘制 DBSCAN 聚类结果的代码：

```
colors = [plt.cm.Spectral(each) for each in np.linspace(0, 1, len(unique_labels))]
for k, col in zip(unique_labels, colors):
    if k == -1:
        #黑色用于噪声．
        col = [0, 0, 0, 1]
    class_member_mask = DBSCAN_labels == k
    xy = X[class_member_mask & core_samples_mask]
    plt.plot(
        xy[:, 0],
        xy[:, 1],
        "o",
        markerfacecolor=tuple(col),
        markeredgecolor="k",
```

```
            markersize=14,
        )
        xy = X[class_member_mask & ~core_samples_mask]
        plt.plot(
            xy[:, -1],
            xy[:, 1],
            "o",
            markerfacecolor=tuple(col),
            markeredgecolor="k",
            markersize=6,
        )
plt.show()
```

在处理 DBSCAN 聚类结果的可视化时，上面代码首先使用 matplotlib 库的 cm.Spectral()函数生成一个颜色映射列表 colors，其中包含了 RGB（三原色）颜色元组。这些颜色元组的数量与 unique_labels 中的类别的数量相等，每个颜色元组代表一个特定类别的颜色。此外，为了区分噪声点，代码专门将噪声点的颜色设定为黑色，噪声点是指那些被聚类算法标记为簇标签为–1 的数据点。在绘制聚类结果的过程中，代码创建了一个布尔型数组 class_member_mask，用于指示数据点是否属于当前考察的类别 k。同时，结合 core_samples_mask，这两个数组共同筛选出既属于当前类别 k 又是核心点的数据点。随后，这些数据点被绘制在图上，使用 markerfacecolor 参数和 tuple()函数将当前类别的颜色元组转换为适用于绘图的颜色格式。

最后根据 class_member_mask 和 core_samples_mask 筛选出属于当前类别 k 但不是核心点的数据点，并将这些点绘制在图形上。使用了 markerfacecolor 参数和 tuple()函数将当前类别的颜色元组转换为合适的颜色格式，并使用 markersize 参数指定数据点的大小。代码输出结果如图 1.37 所示。

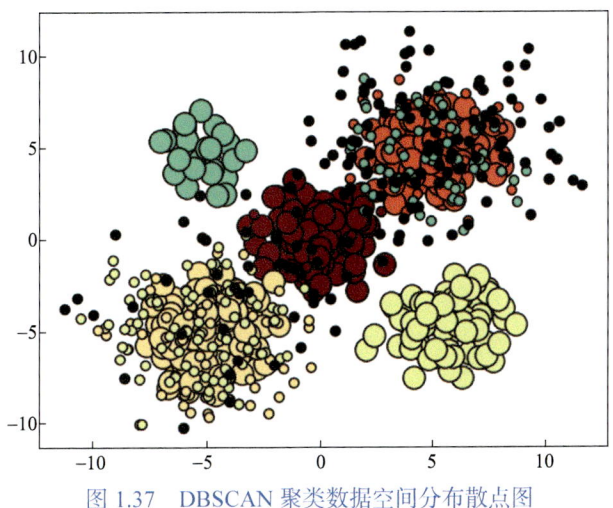

图 1.37 DBSCAN 聚类数据空间分布散点图

1.4.2 降维

降维是一个抽象的概念，对于分析具有高维度特征空间的数据集非常有用。通常执行降维以获得更好的机器学习算法的输入特征。它在不牺牲模型预测能力的情况下提高了计算效率。降维还消除了原始数据中不同特征之间可能存在的共线性。PCA 是这一类算法，使用特征的正交变换，通过将多个线性相关特征转换为线性独立变量来降低输入数据中的维数。

1. PCA

PCA 解释了数据集中的最大方差，其随着每个后续成分的增加而进一步减小。需要注意的是，PCA 对缩放敏感，因此使用本章前面讨论的方法缩放特征非常重要。它的核心思想是通过线性变换将原始数据投影到一个新的坐标系，使得数据在新坐标系下的方差最大化。这样，PCA 能够提取数据的主要特征，并去除一些冗余信息[25]。它的主要理论如下。

（1）数据中心化：将数据的每个特征（维度）减去其均值，使得数据的中心位于原点。

（2）计算协方差矩阵：计算数据的协方差矩阵，用于衡量不同特征之间的相关性。协方差矩阵的对角线元素表示各特征的方差，非对角线元素表示特征之间的协方差。

（3）求解特征值和特征向量：计算协方差矩阵的特征值和特征向量。特征值表示数据在特征向量方向上的方差，特征向量表示新坐标系下的基向量。

（4）选择主成分：根据需要保留的信息量（例如，保留95%的方差），选择前 k 个最大特征值对应的特征向量作为主成分。将原始数据投影到这些特征向量上，得到降维后的数据。

PCA 的特点也很明显，主要有以下几点。

（1）降维和特征提取：PCA 能够将原始数据投影到一个低维空间，实现降维和特征提取。这有助于降低计算复杂度和存储需求，以及提高其他机器学习算法的性能。

（2）去除冗余信息：PCA 通过最大化方差来提取数据的主要特征，从而去除一些冗余信息和噪声。

（3）线性变换：PCA 是一种线性变换方法，因此在处理非线性数据时可能无法提取有效的特征。在这种情况下，可以考虑使用其他非线性降维方法，如核 PCA、t-分布随机邻近嵌入（t-distributed stochastic neighbor embedding，t-DSNE）等。

（4）无监督学习：PCA 是一种无监督学习方法，不需要标签信息。这使得 PCA 可以应用于很多无监督学习任务，如聚类、异常检测等。

（5）易于理解和实现：PCA 的理论基础和算法相对简单，易于理解和实现。许多机器学习库（如 Scikit-learn）已经实现了 PCA 算法，可以方便地应用于实际问题中。

（6）PCA 主要适用于数据预处理和数据可视化，有助于分析数据的结构和分布，以及直观地评估其他机器学习算法的性能。

在实际应用中，PCA 可以应用于各种领域，如图像处理、自然语言处理、生物信息学、金融分析等。需要注意的是，PCA 是一种线性降维方法，对于非线性数据结构可能无法提取有效特征。此外，在处理监督学习任务时，PCA 未考虑标签信息，可能会损失一些对分类或回归任务有用的信息。在这种情况下，可以考虑使用其他有监督降维方法，如线性判别分析（LDA）等。具体理论请参考文献[25]。

为了深入理解数据的内在结构，我们接下来通过编写代码来生成和分析一组点云数据。这一过程首先涉及随机生成一系列散点，并将它们组织成点云形式。通过对这些图形的观察，我们可以注意到点云在某些方向上可能展现出显著的扁平特征。在这种情境下，PCA 技术显得尤为重要和有效。PCA 能够识别并突出那些相对非扁平的方向，帮助我们从数据的高维度特征中提炼出最关键的信息。这种方法通过分析点云的方差分布，找出数据中的主要变化方向，进而揭示出由随机散点形成的点云的核心结构和特性。总的来说，通过这种方式，PCA 不仅降低了数据的维度，还增强了我们对数据集内在特征和结构的认识。

下面是随机生成散点的代码：

```python
import numpy as np
from scipy import stats
plt.rcParams['font.family'] = 'SimHei'
plt.rcParams['axes.unicode_minus'] = False
e = np.exp(1)
np.random.seed(4)
def pdf(x):
    return 0.5 * (stats.norm(scale=0.25 / e).pdf(x) + stats.norm(scale=4 / e).pdf(x))
y = np.random.normal(scale=0.5, size=(30000))
x = np.random.normal(scale=0.5, size=(30000))
z = np.random.normal(scale=0.1, size=len(x))
density = pdf(x) * pdf(y)
pdf_z = pdf(5 * z)
density *= pdf_z
a = x + y
b = 2 * y
c = a - b + z
norm = np.sqrt(a.var() + b.var())
a /= norm
b /= norm
```

接下来利用 sklearn 中的 PCA 包，进行分析画图。

```python
from sklearn.decomposition import PCA
import matplotlib.pyplot as plt
```

```
import mpl_toolkits.mplot3d
def plot_figs(fig_num, elev, azim):
    fig = plt.figure(fig_num, figsize=(4, 5))
    plt.clf()
    ax = fig.add_subplot(111, projection="3d", elev=elev, azim=azim)
    ax.set_position([0, 0, 0.95, 1])
    ax.set_xlabel('X轴', fontsize=14, labelpad=-10)
    ax.set_ylabel('Y轴', fontsize=14, labelpad=-10)
    ax.set_zlabel('Z轴', fontsize=14, labelpad=-10)
    ax.scatter(a[::10], b[::10], c[::10], c=density[::10], marker="+", alpha=0.4)
    Y = np.c_[a, b, c]
    pca = PCA(n_components=3)
    pca.fit(Y)
    V = pca.components_.T
    x_pca_axis, y_pca_axis, z_pca_axis = 3 * V
    x_pca_plane = np.r_[x_pca_axis[:2], -x_pca_axis[1::-1]]
    y_pca_plane = np.r_[y_pca_axis[:2], -y_pca_axis[1::-1]]
    z_pca_plane = np.r_[z_pca_axis[:2], -z_pca_axis[1::-1]]
    x_pca_plane.shape = (2, 2)
    y_pca_plane.shape = (2, 2)
    z_pca_plane.shape = (2, 2)
    ax.plot_surface(x_pca_plane, y_pca_plane, z_pca_plane)
    ax.xaxis.set_ticklabels([])
    ax.yaxis.set_ticklabels([])
    ax.zaxis.set_ticklabels([])
elev = -40
azim = -80
plot_figs(1, elev, azim)
elev = 30
azim = 20
plot_figs(2, elev, azim)
plt.tight_layout()
plt.show()
```

上面代码定义了 plot_figs()函数用于绘制 3D 散点图和 PCA 平面。在 plot_figs()函数中，使用 fig.add_subplot()函数创建了一个 3D 子图，并使用 elev 和 azim 参数设置 3D 坐标系的旋转角度。然后，使用 ax.scatter()函数绘制 3D 散点图，其中，a[::10]、b[::10]和 c[::10]分别是所有数据点在 X 轴、Y 轴和 Z 轴上的坐标，用于绘制数据点的散点图。使用 c 参数设置数据点的颜色，使用 density[::10]指定每个数据点的密度，并使用 marker 和 alpha 参数设置散点的样式和透明度。

接下来，将数据点输入到 PCA 模型中进行拟合，并使用 pca.components_.T 得到数据的主成分。然后，使用主成分的方向向量绘制主成分平面。使用 np.r_[ ]将方向向量组合成平面，使用 ax.plot_surface()函数绘制主成分平面。最后，使用 ax.xaxis.set_ticklabels([])、ax.yaxis.set_ticklabels([])和 ax.zaxis.set_ticklabels([])函数将坐标轴上的刻度标签清空，使图形更加简洁。

通过调用 plot_figs()函数两次，生成两张 3D 散点图，分别使用不同的 elev 和 azim 参数设置 3D 坐标系的旋转角度。最后，使用 plt.tight_layout()函数将图形调整为紧凑型布局，使用 plt.show()函数显示图形。

代码结果如图 1.38 所示。

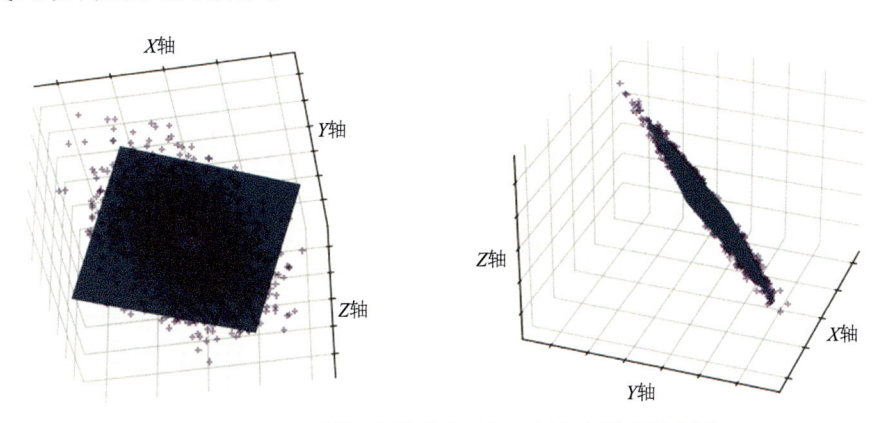

图 1.38　PCA 数据降维后扁平化空间分布散点示意图

2. 非负矩阵分解

非负矩阵分解（non-negative matrix factorization，NMF）是一种矩阵分解技术，主要用于特征提取和数据降维。它的基本思想是将一个非负矩阵 V 近似分解为两个非负矩阵 W 和 H 的乘积，即 $V≈WH$。在这里，矩阵 V 的形状为(m, n)，矩阵 W 的形状为(m, k)，矩阵 H 的形状为(k, n)，其中 k 通常远小于 m 和 n。

NMF 的理论基础是基于非负数据的非线性表示。在许多实际应用中，数据通常具有非负性，如图像、文本、语音等。非负约束使得分解后的矩阵具有稀疏性和可解释性，这使得 NMF 在许多应用场景中具有优势。其优点包括以下几方面。

（1）可解释性：由于非负约束，分解后的矩阵具有良好的可解释性。这使得 NMF 能够揭示数据的潜在结构，如在文本挖掘中挖掘主题、在图像处理中识别局部特征等。

（2）稀疏性：分解后的矩阵 W 和 H 往往具有稀疏性，这意味着很多元素接近于零。这有助于去除数据中的噪声和冗余信息，提高了数据压缩和存储效率。

（3）非负约束：NMF 只处理非负数据，因此在处理像素强度、词频等自然具有非负性的数据时，具有很好的适应性。

（4）易于实现：NMF 算法通常基于迭代更新规则，易于实现。常见的优化方法包括梯度下降、交替最小二乘法等。

然而，NMF 也存在一定的局限性，如计算复杂度较高、对初始化敏感、可能陷入局部最优解等。在实际应用中，需要根据问题特点选择合适的算法和参数。具体理论可参考文献[26]和文献[27]。

接下来我们用一段代码来解释这一过程。

```python
import numpy as np
import matplotlib.pyplot as plt
from sklearn.decomposition import NMF
from sklearn.datasets import make_blobs
#生成非负二维玩具数据
n_samples = 500
data, _ = make_blobs(n_samples=n_samples, centers=6, random_state=70)
#将数据强制设为非负
data[data < 0] = 0
#实例化 NMF 模型，并将数据降至一维
nmf = NMF(n_components=1, init='random', random_state=42)
data_nmf = nmf.fit_transform(data)
#可视化原始数据和降维后的数据
fig, ax = plt.subplots(1, 2, figsize=(12, 4))
ax[0].scatter(data[:, 0], data[:, 1], c='blue', marker='o', alpha=0.5)
ax[0].set_title('原始二维玩具数据')
ax[1].scatter(data_nmf, np.zeros(n_samples), c='red', marker='o', alpha=0.5)
ax[1].set_title('使用 NMF 降维后的一维数据')
plt.show()
```

代码运行结果如图 1.39 所示。

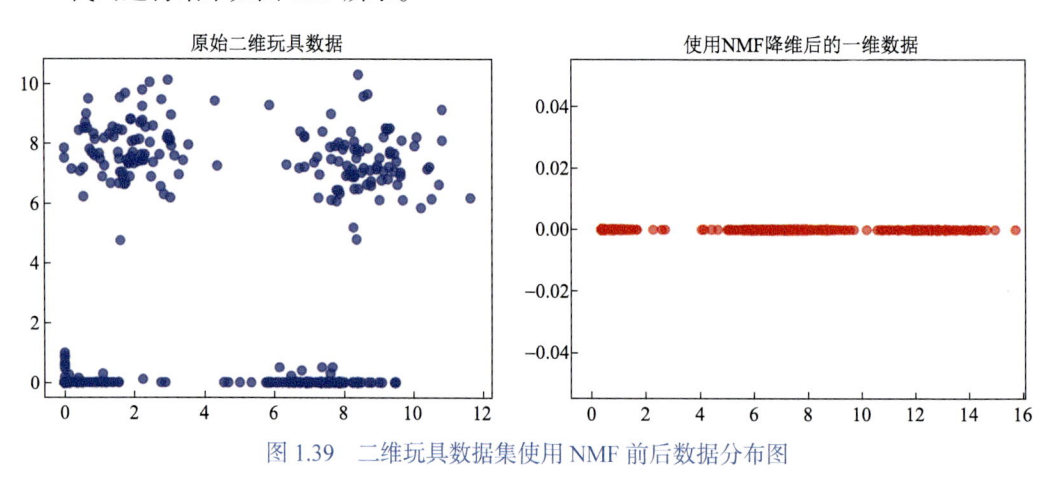

图 1.39 二维玩具数据集使用 NMF 前后数据分布图

可以在图 1.39 中明显发现，原本随机分布的二维散点，最后变为一维的纵坐标为 0 的散点分布图，即将二维数据降低为一维数据，达到了特征提取和数据降维的效果。

3. 奇异值分解

奇异值分解（singular value decomposition，SVD）是一种在矩阵分析和线性代数中常用的方法。对于任何一个实数或复数矩阵，我们都可以进行奇异值分解。SVD 是一种将矩阵分解为三个矩阵的乘积的方法。

具体来说，对于一个给定的 $m×n$ 实数或复数矩阵 A，我们可以写出如下的分解：

$$A=U\Sigma V^* \quad\quad (1\text{-}3)$$

式中，U 是一个 $m×m$ 的矩阵，其列向量被称为左奇异向量，这些向量构成了 A 的列空间；Σ 是一个 $m×n$ 的对角矩阵，其对角线上的元素被称为 A 的奇异值，它们是 $A^\mathrm{T}A$ 或者 AA^T 的非零特征值的平方根；V 是一个 $n×n$ 的矩阵，其列向量被称为右奇异向量，这些向量构成了 A 的行空间，这里的 V^* 代表 V 的共轭转置，如果 A 是实数矩阵，那么 V^* 就是 V 的转置。

SVD 是一种强大的数学技术，广泛应用于降维和特征提取等多个领域。在处理高维数据时，SVD 能够有效地降低数据的维度，从而降低计算量，并帮助去除数据中的噪声，同时揭示数据的内在结构。SVD 的核心思想是将原始数据矩阵分解为几个相对较小的矩阵的乘积，这些小矩阵包含了数据的关键信息。在实际应用中，通过仅保留最大的几个奇异值及其对应的奇异向量，SVD 提供了对原始数据集的一种近似表示，但其所需的维度更低。这种方法有效地捕捉了数据中最重要的方差成分，同时去除了那些对数据分析价值不大的成分。因此，SVD 是一种非常有用的工具，特别是在需要处理大规模和复杂数据集的情况下，它能够提供一个更简洁、更易于分析的数据表示形式。

接下来我们用一段代码展示这一过程：

```
%matplotlib inline
import matplotlib.pyplot as plt
plt.rcParams['font.family'] = ['sans-serif']
plt.rcParams['font.size'] = '10'
plt.rcParams['font.sans-serif'] = ['SimHei']
#导入需要的库
import matplotlib.pyplot as plt
from sklearn import datasets
from sklearn.decomposition import TruncatedSVD
#加载鸢尾花数据集
iris = datasets.load_iris()
X = iris.data
y = iris.target
```

```
#创建一个TruncatedSVD实例
svd = TruncatedSVD(n_components=2)
#对数据进行奇异值分解
X_reduced = svd.fit_transform(X)
#可视化结果
plt.scatter(X_reduced[:, 0], X_reduced[:, 1], c=y, cmap='viridis')
plt.xlabel('SVD 1')
plt.ylabel('SVD 2')
plt.show()
```

代码运行结果如图 1.40 所示。

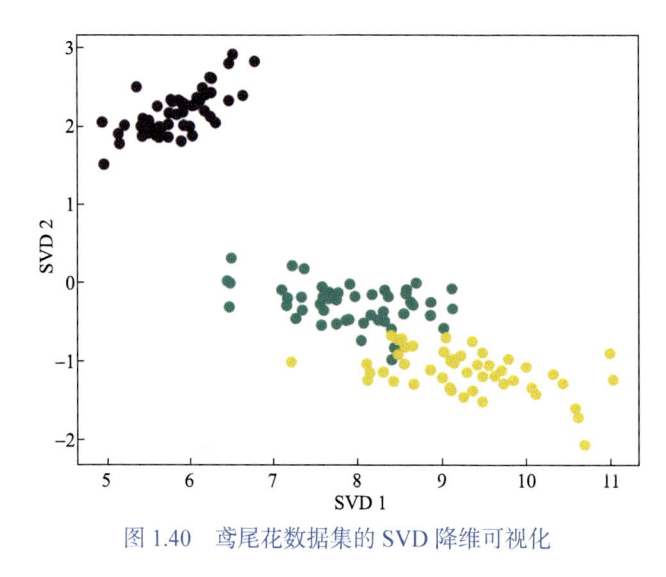

图 1.40 鸢尾花数据集的 SVD 降维可视化

1.5 半监督学习

半监督学习是一种机器学习方法，它利用有标签和无标签的数据来进行模型训练和预测。在半监督学习中，我们通常只有一小部分数据集被标记（即已知标签），而其余的数据集没有被标记（即未知标签）。半监督学习的目标是利用这些未标记的数据来提高模型的准确性和泛化能力。

为了实现这一目标，半监督学习算法通常分为两种类型：基于图的方法和生成模型方法。基于图的方法使用无标记数据的图结构来构建模型，通常使用图的正则化方法来强制相似的数据点具有相似的标签。这些方法包括基于图的半监督学习（graph-based semi-supervised learning）和拉普拉斯正则化（Laplacian regularization）等。生成模型方法则是使用未标记数据来建立模型的概率分布，然后根据已知标签和未知标签的数据来调整概率分布，以提高模型的准确性。这些方法包括生成对抗网络（generative adversarial network）和变分自编码器（variational autoencoder）等。

半监督学习桥接了监督学习和无监督学习技术。通过图1.41能清楚了解这一项技术的脉络走势，它首先在一些标记样本上训练初始模型，然后将其迭代应用于更多未标记数据。虽然半监督学习没有被正式定义为机器学习的"第四个"元素（既有的三大类别为监督学习、无监督学习和强化学习），但它将前两者的特点结合成了一种自己的方法。它与无监督学习不同的地方是，该方法适用于从分类和回归到聚类和关联的各种问题。与监督学习不同的地方是，该方法使用少量标记数据和大量未标记数据，从而降低了人工注释的费用并缩短了数据准备时间。

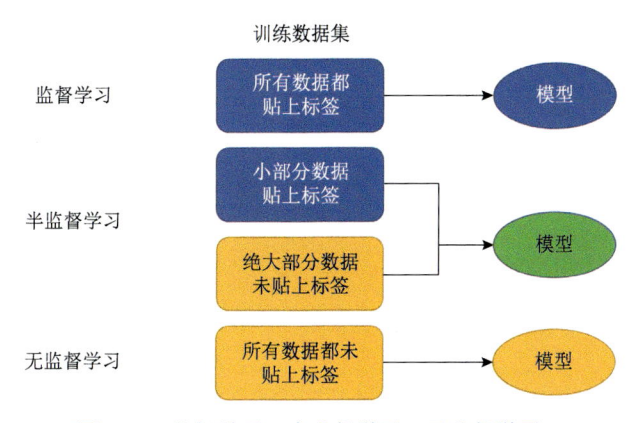

图1.41　监督学习、半监督学习、无监督学习

在实践中，人们常常面临这样的问题：选择有监督的机器学习路线，并仅在带有标签的数据上进行数据处理，从而大大减小数据集的大小；或者，选择无监督的机器学习路线，放弃贴标签，同时保留数据集的其余部分进行聚类等操作。为了解决这个问题，一般的半监督学习流程跟监督学习和无监督学习类似，首先对小部分数据进行手动标记，然后使用它来训练模型，并通过算法将标签泛化到其他未标记的数据上去。

半监督学习作为一种非常有用的技术，可以在标记数据不足的情况下提高模型的准确性和泛化能力。它在很多领域得到了广泛的应用，如图像分类、自然语言处理、推荐系统等。

相对于监督学习和无监督学习，半监督学习具有以下优点：

（1）可以利用更多的数据来训练模型，从而提高模型的准确性和泛化能力；

（2）可以减少人工标注的成本和时间；

（3）可以更好地利用数据的结构信息，从而提高模型的鲁棒性和可解释性。

在实际应用中，半监督学习可以结合其他技术和方法，如主动学习、迁移学习等，从而进一步提高模型的性能和应用效果。

总之，半监督学习是机器学习领域中非常重要的一种方法，它可以充分利用有限的标记数据和大量的未标记数据来提高模型的准确性和泛化能力。在未来的研究中，我们可以期待更多的半监督学习算法和技术的出现，以满足不同领域和任务的需求[28,29]。

1.5.1 自训练

一般来说，半监督学习最简单的例子之一就是自训练。自训练是可以采用任何监督方法进行分类或回归，并将其修改为以半监督方式工作，同时利用标记和未标记数据。标准工作流程如图 1.42 所示。

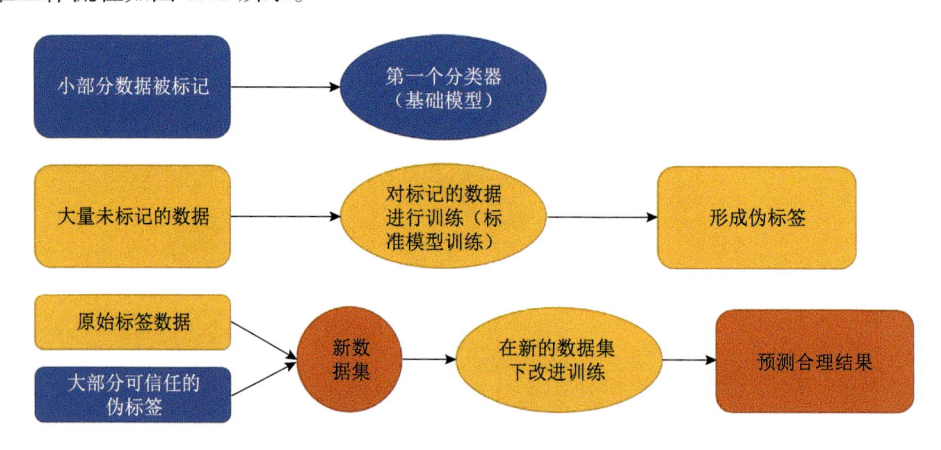

图 1.42 半监督自训练模型工作流程图

为了优化岩心矿物图像的自动识别，采用了一种结合标记数据和伪标记技术的方法。首先，从带有各自标签的岩心矿物图像集中挑选一小部分数据，作为训练基本模型的初始数据集。这一步骤遵循传统的监督学习方法。随后，实施了所谓的"伪标记"过程。这个过程涉及使用已部分训练的模型来对数据库中尚未标记的图像进行预测。由此产生的标签被称为"伪标签"，原因在于它们是基于初始有限的标记数据集生成的。需要注意的是，这些原始数据可能存在某些偏差，如数据集中不同类别岩石的代表性不均衡，这可能导致对特定岩心矿物成分的过分强调。接下来，这一模型基于其预测结果进行自我校正和优化。例如，模型可能以 80% 的准确率预测某图像显示的是碳酸盐岩而非玄武岩。当伪标签的置信度超过预定阈值时（如上例中的 80%），这些标签便被纳入已标记的数据集中。通过这种方式，我们创建了一个新的、更丰富的数据集，用以训练和改进模型。这个过程会重复多次，通常进行 10 次迭代，以逐步增加伪标签的数量和多样性。每一次迭代都旨在通过不断扩大和细化训练数据集来提高模型的性能。如果这种方法适用于所处理的数据，模型的准确率和效率将在每次迭代中逐步提升。

虽然有使用自训练的成功例子，但应该强调的是，一个数据集与另一个数据集的性能可能会有很大差异。在很多情况下，与采用监督路线相比，自训练可能会降低性能。

其中，选择置信度阈值会对自训练的效果产生影响。

下面介绍不同阈值对自训练的影响：阈值太低会导致噪声数据的引入，当置信度阈值设置得过低时，一些错误的伪标签也会被添加到训练数据中，这些伪标签可能会产生负面影响，降低模型的性能；阈值太高会导致过拟合，当置信度阈值设置得过高时，只有很少的样本会被选中作为伪标签加入训练数据中，这会导致模型对这些数据过拟合，从而限制模型的泛化能力。

因此只有较合适的阈值可以提高模型性能。适当地设置置信度阈值可以在减少噪声数据的同时，增加伪标签的数量，从而提高模型的性能和泛化能力。阈值的最佳值可能因任务而异。最佳的置信度阈值取决于具体的任务和数据集。在不同的数据集和任务中，需要根据实验结果调整阈值以取得最佳性能。在实际应用中，需要通过试验和验证来确定最佳的置信度阈值，以优化半监督自训练的性能[19]。

下面我们用一段代码来展示这一过程：

```python
import numpy as np
import matplotlib.pyplot as plt
from sklearn import datasets
from sklearn.svm import SVC
from sklearn.model_selection import StratifiedKFold
from sklearn.semi_supervised import SelfTrainingClassifier
from sklearn.metrics import accuracy_score
from sklearn.utils import shuffle

n_splits = 3

X, y = datasets.load_breast_cancer(return_X_y=True)
X, y = shuffle(X, y, random_state=42)
y_true = y.copy()
y[50:] = -1
total_samples = y.shape[0]

base_classifier = SVC(probability=True, gamma=0.001, random_state=42)

x_values = np.arange(0.4, 1.05, 0.05)
x_values = np.append(x_values, 0.99999)
scores = np.empty((x_values.shape[0], n_splits))
amount_labeled = np.empty((x_values.shape[0], n_splits))
amount_iterations = np.empty((x_values.shape[0], n_splits))

for i, threshold in enumerate(x_values):
    self_training_clf = SelfTrainingClassifier(base_classifier, threshold=threshold)
    #我们需要手动交叉验证，这样我们在计算准确率时就不会将−1 视为一个单独的类
    skfolds = StratifiedKFold(n_splits=n_splits)
    for fold, (train_index, test_index) in enumerate(skfolds.split(X, y)):
        X_train = X[train_index]
```

```
            y_train = y[train_index]
            X_test = X[test_index]
            y_test = y[test_index]
            y_test_true = y_true[test_index]
            self_training_clf.fit(X_train, y_train)
            #拟合结束时标记样本的数量
            amount_labeled[i, fold] = (
                total_samples
                - np.unique(self_training_clf.labeled_iter_, return_counts=True)[1][0]
            )
            #分类器在最后一次迭代中标记的一个样本
            amount_iterations[i, fold] = np.max(self_training_clf.labeled_iter_)
            y_pred = self_training_clf.predict(X_test)
            scores[i, fold] = accuracy_score(y_test_true, y_pred)
ax1 = plt.subplot(211)
ax1.errorbar(
    x_values, scores.mean(axis=1), yerr=scores.std(axis=1), capsize=2, color="b"
)
ax1.set_ylabel("准确性", color="b")
ax1.tick_params("y", colors="b")


ax2 = ax1.twinx()
ax2.errorbar(x_values,amount_labeled.mean(axis=1),yerr=amount_labeled.std(axis=1),
            capsize=2,color="g",
    )
ax2.set_ylim(bottom=0)
ax2.set_ylabel("被标记的样本数量", color="g")
ax2.tick_params("y", colors="g")
ax3 = plt.subplot(212, sharex=ax1)
ax3.errorbar(
    x_values,
    amount_iterations.mean(axis=1),
    yerr=amount_iterations.std(axis=1),
    capsize=2,
    color="b",
)
ax3.set_ylim(bottom=0)
```

```
ax3.set_ylabel("迭代次数")
ax3.set_xlabel("临界点")
plt.show()
```

代码运行结果如图 1.43 所示。

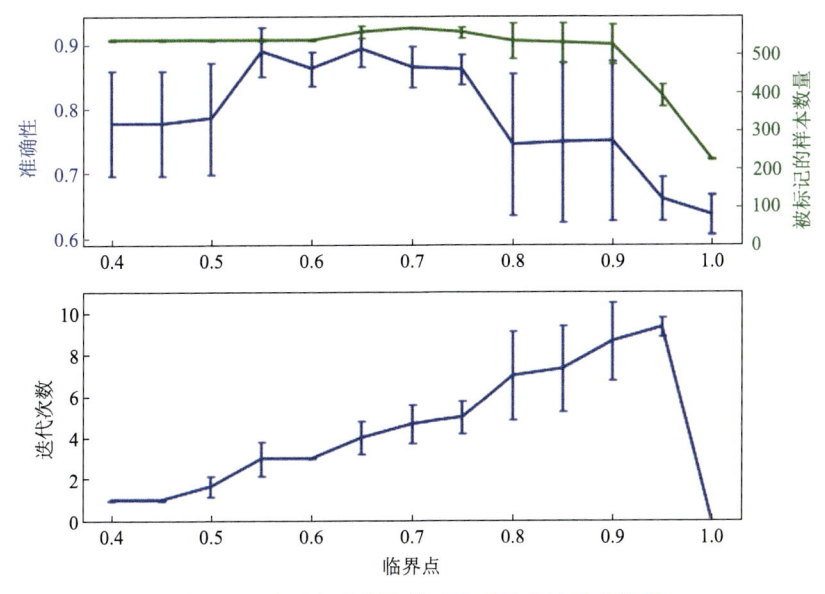

图 1.43　半监督自训练模型准确性和迭代次数图

此示例说明了不同阈值对自训练的影响。通过加载 breast_cancer 数据集，其中 569 个样本中只有 50 个样本具有标签。在此数据集上拟合了一个自训练分类器，具有不同的阈值。图 1.43 上面的子图显示了分类器在拟合结束时可用的标记样本数量，以及分类器的准确性。图 1.43 下面的子图显示了标记样本的最后一次迭代。在低阈值（在[0.4，0.5]中），分类器从标记为低置信度的样本中学习。这些低置信度样本可能具有不正确的预测标签，因此，拟合这些不正确的标签会产生较差的准确性。请注意，分类器标记几乎所有样本，并且只需要一次迭代。对于非常高的阈值（在[0.9, 1)中），我们观察到分类器不会增强其数据集（已标记样本的数量为 0）。因此，阈值为 0.9999 时达到的精度与正常监督分类器达到的精度相同。

1.5.2　标签传播

半监督学习是一种机器学习方法，它利用大量的未标记数据以及少量的标记数据来进行训练。在许多实际场景中，获取未标记数据相对容易，而获取标记数据的成本较高，因此半监督学习在这些场景中具有很大的优势。

标签传播（label propagation）是半监督学习中的一种方法，它基于图论来实现。标签传播的核心思想是，数据点之间的相似性可以用于推断它们的标签。相似的数据点具有相似的标签，从而可以将已知标签传播到未标记数据点上。以下是标签传播的基本步骤。

（1）构建图：将数据点表示为图的节点。通过计算数据点之间的相似度（如欧几里得距离、余弦相似度等），将相似的数据点用边连接起来。可以设置一个阈值来确定边的存在与否，或者使用 K 近邻法来确定连接的数据点。

（2）初始化标签：将已标记数据的标签分配给对应的节点。对于未标记数据，可以将标签初始化为一个均匀分布，表示每个类别的概率相等。

（3）标签传播：通过节点之间的边，将标签信息传播到相邻的节点。这可以通过计算加权平均值、最大值传播等方法实现。迭代进行标签传播，直到收敛或达到最大迭代次数。

（4）分类结果：收敛后，每个未标记节点上的标签概率表示其属于不同类别的概率。可以选择概率最大的类别作为节点的最终分类结果。

标签传播能够利用数据的结构信息，即标签传播方法利用数据点之间的相似性来进行分类，因此可以很好地捕捉数据的局部结构和全局结构信息。而且标签传播算法相对简单，计算过程主要依赖于相似度矩阵和标签传播规则，实现起来较为容易。

对于大规模数据集，可以通过优化相似度计算和标签传播过程来提高算法的可扩展性。由于标签传播依赖于数据点之间的相似性，因此其对噪声数据和异常值较为敏感。在实际应用中，可能需要对数据进行预处理，以减小噪声的影响。具体理论部分可参考文献[28]和文献[29]。

下面我们使用一段代码来介绍这个算法的特点。

```python
import numpy as np
import pandas as pd
import matplotlib.pyplot as plt
import mglearn
from sklearn.semi_supervised import LabelSpreading
from sklearn.decomposition import PCA
from sklearn.model_selection import train_test_split
from sklearn.ensemble import RandomForestClassifier

df_data_1 = pd.read_csv('半监督数据集/有标签数据集.csv')
df_data_2 = pd.read_csv('半监督数据集/无标签数据集.csv')
true_data = pd.read_csv('半监督数据集/总数据集.csv')

X_s = df_data_1.iloc[:, :6].values
y_s = df_data_1['Core Lithology'].values
X_t = df_data_2.iloc[:, :6].values
y_t = df_data_2['Core Lithology'].values
```

```python
y_t = -1 * np.ones_like(y_t)
X_true = true_data.iloc[:, :6].values
Y_true = true_data['Core Lithology'].values
labels_s = np.copy(y_s)

pca = PCA(n_components=2)
X_true_pca = pca.fit_transform(X_true)
laber_prop_model = (LabelSpreading().fit(X_true, Y_true), Y_true, "标签传播")
X_train_o, X_test_o, y_train_o, y_test_o = train_test_split(X_s, y_s, test_size=0.2,
random_state=42)
rf = (RandomForestClassifier().fit(X_train_o, y_train_o), y_train_o, "随机森林分类器")

h = 0.02
x_min, x_max = X_true_pca[:, 0].min() - 1, X_true_pca[:, 0].max() + 1
y_min, y_max = X_true_pca[:, 1].min() - 1, X_true_pca[:, 1].max() + 1
xx, yy = np.meshgrid(np.arange(x_min, x_max, h), np.arange(y_min, y_max, h))

color_map = {-1: (1, 1, 1), 0: (0, 0, 0.9), 1: (1, 0, 0), 2: (0.8, 0.6, 0),
             3: (0, 1, 0), 4: (0, 0.5, 1), 5: (1, 0.5, 0), 6: (0.5, 1, 1), 7: (0.5, 0, 1)}

classifiers = (laber_prop_model, rf)
fig, axs = plt.subplots(1, 2, figsize=(15, 7))
for i, (clf, y_train, title) in enumerate(classifiers):
    axs[i].set_title(title)
    Z = clf.predict(pca.inverse_transform(np.c_[xx.ravel(),
                    yy.ravel()]))
    Z = Z.reshape(xx.shape)
    axs[i].contourf(xx, yy, Z, cmap=plt.cm.Paired)
    axs[i].axis("off")
    colors = [color_map[y] for y in y_train] + [(1, 1, 1)] * (X_true_pca.shape[0] –
             len(y_train))
    axs[i].scatter(X_true_pca[:, 0], X_true_pca[:, 1], c=colors, edgecolors="black")
plt.subplots_adjust(left=0.075, right=0.975, top=0.9)
plt.show()
```

代码运行结果如图 1.44 所示。

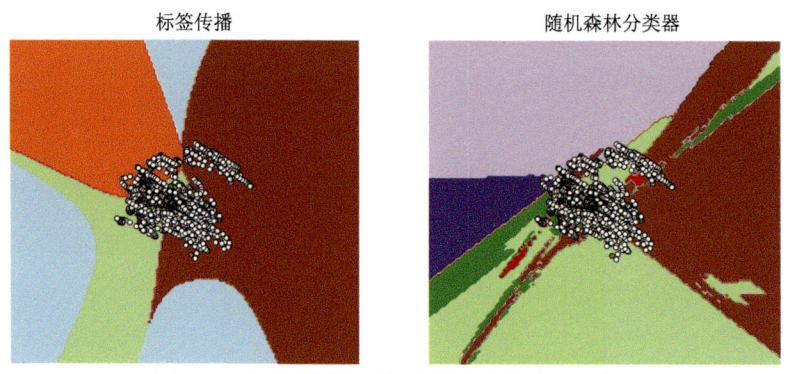

图 1.44　标签传播和随机森林分类器对比示意图

1.6　模型评估与改进

为了了解模型在一个不可见的数据集上的推广程度，并评估其性能，使用一个可以评估模型性能的定量度量是很重要的。本节将通过两种方法进行模型评估，第一种方法是评估泛化性能的交叉验证方法，第二种是使用指标来评估模型性能。

1.6.1　交叉验证

交叉验证（cross-validation）是一种评估泛化性能的统计学习方法，比单次划分训练集和测试集的方法更加稳定、全面。在交叉验证中，数据被多次划分，并且需要训练多个模型。最常用的交叉验证是 K 折交叉验证（K-fold cross-validation），其中 K 是由用户指定的数字，通常取 5~10。在执行 5 折交叉验证时，首先将数据划分为大致相等的 5 部分，每一部分称为 1 折（fold）。接下来训练一系列模型。使用 1 折作为测试集，其他折（2~5 折）作为训练集来训练第一个模型。利用 2~5 折中的数据来构建模型，然后在 1 折上评估精度。之后构建另外一个模型，这次使用 2 折作为测试集，1、3、4、5 折中的数据作为训练集。利用 3、4、5 折作为测试集继续重复这一过程。对于将数据划分为训练集和测试集的这 5 次划分，每一次都要计算精度。最后我们得到了 5 个精度值。整个过程如图 1.45 所示。

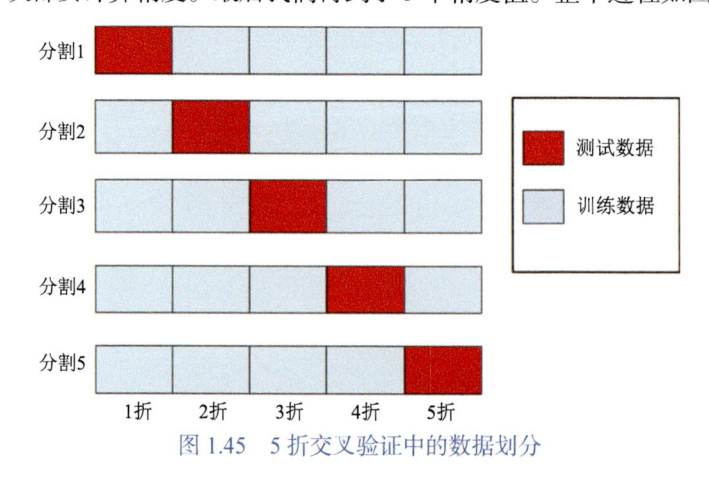

图 1.45　5 折交叉验证中的数据划分

Scikit-learn 中可以使用 cross_val_score 函数来实现交叉验证。cross_val_score 函数的参数是我们想要评估的模型、训练数据与真实标签。在 iris 数据集上对 LogisticRegression 进行评估：

```
from sklearn.model_selection import cross_val_score
from sklearn.datasets import load_iris
from sklearn.linear_model import LogisticRegression
iris = load_iris()
logreg = LogisticRegression(max_iter=1000)
scores = cross_val_score(logreg, iris.data, iris.target)
print("交叉验证指数: {}".format(scores))
```

代码运行结果如下：

交叉验证指数: { 0.967 0.922 0.958 }

不改变代码的情况下，cross_val_score 函数只进行 3 折交叉验证，并返回 3 个精度值，在这个案例中分别为{ 0.967 0.922 0.958 }，而我们可以通过修改 cv 参数来改变折数：

```
scores = cross_val_score(logreg, iris.data, iris.target, cv=5)
print("交叉验证指数: {}".format(scores))
```

其 5 个精度值则变为{1.0 0.967 0.933 0.9 1.0}，在此基础上计算 5 个精度的平均值，在上述 5 折中，有些精度差距较大，其原因可能是数据集之间的数据偏差，也有可能是数据集本身容量就不够。

我们来计算一下交叉验证精度的平均值，其代码如下：

```
print("平均交叉验证指数: {:.3f}".format(scores.mean()))
```

代码运行结果如下：

平均交叉验证指数: {0.967 0.922 0.958}

当然，使用交叉验证的优点是降低了数据的不确定性，如果仅仅是将数据单次划分为训练集和测试集，可能会存在"幸存者偏差"，如果我们使用交叉验证，每个样例都会刚好在测试集中出现一次，同时每个样例位于一个折中，且每个折都在测试集中出现一次。

对数据进行多次划分，还可以提供我们的模型对训练集选择的敏感性信息。对于 iris 数据集，我们观察到精度在 90%~100%。这是一个不小的范围，它告诉我们将模型应用于新数据时在最坏情况和最好情况下的可能表现。

与数据的单次划分相比，交叉验证的另外一个优点是对数据的使用更加高效。在使用分割后的测试集时，我们通常将 75%的数据用于训练，25%的数据用于评估。在使用 5 折交叉验证时，在每次迭代中我们可以使用 4/5（80%）的数据来拟合模型。在使用 10 折交叉验证时，我们可以使用 9/10（90%）的数据来拟合模型。更多的数据通常可以得到更为精确的模型。

交叉验证是一种在机器学习中常用的模型评估技术，它的主要目标是准确评估算法在特定数据集上的泛化性能。然而，这种方法的一个显著缺点是它增加了计算成本。在交叉验证过程中，不是训练单一模型，我们需要训练多个模型——通常是 K 个，其中 K 代表交叉验证的折数。因此，相比于数据的单次划分，交叉验证的计算时间大约是其 K 倍。

在使用像 cross_val_score 这样的函数时，会在内部构建多个模型实例，每个实例都在数据集的不同子集上进行训练和测试。这种方法确保了每个数据点都有机会被用作测试集，从而提供了对模型泛化能力更全面、更稳健的评估。虽然交叉验证提高了评估的准确性，但它也导致了对大量计算资源的需求，特别是在处理大型数据集或复杂模型时。因此，在实际应用中，使用交叉验证时需要权衡其带来的计算成本和评估准确性之间的关系。

1.6.2 评估指标

本节将探讨评估指标的重要性，这些指标不仅量化了模型的预测精度，而且帮助我们在众多算法中选择性能最佳者。值得注意的是，这些评估指标的选择依赖于问题的具体类型。

建立有效的机器学习模型前，数据预处理是一个关键步骤，确保数据满足机器学习算法对计算稳定性的要求。数据预处理的一个核心环节是标准化输入特征和输出变量（对于回归问题），以确保它们的范围一致性。为了更好地理解这一点，让我们以一个油气生产开发过程为例：假设在输入特征中，我们有一个范围相对较大的油气产能差距，如油气累计产量（从 1000 桶到 100000 桶），而另一个特征，如孔隙度，其数值范围相对较小（从 0.05 到 0.60）。

在模型的迭代训练过程中，与大范围特征相关的模型参数（如系数或权重）和那些与小范围特征相关的模型参数在数值上有显著差异。如果输出变量的范围也很大，那么使用的误差度量（如均方根误差）可能产生非常大的数值。这可能导致模型参数在迭代更新过程中的数值超过计算机的处理极限，从而引发计算不稳定，进而影响学习过程的效率和性能。此外，对输入值的高灵敏度可能会导致模型的泛化错误增加。

因此，在处理具有不同单位和范围的多个特征时，对数据进行预处理变得至关重要。这不仅能加快训练速度，还有助于减少过拟合，从而实现更准确的预测。例如，在梯度下降优化算法中，适当的数据预处理有助于加速收敛过程。在像 Scikit-learn 这样的库中有多种数据预处理方法，如归一化、标准化和尺度变换，以高效处理数据。具体采用哪种预处理方法取决于选用的算法和参数优化过程。需要注意的是，根据不同领域的习惯，这些术语（归一化、标准化等）有时可以互换使用。

1. 正则化

正则化是一种从原始范围重新缩放数据的过程，使值位于 0~1 或 –1~1 的范围内。当数据的近似上下限已知，数据很少或没有异常值，并且数据具有几乎均匀的分布时，可以应用此方法。用于缩放数据的实用程序之一是 Scikit-learn 库提供的 MinMaxScaler（ ）函数，表达式如式（1-4）所示。

$$X_{\text{norm}} = \frac{X - X_{\min}}{X_{\max} - X_{\min}} \tag{1-4}$$

式中，X 是特征数据；$X_{\min}$ 是特征数据中的最小值；$X_{\max}$ 是特征数据中的最大值。

2. 标准化（z 分数标准化）

一般当特征被重新排列以具有标准正态分布（具有钟形曲线的高斯分布）的特性时，该过程称为标准化。这在使用机器学习算法时很重要，因为它假设输入数据是正态分布的。在这种方法中，通过式（1-5）计算重新缩放的值。

$$z = \frac{x - \mu}{\sigma} \tag{1-5}$$

式中，z 是标准 z 分数；x 是输入数据；μ 是输入数据的样本平均值；σ 是平均值的标准偏差。该方法可用于特征分布不包含极端异常值的情况。

3. 二分类指标

对于二分类指标，通常会说正类和反类，而正类是我们需要寻找的类。而对于二分类问题的评价结果，经常会使用混淆矩阵（confusion matrix），这是一个 2×2 的矩阵，包含主对角线上的两个正确分类和非对角线条目上的其余可能错误。该矩阵提供了一种评估机器学习模型对分类问题的性能的可视化方法。图 1.46 显示了二分类（两类）的混淆矩阵。

真实值	预测值	
	正	反
真	真正	真反
假	假正	假反

图 1.46　混淆矩阵图解

基于该矩阵，我们可以得到很多见解，但是该过程需要人工完成，因此有一些指标，包括精度、准确率、召回率和 f-分数，可以用来总结混淆矩阵中包含的信息。

1）精度

一种总结混淆矩阵结果的办法是计算精度，其计算公式如下：

$$\text{精度} = \frac{\text{真正数据量} + \text{真反数据量}}{\text{真正数据量} + \text{假正数据量} + \text{真反数据量} + \text{假反数据量}} \tag{1-6}$$

它是一个用来衡量分类模型整体表现的指标。它是正确分类的样本数（真正类和真反类）除以总样本数（真正类、假正类、真反类、假反类）的比例。简而言之，精度反映了模型对整个数据集分类正确的能力。

2）准确率

准确率是一个评估正类预测准确性的指标。它是真正类（正确预测的正样本）除以所有被预测为正类的样本数（真正类加假正类）的比例。准确率专注于模型对正类的预测能力，忽略了对反类的预测结果。

$$\text{准确率} = \frac{\text{真正数据量}}{\text{真正数据量} + \text{假正数据量}} \quad (1\text{-}7)$$

3）召回率

召回率（recall）被定义为真正样本的数量与属于该类别的样本总数的比率。高召回率表明，属于给定类别的样本很少被错误分类为属于另一类别。同时，召回率拥有其他名称：灵敏度（sensitivity）、命中率（hit rate）和真正例率（true positive rate，TPR）。

$$\text{召回率} = \frac{\text{真正数据量}}{\text{真正数据量} + \text{假反数据量}} \quad (1\text{-}8)$$

在优化召回率和优化准确率之间需要折中考量。如果预测样本都属于正类，那么可以轻松得到完美的召回率，即没有反例，也没有真反例。但是，将所有样本都预测为正类，将会得到许多假正例，因此准确率会很低。与之相反，如果模型只将一个最确定的数据点预测为正类，其他点都预测为反类，那么准确率将会很完美，但是召回率会非常差。

4）f-分数

虽然准确率和召回率是非常重要的指标，但是仅拥有这两个指数，仍不能完整地评价整个模型的性能，因此将二者结合形成一个新的参数，称为 f-分数（f-score）或者是 f-度量（f-measure），它是准确率与召回率的调和平均：

$$f = 2 \cdot \frac{\text{准确率} \cdot \text{召回率}}{\text{准确率} + \text{召回率}} \quad (1\text{-}9)$$

1.6.3 回归指标

在回归问题的评估中，通过细致地分析模型对目标值的预测结果——既包括预测值偏高也包括预测值偏低的情况，我们能够深入了解模型在不同条件下的性能表现。这种分析有助于全面揭示模型的预测准确性及其潜在偏差，为模型优化提供重要依据。

为了引导模型的调整和改进，通常依赖于确定系数（R^2）和均方根误差（RMSE）这两个关键指标来进行决策。

确定系数（R^2）度量了模型解释的变异量在总变异量中所占的比例。R^2 的值越接近于 1，表示模型解释的变异量占总变异量的比例越大，即模型对数据的拟合程度越好。

R^2 的高值通常意味着模型能够较好地捕获目标变量的变化趋势。

均方根误差（RMSE）是衡量模型预测值与实际观测值之间差异的一种指标。它是观测值与预测值差异的平方和的平均值的平方根。RMSE 的值越小，表明模型的预测误差越小，预测性能越好。

R^2 使用式（1-10）计算。

$$R^2 = 1 - \frac{SS_{res}}{SS_{tot}} \qquad (1\text{-}10)$$

式中，SS_{res} 是残差平方和；SS_{tot} 是使用式（1-12）进行数学计算的平方总和。

$$SS_{res} = \sum (y_i - y_{reg})^2 \qquad (1\text{-}11)$$

$$SS_{tot} = \sum (y_i - \bar{y})^2 \qquad (1\text{-}12)$$

其中，y_i 是每个数据点的值；$\bar{y}$ 是平均值；y_{reg} 是回归模型预测的值。

RMSE 通过使用式（1-13）来计算。

$$RMSE = \sqrt{\sum_{i=1}^{N} \frac{(\hat{y}_i - y_i)^2}{N}} \qquad (1\text{-}13)$$

式中，$\hat{y}_i$ 是回归模型预测的值；N 是观测次数。

在 Scikit-learn 中使用评估指标是十分简单的，它的实现方法是 scoring 参数，其中最重要的取值包括：accuracy（默认值）、roc_auc（roc 曲线与坐标轴之间的面积）、average_precision（准确率-召回率曲线与坐标轴之间的面积）。对于回归问题，最常用的取值包括 R^2 分数、均方误差和平均绝对误差。

1.6.4 超参数优化

超参数优化是机器学习中的一个重要问题，它通常指的是为一个模型选择最优的超参数集合。在机器学习中，模型的超参数是在模型训练之前需要设定的一些参数，如学习率、正则化系数、树的深度等。超参数的选择通常会对模型的性能产生重要影响，因此超参数优化是一个非常重要的问题[6]。以下是一些常见的机器学习算法和它们的常见超参数列表。

（1）线性回归。

fit_intercept：是否拟合截距项。

normalize：是否归一化输入变量。

（2）逻辑回归。

penalty：正则化类型，可以是 L1 正则化或 L2 正则化。

C：正则化系数，越小表示正则化强度越高。

solver：求解器类型，可以是 liblinear、lbfgs、newton-cg、sag、saga 等。
（3）决策树。
criterion：分裂节点时使用的衡量标准，可以是 Gini、Entropy 等。
max_depth：树的最大深度。
min_samples_split：分裂节点所需的最小样本数。
min_samples_leaf：叶节点所需的最小样本数。
（4）随机森林。
n_estimators：森林中树的数量。
criterion：分裂节点时使用的衡量标准，可以是 Gini、Entropy 等。
max_depth：树的最大深度。
min_samples_split：分裂节点所需的最小样本数。
min_samples_leaf：叶节点所需的最小样本数。
（5）支持向量机。
kernel：核函数类型，可以是线性核、多项式核、高斯核等。
C：正则化系数，越小表示正则化强度越高。
gamma：高斯核的宽度参数。
degree：多项式核函数的度数。
（6）神经网络。
learning_rate：学习率。
batch_size：批量梯度下降中每批数据的大小。
activation：激活函数类型，可以是 sigmoid、ReLU、tanh 等。
hidden_layers：隐藏层的数量和大小。

这里只列出了一些常见的超参数，不同的算法可能有不同的超参数。超参数的选择很大程度上取决于具体问题的需求和数据的特点。通常来说，我们可以使用交叉验证等方法来评估不同超参数组合的性能，并选择最优的超参数组合。

通常来说，超参数的选择并不是一件容易的事情。这是因为超参数的空间通常非常大，搜索所有可能的超参数组合是不现实的。此外，超参数之间的关联性也增加了搜索空间的维度，增加了超参数优化的难度。

因此，超参数优化通常会使用一些自动化的算法来选择最优的超参数组合。这些算法通常使用贝叶斯优化、遗传算法、网格搜索等方法来搜索超参数空间，评估模型性能并选择最优超参数组合。超参数优化可以有效提高模型的性能，并帮助我们更好地理解模型的行为和特点。

在下面例子中，我们将使用 Python 的 Hyperopt 库来展示超参数优化的过程。具体而言，我们选择 SVC 作为演示的算法，并使用岩石类型分类数据来构建分类器。该分类器的准确率将作为基准，用于评估超参数优化如何提升模型性能。接下来的代码段将展示如何实现标准的分类器以及如何计算其分类精度。

首先我们导入需要的库，并设计一个随机数：

```python
RAND_SEED = 12345
import numpy as np
np.random.seed(RAND_SEED)
import random
random.seed(RAND_SEED)
import pandas as pd
from hyperopt import fmin, tpe, hp, Trials
from sklearn.preprocessing import MinMaxScaler
from sklearn.metrics import accuracy_score
from sklearn.metrics import confusion_matrix
from sklearn.metrics import classification_report
from sklearn.model_selection import train_test_split
from sklearn.model_selection import cross_val_score
from sklearn.svm import SVC
```

然后导入相应的文件，并对数据进行预处理，使用 MinMaxScaler 进行数据归一化，分割测试集与训练集

```python
#导入 .csv 文件
df = pd.read_csv('./data/Lithotype_Data.csv')
X = df.iloc[:, :-1]
scaler = MinMaxScaler()
X = scaler.fit_transform(X)
y = df.iloc[:, -1]
TEST_FRAC = 0.25
X_train, X_test, y_train, y_test = train_test_split(X, y, test_size=TEST_FRAC,
                    random_state=RAND_SEED)
```

接着我们先定义一个基本的 SVC 模型：

```python
def clf_metrics(test, pred):
    #此函数返回分类模型的基本指标.
    print('分类准确率:', accuracy_score(test, pred))
    print('混淆矩阵: \n', confusion_matrix(test, pred))
    print('分类报告: \n', classification_report(test, pred))
svc = SVC()
svc.fit(X_train, y_train)
#使用测试集预测数值
y_pred = svc.predict(X_test)
```

```
#精度指标展示
clf_metrics(y_test, y_pred)
```

最后我们得到的初始模型精度结果如下：

分类准确率: 0.8621700879765396

混淆矩阵：

[[59 17   3]

[14 110 3]

[2 8 125]]

分类报告：

	precision	recall	f-score	support
F-MOUTHBAR	0.79	0.75	0.77	79
F-TIDAL BAR	0.81	0.87	0.84	127
F-TIDAL CHANNEL	0.95	0.93	0.94	135

结果中有一个 3×3 的混淆矩阵，表示一个三分类问题的分类结果。每一行表示实际的类别，每一列表示模型预测的类别。该混淆矩阵中的数字具体含义如下。

第一行：实际为 F-MOUTHBAR 类别的样本有 79 个，其中被正确分类为 F-MOUTHBAR 的有 59 个，被分类为 F-TIDAL BAR 的有 17 个，被分类为 F-TIDAL CHANNEL 的有 3 个。

第二行：实际为 F-TIDAL BAR 类别的样本有 127 个，其中被正确分类为 F-TIDAL BAR 的有 110 个，被分类为 F-MOUTHBAR 的有 14 个，被分类为 F-TIDAL CHANNEL 的有 3 个。

第三行：实际为 F-TIDAL CHANNEL 类别的样本有 135 个，其中被正确分类为 F-TIDAL CHANNEL 的有 125 个，被分类为 F-MOUTHBAR 的有 2 个，被分类为 F-TIDAL BAR 的有 8 个。

混淆矩阵可以帮助我们了解分类模型在不同类别上的分类表现，识别分类错误的类型，优化模型并选择合适的分类阈值。例如，我们可以计算模型的准确率、召回率和 f 分数等指标来评估分类模型的性能，进一步优化模型。这些数字是分类模型的性能指标，通常在混淆矩阵的基础上计算得出，常用于评估模型的分类准确性。

在本节前面已经描述了模型评估指标的概念，在这里会着重解释每列对应的评价指标的实例含义，具体如下。

precision（准确率）：对于 F-TIDAL BAR 这个类别，准确率为 0.81，表示在所有被分类器预测为 F-TIDAL BAR 的样本中，真正为 F-TIDAL BAR 的比例为 0.81。

recall（召回率）：对于 F-TIDAL BAR 这个类别，召回率为 0.87，表示所有真正为 F-TIDAL BAR 的样本中，被分类器正确预测为 F-TIDAL BAR 的比例为 0.87。

f-score（f 分数）：对于 F-TIDAL BAR 这个类别，f 分数为 0.84，其是准确率和召回率的调和平均数。

support：表示每个类别在数据集中出现的样本数量。

这些性能指标可以用来评估分类模型的准确性和分类能力，通常在多分类问题中使用。通过观察这些指标，我们可以判断分类器在不同类别上的分类能力，以及整体分类效果是否达到了预期。

在前文中，我们展示了使用基本的SVC模型进行评估指标分析。接下来，我们将采用Hyperopt库进行超参数的搜索。Hyperopt通过最小化目标函数来优化模型参数和超参数的选择。在以下的示例中，我们使用K折交叉验证的准确率分数乘以-1作为目标函数。通过超过50次的迭代，调整超参数和模型参数，以实现目标函数的最小化。以下是实现过程中的一些关键点。

（1）K折交叉验证：在此方法中，训练数据集被划分为K个子集，即K折。通过这些折，我们可以训练K个单独的模型，其中每个模型都使用其中一个折进行验证，而其余的$K-1$个折用于训练。K折交叉验证的准确率是通过对每个模型在其各自的验证折上的准确率进行平均来计算得到的。

（2）参数空间：这涉及定义模型参数和超参数可能的值范围，这些参数与模型性能直接相关。

（3）超参数优化：我们将通过一段代码来展示如何寻找最优核以及相应的SVC模型参数。首先，我们定义了超参数搜索空间space。这个空间包括几个关键的超参数：正则化参数C、核函数类型kernel、多项式核函数的次数degree以及核函数的系数gamma。这些参数的取值范围是通过Hyperopt库中的hp.lognormal、hp.choice和hp.uniform等函数来定义的。

```python
#定义参数优化的目标函数
def objective(params):
    #使用SVC模型并传入超参数
    svc = SVC(**params)
    #使用交叉验证计算模型得分，目标是最小化得分（因此加上负号）
    return -1. * cross_val_score(svc, X_train, y_train).mean()
#定义超参数搜索空间
kernels = ['rbf','poly','rbf','sigmoid']
space = {'C':hp.lognormal('C', 0, 1),
         'kernel':hp.choice('kernel', kernels),
         'degree':hp.choice('degree', range(1, 15)),
         'gamma':hp.uniform('gamma', 1e-2, 1e2)
         }
#定义超参数搜索的试验
trials = Trials()
#使用Tree-structured Parzen Estimator算法进行超参数搜索
best_svc = fmin(objective, space, algo=tpe.suggest, max_evals=50, trials=trials)
```

```
#输出最优超参数
print(best_svc)
```

代码运行结果：

分类准确率: 0.9589442815249267

混淆矩阵：

[[77 1 1]

[7 117 3]

[2 0 133]]

分类报告：

	precision	recall	*f*-score	support
F-MOUTHBAR	0.90	0.97	0.93	79
F-TIDAL BAR	0.99	0.92	0.96	127
F-TIDAL CHANNEL	0.97	0.99	0.98	135
accuracy			0.96	341
macro avg	0.95	0.96	0.96	341
weighted avg	0.96	0.96	0.96	341

算例表明，使用 Hyperopt 库进行超参数优化可将模型分类精度从 0.86 提高到 0.96。类似的过程可以通过实现适当的目标函数来提高任何其他机器学习或深度学习算法的准确性。

课 后 习 题

监督学习：

1. 什么是监督学习？请列举几个常见的监督学习算法。
2. 在二元分类问题中，如何评估模型的性能？请解释准确率-准确率、精度、召回率和 F1 值的含义。
3. 在多分类问题中，如何评估模型的性能？请解释混淆矩阵、准确率-准确率和召回率的含义。
4. 如何应对训练数据不平衡的问题？请列举一些常见的方法。
5. 在深度学习中，如何解决过拟合的问题？请列举一些常见的方法。

无监督学习：

6. 什么是无监督学习？请列举几个常见的无监督学习算法。
7. 请解释聚类的概念，并列举几个常见的聚类算法。
8. 如何评估聚类算法的性能？请列举一些常用的方法。
9. 请解释降维的概念，并列举几个常见的降维算法。
10. 如何选择合适的降维算法？请列举一些常用的准则。

半监督学习：

11. 什么是半监督学习？请列举几个常见的半监督学习算法。
12. 请解释自训练（self-training）的概念，以及它的优缺点。
13. 请解释半监督降维的概念，以及几个常见的半监督降维算法。
14. 如何评估半监督学习算法的性能？请列举一些常用的方法。
15. 在实际应用中，半监督学习常常比监督学习更有效，你认为原因是什么？

编程题：

问题背景：你的客户是一家在线零售商，他们希望通过机器学习来预测某种商品的销售量，以便更好地管理库存和采购计划。他们提供了一些历史销售数据，包括商品的特征（如品牌、价格、促销活动等），以及每个商品在一段时间内的销售数量。你需要使用这些数据来构建一个预测模型，并使用该模型预测未来的销售量。

解：

1）数据准备

首先，你需要使用 Python pandas 库加载并清理数据。数据需要包括历史销售数据和商品特征数据。为了构建预测模型，你需要将数据集拆分成训练集和测试集。在训练集上训练模型，然后在测试集上进行预测并计算模型的精度。

2）特征工程

特征工程是为了提取数据中最有意义的特征并转换它们以便机器学习算法可以更好地理解。你需要使用 pandas 库来对数据集进行数据清洗、变换、缩放、归一化等操作。

3）模型训练

你需要选择合适的机器学习算法来训练模型。在这个问题中，你可以使用线性回归、决策树、随机森林等算法。你需要使用 Scikit-learn 库来训练模型。

4）模型评估

你需要使用测试集来评估模型的预测能力。你可以使用常见的评价指标，如均方误差（MSE）、平均绝对误差（MAE）等来衡量模型的性能。

5）模型优化

你可以使用 Grid Search 等技术来优化模型的超参数，从而提高模型的精度。

```python
import pandas as pd
from sklearn.ensemble import RandomForestRegressor
from sklearn.metrics import mean_squared_error, mean_absolute_error
from sklearn.model_selection import train_test_split, GridSearchCV
#加载数据
df = pd.read_csv('sales_data.csv')
#特征选择
X = df.drop('sales', axis=1)
y = df['sales']
#数据集拆分
X_train, X_test, y_train, y_test = train_test_split(X, y, test_size=0.2, random_state=42)
#随机森林回归模型
rf = RandomForestRegressor(n_estimators=100, random_state=42)
#网格搜索优化超参数
params = {'max_depth': [10, 20, 30], 'min_samples_split': [2, 5, 10]}
```

```python
grid_search = GridSearchCV(rf, params, cv=5, n_jobs=-1, scoring='neg_mean_squared_error')
grid_search.fit(X_train, y_train)
#输出最佳参数和得分
print('Best Parameters:', grid_search.best_params_)
print('Best Score:', -grid_search.best_score_)
#使用最佳参数重新训练模型
rf_best = RandomForestRegressor(n_estimators=100,
max_depth=grid_search.best_params_['max_depth'],
min_samples_split=grid_search.best_params_['min_samples_split'],
random_state=42)
rf_best.fit(X_train, y_train)
#预测
y_pred = rf_best.predict(X_test)
#计算评价指标
print('Mean Squared Error:', mean_squared_error(y_test, y_pred))
print('Mean Absolute Error:', mean_absolute_error(y_test, y_pred))
```

下面是一个简单的 Python 代码片段，用于训练和评估 XGBoost 回归模型：

```python
import pandas as pd
import xgboost as xgb
from sklearn.metrics import mean_squared_error, mean_absolute_error
from sklearn.model_selection import train_test_split, GridSearchCV
#加载数据
df = pd.read_csv('sales_data.csv')
#特征选择
X = df.drop('sales', axis=1)
y = df['sales']
#数据集拆分
X_train, X_test, y_train, y_test = train_test_split(X, y, test_size=0.2, random_state=42)
#构建 XGBoost 模型
xgb_reg = xgb.XGBRegressor(objective='reg:squarederror', random_state=42)
#网格搜索优化超参数
params = {'max_depth': [3, 5, 7], 'n_estimators': [50, 100, 200]}
grid_search = GridSearchCV(xgb_reg, params, cv=5, n_jobs=-1, scoring='neg_mean_squared_error')
grid_search.fit(X_train, y_train)
#输出最佳参数和得分
print('Best Parameters:', grid_search.best_params_)
print('Best Score:', -grid_search.best_score_)
#使用最佳参数重新训练模型
xgb_best = xgb.XGBRegressor(objective='reg:squarederror', random_state=42,
max_depth=grid_search.best_params_['max_depth'],
n_estimators=grid_search.best_params_['n_estimators'])
xgb_best.fit(X_train, y_train)
#预测
```

```
y_pred = xgb_best.predict(X_test)
#计算评价指标
print('Mean Squared Error:', mean_squared_error(y_test, y_pred))
print('Mean Absolute Error:', mean_absolute_error(y_test, y_pred))
```

参 考 文 献

[1] 周永章, 左仁广, 刘刚, 等. 数学地球科学跨越发展的十年: 大数据, 人工智能算法正在改变地质学[J]. 矿物岩石地球化学通报, 2021, 40(3):18.

[2] Pedregosa F, Varoquaux G, Gramfort A, et al. Scikit-learn: Machine learning in Python[J]. The Journal of Machine Learning Research, 2011, 12: 2825-2830.

[3] Buitinck L, Louppe G, Blondel M, et al. API design for machine learning software: Experiences from the scikit-learn project[J]. arXiv preprint arXiv: 1309. 0238, 2013.

[4] 朱玉全, 杨鹤标, 孙蕾. 数据挖掘技术[M]. 南京: 东南大学出版社, 2006.

[5] 朱扬勇. 数据库系统设计与开发[M]. 北京: 清华大学出版社, 2007.

[6] 徐戈, 王厚峰. 自然语言处理中主题模型的发展[J]. 计算机学报, 2011, 34(8): 1423-1436.

[7] Müller A C, Guido S. Introduction to Machine Learning with Python: A Guide for Data Scientists[M]. Sebastopol: O'Reilly Media, Inc., 2016.

[8] Bentley J L. Multidimensional binary search trees used for associative searching[J]. Communications of the ACM, 1975, 18(9): 509-517.

[9] Omohundro S M. Five Balltree Construction Algorithms[M]. Berkeley: International Computer Science Institute, 1989.

[10] Rifkin R M, Lippert R A. Notes on regularized least squares[EB/OL].[2024-02-23]. http://cbcl.mit.edu/publications/ps/MIT-CSAIL-TR-2007-025.pdf.

[11] Minka T P. A comparison of numerical optimizers for logistic regression[EB/OL]. [2024-02-23]. https://tminka.github.io/papers/logreg/minka-logreg.pd.

[12] Smola A J, Schölkopf B. A tutorial on support vector regression[J]. Statistics and Computing, 2004, 14: 199-222.

[13] Crammer K, Singer Y. On the algorithmic implementation of multiclass kernel-based vector machines[J]. Journal of Machine Learning Research, 2001, 2: 265-292.

[14] Loh W Y. Classification and regression trees[J]. Wiley Interdisciplinary Reviews: Data Mining and Knowledge Discovery, 2011, 1(1): 14-23.

[15] Polikar R. Essemble based systems in decision making[J]. IEEE Circuits and Systems Magazine, 2006(3): 6.

[16] Breiman L. Random forests[J]. Machine Learning, 2001, 45: 5-32.

[17] Louppe G. Understanding random forests: From theory to practice[J]. arXiv preprint arXiv: 1407. 7502, 2014.

[18] Lewis D D. Naive (Bayes) at forty: The independence assumption in information retrieval[C]//Machine Learning: ECML-98: 10th European Conference on Machine Learning Chemnitz, Florham park, 1998: 4-15.

[19] Yarowsky D. Unsupervised word sense disambiguation rivaling supervised methods[C]//33rd Annual Meeting of the Association for Computational Linguistics, Philadelphia, 1995: 189-196.

[20] Arthur D, Vassilvitskii S. K-means++ the advantages of careful seeding[C]//Proceedings of the Eighteenth Annual ACM-SIAM Symposium on Discrete Algorithms, Philadelphia, 2007: 1027-1035.

[21] Wang K J, Zhang J Y, Li D, et al. Adaptive affinity propagation clustering[J]. arXiv preprint arXiv: 0805. 1096, 2008.

[22] Murtagh F, Legendre P. Ward's hierarchical agglomerative clustering method: Which algorithms implement Ward's criterion?[J]. Journal of Classification, 2014, 31: 274-295.

[23] Ram A, Jalal S, Jalal A S, et al. A density based algorithm for discovering density varied clusters in large spatial databases[J]. International Journal of Computer Applications, 2010, 3(6): 1-4.

[24] Schubert E, Sander J, Ester M, et al. DBSCAN revisited, revisited: Why and how you should（still）use DBSCAN[J]. ACM Transactions on Database Systems（TODS）, 2017, 42(3): 1-21.

[25] Jenatton R, Obozinski G, Bach F. Structured sparse principal component analysis[C]//Proceedings of the Thirteenth International Conference on Artificial Intelligence and Statistics, Sardinia, 2010: 366-373.

[26] Lee D D, Seung H S. Learning the parts of objects by non-negative matrix factorization[J]. Nature, 1999, 401(6755): 788-791.

[27] Hoyer P O. Non-negative matrix factorization with sparseness constraints[J]. Journal of Machine Learning Research, 2004, 5(9): 1457-1469.

[28] Chapelle O, Scholkopf B, Zien A. Semi-supervised learning（Chapelle, o. et al., eds.; 2006）[book reviews][J]. IEEE Transactions on Neural Networks, 2009, 20(3): 542-542.

[29] Delalleau O, Bengio Y, Le Roux N. Efficient non-parametric function induction in semi-supervised learning[C]//International Workshop on Artificial Intelligence and Statistics, California, 2005: 96-103.

第 2 章 深度学习基础

2.1 引　言

20 世纪 70 年代提出的反向传播（BP）算法可以让一个人工神经网络模型从大量训练样本中学习统计规律，从而对未知事件做预测。这种基于统计的机器学习方法相比过去基于人工规则的系统，在很多方面显示出优越性。

继 BP 算法提出之后，20 世纪 90 年代，支持向量机等各种各样的机器学习方法被相继提出。这些模型的结构可以看作带有一层隐藏层节点或没有隐藏层节点，所以又称为浅层学习（shallow learning，SL）方法。因为神经网络理论分析的难度大，训练方法需要很多经验和技巧，在有限样本和有限计算单元的情况下对复杂函数的表示能力有限，所以针对复杂分类问题其泛化能力受到一定制约。

21 世纪初期，掀起了深度学习的浪潮。深度学习通过无监督学习实现"逐层初始化"，有效降低了深度神经网络在训练上的难度。特别是传统的机器学习技术在处理未加工过的数据时，需要设计一个特征提取器，把原始数据（如图像的像素值）转换成一个适当的内部特征表示或特征向量。深度学习是一种特征学习方法，能够把原始数据转变成更高层次的、更加抽象的表达。深度学习的实质是通过构建具有很多隐藏层的机器学习模型和海量的训练数据来学习更有用的特征，从而提升分类或预测的准确性。

深度学习具有较多层的隐藏层节点，是由多个单层非线性网络叠加而成的，通过逐层特征变换将样本在原空间的特征表示变换到一个新特征空间，从而使分类或预测更加容易。与人工规则构造特征的方法相比，深度学习利用大数据来学习特征，能够发现大数据中的复杂结构。2.2 节介绍深度学习的基础理论，包括神经元结构与反向传播机制；2.3 节介绍神经网络数据预处理方法，包括张量数据类型，以及批处理训练方法；2.4 节介绍如何搭建神经网络；2.5 节介绍如何利用 2.4 节搭建的神经网络进行训练，需要设置哪些超参数，至此一个完整的神经网络模型就建立好了；2.6 节在前面章节内容上进行延伸，介绍多种深度学习方法。

2.2 基 础 理 论

2.2.1 神经元结构

神经网络结构实际上是模拟人脑处理信息的过程，人脑中约有 10^{11} 个神经元，神经元之间相互连接，约共有 10^{14} 个连接，单看单一生物神经元结构（图 2.1），其可分为细胞核、树突与轴突。其中树突连接其他神经元，用来接收其他神经元传递的信号；轴突用于将本神经元的信号传递给其他神经元。神经元存在两种状态，分别是兴奋与抑制，当树突接收到的信号累积达到该神经元阈值时，神经元进入兴奋状态，此时轴突向外传递信号；当树突接收到的信号无法达到该神经元的阈值时，神经元处于抑制状态，轴突则无法向外传递信号。

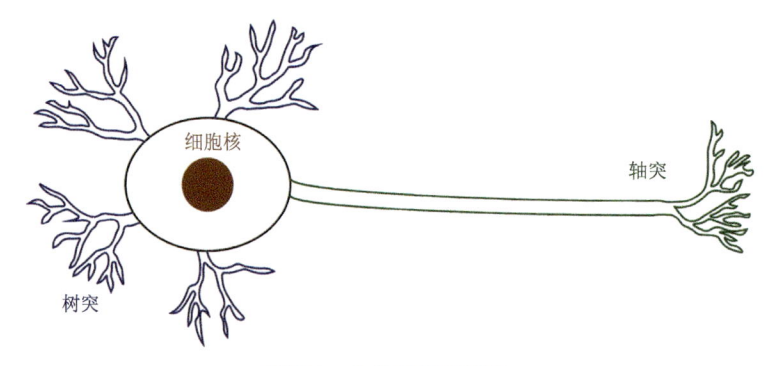

图 2.1　生物神经元结构

神经网络中的神经元结构与人脑中的神经元相似，同样具有输入结构与输出结构，下面介绍如今普遍应用的神经网络神经元结构，如图 2.2 所示，神经网络神经元可分为三部分，分别为加权求和、线性偏移结构与非线性函数映射结构。

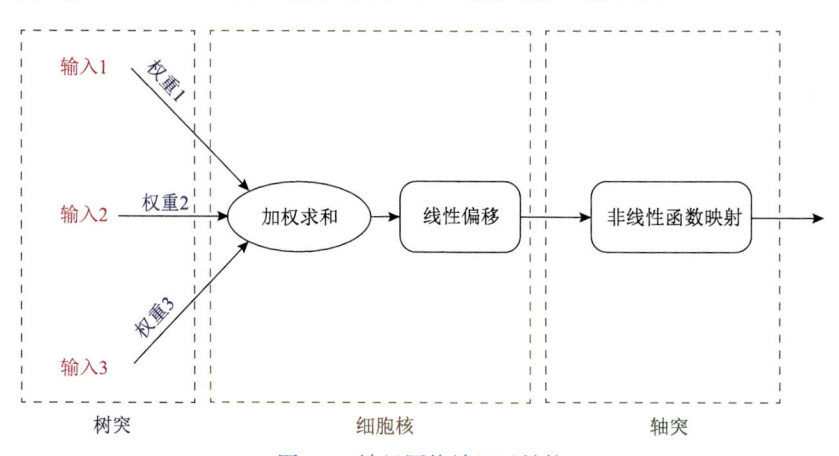

图 2.2　神经网络神经元结构

加权求和部分对应生物神经元的树突结构，该神经元接收其他神经元传递的外部输入，每一个外部输入都有一个权重，将所有的外部输入加权求和进行汇总输入到神经元中；线性偏移结构对应生物神经元阈值机制，加权求和后加上其阈值，即

$$y = \sum_{i=1}^{N} W_i \cdot x_i + B \qquad (2\text{-}1)$$

式中，W_i 为第 i 个神经元的权重；x_i 为第 i 个神经元的输入；N 为神经元数量；B 为偏置值。

非线性映射函数对应生物神经元的轴突机制，加权求和与线性偏移发生的都是线性变化，为了使模型可以更好地处理非线性问题，需要在神经元向外输出时加入非线性变化，在深度学习中这个非线性函数通常称为激活函数，常用函数有 sigmoid 函数、tanh 函数等，由于这部分内容在模型构建中较为重要，在后续章节中专题讨论。

2.2.2 反向传播机制

反向传播机制是深度学习广泛使用与快速发展的基础，是深度学习中最核心的算法，但由于其计算模式较为固定，已在多数人工智能包中封装在简单的指令中，使用者在不了解反向传播机制的情况下完全可以训练和使用深度学习模型，因此本节仅对反向传播机制进行简单介绍。

在介绍反向传播前需了解神经网络的工作机制，在 2.1 节中介绍了神经元基本结构，而神经网络就是由多个神经元按层排列，层层连接而形成的网络结构，如图 2.3 所示，第一层神经元接收输入信息，称为输入层，使用 $A^{[0]}$ 表示，用于读取输入值 X；最后一层神经元输出计算后的结果，称为输出层，通过 $A^{[4]}$ 层输出预测值 $\hat{Y}$；输入层与输出层之间的神经元层称为隐藏层，用 $A^{[n]}$ 表示，其中 n 为隐藏层层数，而 $a_m^{[n]}$ 表示第 n 个隐藏层中第 m 个神经元中的激活值，即源数据流入该单元后计算出的数据，所谓深度学习中的"深度"便是指隐藏层的较深层数，数据从输入层进入，途经隐藏层神经元运算处理，最终由输出层输出结果。

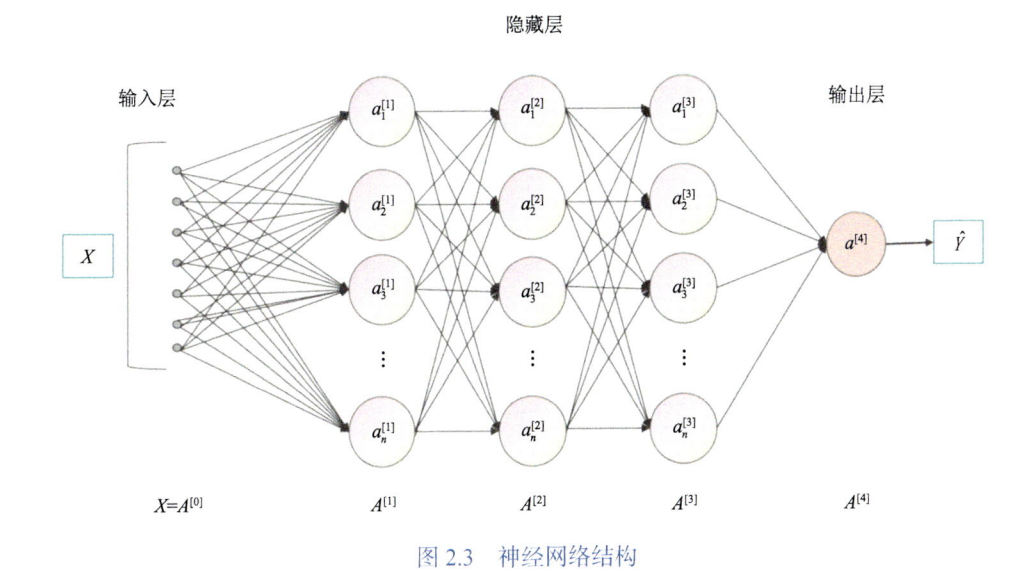

图 2.3 神经网络结构

神经网络搭建完成后，每个神经元中的权重与偏置全部为随机值，需要通过大量数据对模型进行训练才能获得可以使用的模型，训练步骤如下。

（1）在输入层输入训练数据。

（2）输入值按照神经元连接方法进行逐层的向前传播，直至输出层。

（3）获取输出层的输出值，与训练数据的输出值进行对比，计算两个输出值的差异程度，即损失值 L。

（4）根据损失值 L，修改隐藏层各神经元的权重与偏置值，从而降低计算输出值与真实输出值的差异。

（5）更换训练数据，重复（1）~（4），逐步调整各神经元权重与偏置，使计算输出值无限趋近真实输出值，最终完成训练，保存最终的神经网络结构与其内部各神经元的权重与偏置。

训练好的模型就可以进行应用了，调用训练好的模型，只需要在输入端输入已知信息，在训练好的神经网络中进行向前传播，在模型输出端就可获取目标信息了。

继续讨论训练过程，反向传播实际发生在步骤（4），主要用于更新神经元的权重与偏置。简单地说，反向传播算法就是带有链式法则的梯度下降法，其目的是求出损失函数 L 对每一层权重的梯度值。利用这个梯度值 $\partial L/\partial W$，我们就可以对各层的权重进行迭代更新。我们先从总体流程上理解反向传播机制，然后再逐层讨论具体计算方法。

在总体上，我们先讨论一个最简单的例子：隐藏层的层数为 1 的神经网络的前向传播及反向传播的过程。如图 2.4 所示，我们的前向传播过程为：输入 $\vec{z}^1$，经过隐藏层得到 $\vec{z}^2$，再经过隐藏层得到 $\vec{z}^3$，经过损失函数得到损失值 L。接着进行反向传播，为了方便计算和推导，我们定义 $\vec{\delta}$ 变量，暂时不考虑 $\vec{\delta}$ 代表什么。我们可以用一种抽象的方式去审视反向传播的过程，如图 2.5 所示。这个过程首先将 $\vec{\delta}^4 = dL/dL = 1$ 作为输入，然后由 $\vec{\delta}^4$ 反向传播至第 3 层各节点得到 $\vec{\delta}^3$。反向传播经过第 2 层各节点得到 $\vec{\delta}^2$，利用 $\vec{z}^3$ 及第 2 层到第 3 层之间的权重矩阵 $W^{(2,3)}$ 求得梯度值 $\partial L/\partial W^{(2,3)}$。接着，$\vec{\delta}^2$ 继续反向传播得到 $\vec{\delta}^1$，我们利用 $\vec{z}^2$、$\vec{\delta}^2$ 及第 1 层到第 2 层之间的权重矩阵 $W^{(1,2)}$ 可以求得梯度值 $\partial L/\partial W^{(1,2)}$。

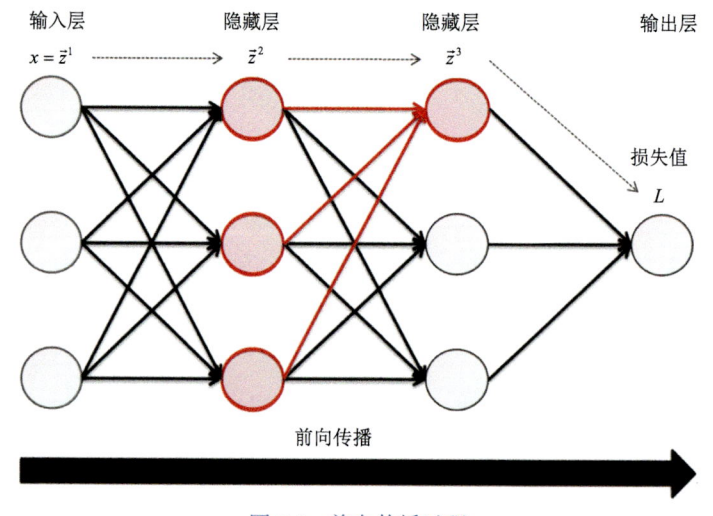

图 2.4　前向传播过程

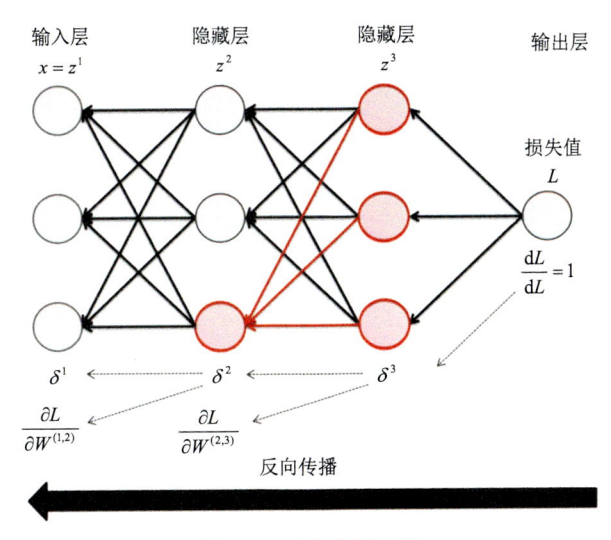

图 2.5 反向传播过程

图 2.5 为我们展示了反向传播的总体过程，如果你还没有完全理解也没关系，下面我们要探讨每层的细节。如图 2.6 所示，我们将神经网络的第 l 层作为代表进行观察，第 l 层的输入是 $\vec{z}^l$，设第 l 层到第 $l+1$ 层之间的权重矩阵为 $W^{(l,\,l+1)}$，于是可以将数据经过该层的变换看作函数 f^l 的运算。

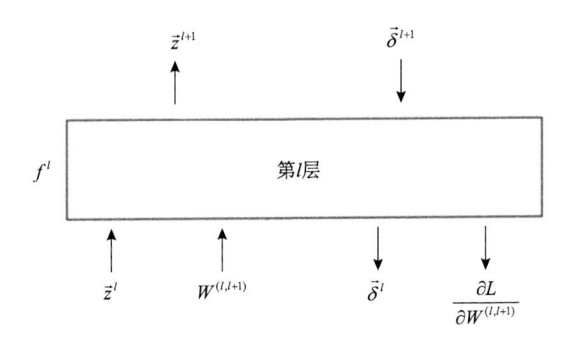

图 2.6 第 l 层的前向与反向传播过程

前向传播的数学表达式如下：

$$\vec{z}^{l+1} = f^l(\vec{z}^l, W^{(l,l+1)}) \tag{2-2}$$

为了方便描述反向传播的过程，我们定义 $\vec{\delta}_j^l$，数学表达如下：

$$\vec{\delta}_j^l = \frac{\partial L}{\partial \vec{z}_j^l} \tag{2-3}$$

式中，$\vec{z}_j^l$ 是第 l 层第 j 个神经元的激活值。

根据微积分的链式法则，可以得到：

$$\vec{\delta}_j^l = \sum_k \frac{\partial L}{\partial \vec{z}_k^{l+1}} \cdot \frac{\partial \vec{z}_k^{l+1}}{\partial \vec{z}_j^l} = \sum_k \vec{\delta}_k^{l+1} \cdot \frac{\partial \vec{z}_k^{l+1}}{\partial \vec{z}_j^l} \qquad (2\text{-}4)$$

式（2-4）表明 $\vec{\delta}^l$ 可以由 $\vec{\delta}^{l+1}$、$\vec{z}^{l+1}$、$\vec{z}^l$ 求出。为了更新权重，需要计算出损失函数关于神经网络内每个权重的梯度，损失函数关于第 l 层到第 $l+1$ 层之间权重矩阵 $W^{(l,l+1)}$ 的梯度为

$$\frac{\partial L}{\partial W^{(l,l+1)}} = \sum_j \frac{\partial L}{\partial \vec{z}_j^{l+1}} \frac{\partial \vec{z}_j^{l+1}}{\partial W^{(l,l+1)}} = \sum_j \vec{\delta}_j^{l+1} \frac{\partial \vec{z}_j^{l+1}}{\partial W^{(l,l+1)}} \qquad (2\text{-}5)$$

式（2-5）表明 $\frac{\partial L}{\partial W^{(l,l+1)}}$ 可以由 $\vec{\delta}_j^{l+1}$、$\vec{z}_j^{l+1}$ 和 $W^{(l,l+1)}$ 求出。因此，反向传播算法是首先进行前向传播，计算出各层的 $\vec{z}$。接着进行反向传播，利用前向传播中求出的每个神经元的激活值算出各层的 $\vec{\delta}$，并计算出各层的梯度 $\partial L/\partial W$，最后利用梯度下降法更新各层权重[1]。

本节对反向传播的介绍较为简单，若想深入学习反向传播机制可查看文献[2]。

2.3　神经网络数据预处理

神经网络的构建相对于机器学习更为复杂，为了更好地帮助读者理解各章节所述内容在整个神经网络构建的位置与作用，本节以一段最简单的神经网络代码为例，并将从 2.3.1 节~2.5.3 节所示内容与代码进行对应，具体分为 11 个代码块，使用注释进行分隔，在本章节中会依次展开讲解。为了方便定位与区分，在本节中将以下代码称为总代码。

```
#调用模块
import torch
import torch.nn as nn
import torch.utils.data as Data
from sklearn.datasets import load_boston
from sklearn.preprocessing import StandardScaler
import numpy as np
import matplotlib.pyplot as plt

#查看数据集信息
dir(load_boston())
print(load_boston().DESCR)

#数据集展示
```

```python
boston_x, boston_y = load_boston(return_X_y=True)
print("输入端数据维度:", boston_x.shape)
print("输出端数据维度:", boston_y.shape)
plt.xlabel("频数")
plt.ylabel("房价/1000 美元")
plt.hist(boston_y, bins=20,edgecolor='r')
plt.show ()

#数据预处理
ss = StandardScaler(with_mean=True, with_std=True)
boston_xs = ss.fit_transform(boston_x)
train_xt = torch.from_numpy(boston_xs.astype(np.float32))
train_yt = torch.from_numpy(boston_y.astype(np.float32))
train_data = Data.TensorDataset(train_xt, train_yt)

#建立数据加载器
train_loader = Data.DataLoader(
        dataset=train_data,
        batch_size=128,
        shuffle= True,
        num_workers=0,
)

#搭建神经网络
class MLPmodel(nn.Module):
    def __init__ (self):
        super().__init__ ()
        self.hidden = nn.Sequential(
            nn.Linear(13, 10),
            nn.ReLU(),
            nn.Linear(10, 10),
            nn.ReLU(),
        )
        self.regression = nn.Linear(10, 1)

    def forward(self, x):
        x = self.hidden(x)
```

```python
            output = self.regression(x)
            return output

#网络实例化并查看结构
mlp = MLPmodel()
print(mlp)

#选择损失函数
Loss_func = nn.MSELoss()

#选择优化算法并设定学习率
Optimizer = torch.optim.SGD(mlp.parameters(), lr=0.001)

#对神经网络进行训练
train_loss_all = []
for epoch in range(30):
    for step, (b_x, b_y) in enumerate(train_loader):
        output = mlp(b_x).flatten()
        train_loss = loss_func(output, b_y)
        optimizer.zero_grad ()
        train_loss.backward()
        optimizer.step()
        train_loss_all.append(train_loss.item())

#结果展示
plt.figure()
plt.plot(train_loss_all, "r-")
plt.xlabel("训练轮数")
plt.ylabel("损失函数")
plt.show ()
```

　　本书提供的代码使用的包主要有 pytorch 包，用于深度学习建模与训练；sklearn 包，用于数据集调用以及数据标准化处理；numpy 包，用于科学计算；matplotlib 包，用于可视化展示，对应代码块 1。以下代码为包的调用。

```python
#调用模块
import torch
import torch.nn as nn
```

```python
import torch.utils.data as Data
from sklearn.datasets import load_boston
from sklearn.preprocessing import StandardScaler
import numpy as np
import matplotlib.pyplot as plt
```

本书中示例代码选择使用的数据集为"波士顿房价预测数据集"，该数据集是非常典型的回归模型。该数据集通过城镇人均犯罪率、一氧化碳浓度等13个因素，回归推测波士顿房价，在Scikit-learn中可以直接调用该数据集。通过代码块2可查看该数据集信息，包括数据形态、输入输出端介绍等信息。

```python
#查看数据集信息
dir(load_boston())
print(load_boston().DESCR)
```

输出：

.. _boston_dataset:

Boston house prices dataset

Data Set Characteristics:

    :Number of Instances: 506

    :Number of Attributes: 13 numeric/categorical predictive. Median Value (attribute 14) is usually the target.

    :Attribute Information (in order):
        - CRIM   per capita crime rate by town
        - ZN   proportion of residential land zoned for lots over 25,000 sq.ft.
        - INDUS   proportion of non-retail business acres per town
        - CHAS   Charles River dummy variable (= 1 if tract bounds river; 0 otherwise)
        - NOX   nitric oxides concentration (parts per 10 million)
        - RM   average number of rooms per dwelling
        - AGE   proportion of owner-occupied units built prior to 1940
        - DIS   weighted distances to five Boston employment centres
        - RAD   index of accessibility to radial highways
        - TAX   full-value property-tax rate per $10,000

```
    - PTRATIO    pupil-teacher ratio by town
    - B          1000(Bk - 0.63)^2 where Bk is the proportion of blacks by town
    - LSTAT      % lower status of the population
    - MEDV       Median value of owner-occupied homes in $1000's
    ……
```

通过代码块 3 可以调用波士顿房价预测数据集（行数 1），打印数据形状（行数 2,3），并绘制出输出数据频数直方图（图 2.7）。

```python
#数据集展示
boston_x, boston_y = load_boston(return_X_y=True)
print("输入端数据维度:", boston_x.shape)
print("输出端数据维度:", boston_y.shape)
plt.xlabel("频数")
plt.ylabel("房价/1000 美元")
plt.hist(boston_y, bins=20,edgecolor='r')
plt.show ()
```

输出：

输入端数据维度: (506, 13)

输出端数据维度: (506,)

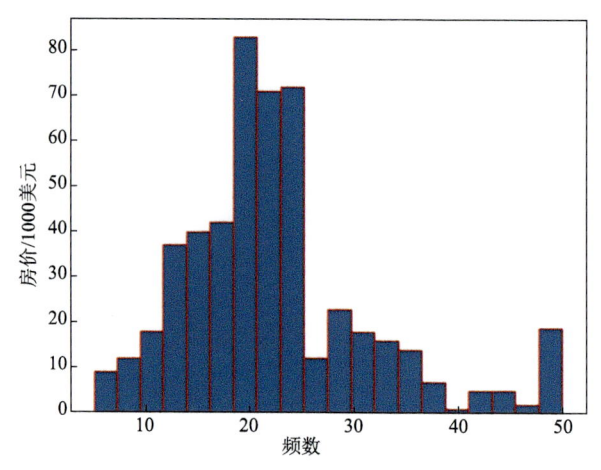

图 2.7　波士顿房价数据集频数直方图

2.3.1　特征工程

在第 1 章中已经对特征工程进行详尽讲解，深度学习特征工程与机器学习中的特征工程相似，重复部分不再讲解，本节仅关注深度学习特有的特征工程部分，即关于张量与批处理的介绍。

2.3.2 张量

深度学习中的张量与物理学中的张量并不相同。深度学习中的张量是一种数据形式，在模型训练与应用时输入输出均需以张量数据类型进行。

在深度学习中，张量可以是标量，如一个数值，此时张量为 0 维张量；可以是矢量，如独热编码，此时张量为 1 维张量；也可以是矩阵，如灰度图，此时张量为 2 维张量；同样也可以是矩阵数组，如 RGB 图像，此时张量为 3 维张量，具体可见图 2.8。在模型计算过程中还会出现 4 维张量、5 维张量。

标量　　　　矢量　　　　　矩阵　　　　　　矩阵数组
0维张量　　1维张量　　　2维张量　　　　3维张量

图 2.8　深度学习张量形式

在深度学习训练中数据类型转换使用频率非常高，最为常见的为张量与 numpy 类型的转换，在 pytorch 中的可用.numpy()指令将张量类型转换为 numpy 类型，使用 torch.from_numpy()指令可以将 numpy 数据类型转换为张量类型。

实际上，pytorch 中将 numpy 的 Array 包装成 Tensor，因此在 pytorch 中同样具有各种形式的张量创建与运算，与 numpy 极为相似，由于篇幅原因，各种指令不在此展示，具体使用方法可在 pytorch 官方文档中查看。

本节内容对应到代码块 4 的内容，对应以下代码块，并划分为输入数据与输出数据，并使用 torch.from_numpy()指令转换为张量形式（行数 3,4）。

```
#数据预处理
ss = StandardScaler(with_mean=True, with_std=True)
boston_xs = ss.fit_transform(boston_x)
train_xt = torch.from_numpy(boston_xs.astype(np.float32))
train_yt = torch.from_numpy(boston_y.astype(np.float32))
train_data = Data.TensorDataset(train_xt, train_yt)
```

2.3.3 批处理

批处理一般用于处理体量较大的训练数据，大量训练数据同时训练运算量过大，会对内存造成影响，训练结果的准确率也会有所下降，因此需要将训练数据划分为多批进行处理，具体如图 2.9 所示，每次训练在训练数据集中随机组成批次，既解决了大数据计算困难问题，又增加了训练过程的随机性。

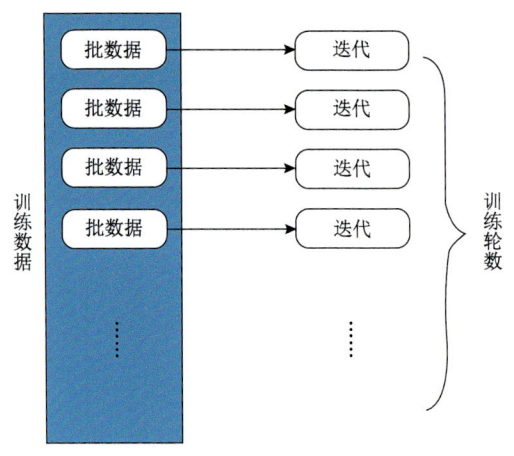

图 2.9　批处理训练示意图

但需要注意的是，批次大小设定也会影响最终的训练结果，通常会将批次大小作为一个超参数进行调参，批次过大过小都会对最终结果造成不良影响。另外，批处理更适合处理体量较大的数据集，对于体量较小的数据集划分批次可能起到反作用，如图 2.10 所示，训练一个线性回归模型 $y = \theta_0 + \theta_1 x$，随机与小型批处理发生振荡，效果较差。

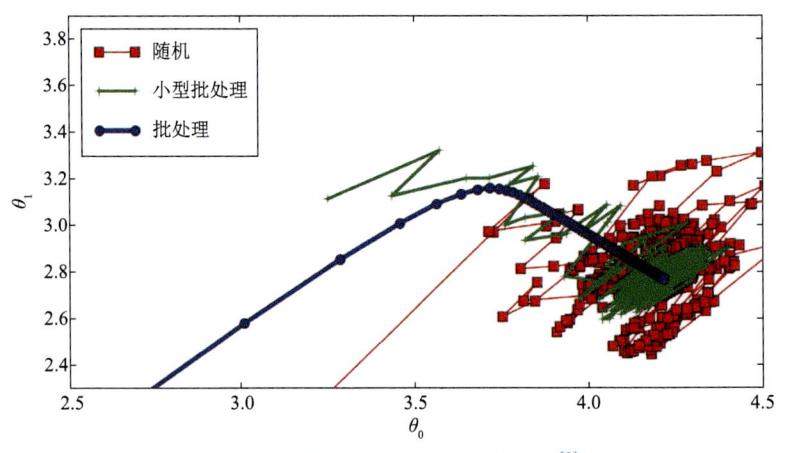

图 2.10　不同批处理大小训练结果[3]

本节内容对应到代码块 5 的内容，在以下代码块中第 3 行代码中设定了批次大小为 128，在第 4 行中设定为每次迭代前随机打乱数据。

```
#建立数据加载器
train_loader = Data.DataLoader(
        dataset=train_data,
        batch_size=128,
        shuffle= True,
        num_workers=0,
)
```

2.4 网络结构

2.4.1 激活函数

在 2.2.1 节中，我们介绍了神经元结构，在非线性函数映射结构中使用激活函数增强神经元非线性，在 2.2.1 节中并没有详细介绍激活函数，本节对常见激活函数展开介绍。

激活函数均为非线性函数，常见的激活函数有 sigmoid 函数、tanh 函数、ReLU 函数、Leaky ReLU 函数，其基本形式如图 2.11 所示。

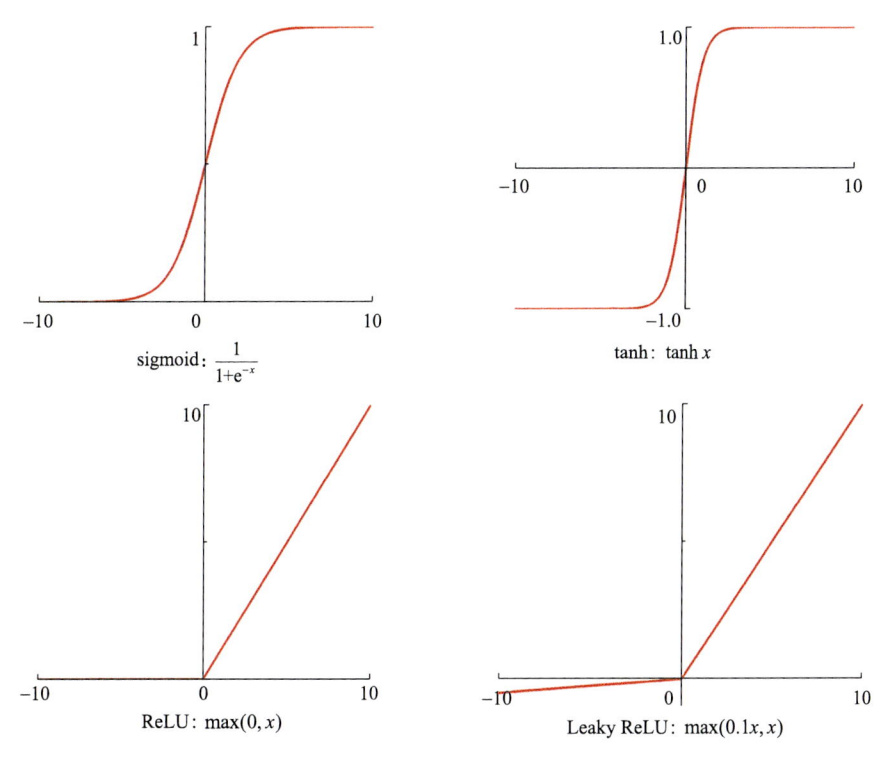

图 2.11 激活函数展示

激活函数可视为超参数，在调参时可对激活函数进行调整，激活函数不同下降速度会有所差异，例如，对于 sigmoid 函数，当数据偏离零点较远时，函数梯度较小，训练速度较慢；而 Leaky ReLU 函数形式比较简单，在各种类型的数据上都具有较好效果，使用率较高。

2.4.2 网络架构

前面已经介绍了神经元结构，但单个神经元无法处理复杂问题，需要将多个神经元连接起来形成神经网络才能应对复杂问题，神经元排列与连接需要使用者根据实际问题进行架构。全连接网络是最基础的网络结构，只需确定网络层数与各层数神经元数量即可确定网络结构，一般来讲网络层数的多与少也可称为网络的深与浅，而各层神经元数量的多和少又可称为神经网络的宽和窄。

神经网络的架构十分灵活，网络层数与每层神经元个数均可视为超参数处理，架构过程看似简单，但实际上在网络设计时需考虑很多问题，一般来讲，网络构建得越深，可挖掘出的输出层与输入层的关联信息越多，但这并不等同于效果越好，很多时候层数较小的模型反而要比层数较大的模型效果好，针对这个问题提出了残差网络，该网络使相同数据集与超参数条件下的深层网络不会差于浅层网络，残差网络理论较为艰深，不在本书中多做介绍，可自行查阅。

上述内容说明了神经网络深度问题，神经网络宽度问题同样重要，神经网络宽度与深度要相匹配：网络架构深度较深，但宽度很窄，训练出的模型准确率一般不会太理想；同理，网络架构深度较浅，但宽度很宽，模型效果一般也不会太好。至于如何匹配网络宽度与深度，这并没有明确的对应关系，需视情况而定，只需注意网络架构不要过于畸形即可。

网络深度与宽度相匹配，同样也需要与训练数据量相互匹配，深度学习训练需求的数据量通常较大，实际上对神经网络效果影响最大的并非算法本身，而是数据情况。当训练数据数量较大、质量较高时可以使用较大的网络结构进行训练，但当数据量较小时，网络结构也要随着数据数量减小，只有网络结构与数据情况相匹配时才能获取较为理想的结果[4]。

本节内容对应到代码块 6 的内容，在进行网络架构时需将网络结构写进一个类中，而且该类需继承父类 nn.Module，该工作在以下代码块第 1 行代码中完成；该神经网络分为 4 层，分别为输入层、隐藏层 1、隐藏层 2、输出层，输入层宽度为 13，对应 13 个因素；隐藏层 1 宽度为 10；隐藏层 2 宽度为 10；输出层宽度为 1，对应波士顿房价预测结果，代码块第 5、7、10 行代码定义了网络结构；第 6、8 行代码定义了激活函数，均选择 ReLU 函数；第 11~14 行代码定义了向前传播顺序。

```
#搭建神经网络
class MLPmodel(nn.Module):
    def __init__(self):
        super().__init__()
        self.hidden = nn.Sequential(
            nn.Linear(13, 10),
            nn.ReLU(),
            nn.Linear(10, 10),
            nn.ReLU(),
        )
        self.regression = nn.Linear(10, 1)
    def forward(self, x): x = self.hidden(x)
```

```
            output = self.regression(x)
            return  output
```

将网络实例化后，可通过 print 函数查看网络结构，具体可见代码块 7。

```
#网络实例化并查看结构
mlp = MLPmodel()
print(mlp)
```

输出：

```
MLPmodel(
  (hidden): Sequential(
    (0): Linear(in_features=13, out_features=10, bias=True)
    (1): ReLU()
    (2): Linear(in_features=10, out_features=10, bias=True)
    (3): ReLU()
  )
  (regression): Linear(in_features=10, out_features=1, bias=True)
)
```

2.5 训 练 参 数

2.5.1 损失函数

在训练过程中，前向传播获取输出值后需要与真实的输出值进行对比，分析两者之间的差距，这个差距需要进行量化才能进行反向传播修改权重，损失函数的功能便是量化两者的差距。

损失函数大体可分为两种，分别为基于距离度量的损失函数与基于概率分布度量的损失函数，基于距离度量的损失函数比较适用于回归问题，如均方误差损失函数、L1 损失函数；基于概率分布度量的损失函数比较适用于分类问题，如相对熵函数以及交叉熵函数，下面对上述函数分布进行介绍。

（1）均方误差损失函数：

$$L(Y|f(x)) = \frac{1}{N}\sum_{i=1}^{N}(Y_i - f(x_i))^2 \quad (2\text{-}6)$$

式中，Y 是真实输出值；$f(x)$ 是预测输出值；N 是批次大小。

在回归问题中，均方误差损失函数用于度量样本点到回归曲线的距离，通过最小化平方损失使样本点可以更好地拟合回归曲线，是一种应用率极高的损失函数。

（2）L1 损失函数：

$$L(Y|f(x)) = \sum_{i=1}^{N}|Y_i - f(x_i)| \qquad (2-7)$$

L1 损失又称为曼哈顿距离，表示残差的绝对值之和。该损失函数为 0 时不可导，且更新梯度始终相同，一般需配合变化的学习率使用。

（3）相对熵函数：

$$L(Y|f(x)) = \sum_{i=1}^{N}Y_i \times \ln\frac{Y_i}{f(x_i)} \qquad (2-8)$$

相对熵函数是一种非对称度量方法，常用于度量两个概率分布之间的距离。相对熵为非负数，当两个概率分布相同时，相对熵为 0，概率分布相差越大相对熵也就越大。

（4）交叉熵函数：

$$L(Y|f(x)) = -\sum_{i=1}^{N}Y_i \times \log f(x_i) \qquad (2-9)$$

交叉熵用于评估当前训练得到的概率分布与真实分布的差异情况。在以交叉熵为损失函数的神经网络模型中一般选用 tanh、sigmoid 或 ReLU 作为激活函数。在分类问题中交叉熵损失函数使用率较高。

本节内容对应到代码块 8 的内容，在 pytorch 中可通过 torch.nn.xxx（损失函数名称）指令定义损失函数，本章代码中选择均方误差损伤函数作为本模型的损失函数。

```
#选择损失函数
Loss_func = nn.MSELoss()
```

2.5.2 优化算法

2.2 节介绍了反向传播机制，优化算法就是在深度学习反向传播过程中，指引损失函数的各个参数往正确的方向更新到合适的大小，使得更新后的各个参数让损失函数值不断逼近全局最小，优化算法同样是一类超参数，优化算法的选择直接影响到训练效果，甚至是正确与否，本节介绍 4 种较为常见的优化算法，但在介绍优化算法之前首先要了解一个概念——学习率。

所谓学习率就是指在反向传播更新神经元权重过程中控制每次权重更新幅度的参数，学习率不宜过大，当学习率设置过大时会使更新权重后跳过全局最小值，在下次更新权重时反向修正，再次跳过全局最小值，在全局最小值附近反复跳跃，难以达到损失函数最小值；学习率同样不宜过小，学习率过小时损失函数下降过慢，更新缓慢，而且容易陷入局部最小值无法继续更新,图2.12中展示了不同学习率下损失函数的下降趋势。学习率的设置是优化算法的一部分,接下来对优化算法进行介绍。

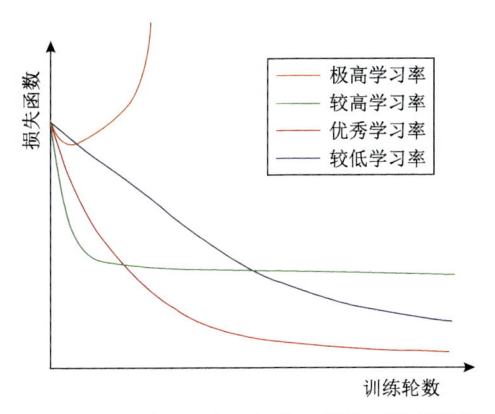

图 2.12 不同学习率下损失函数的下降趋势[5]

1)梯度下降

注:在本节中参数下角标为迭代轮数。

梯度下降算法是最基础的优化算法,损失函数的梯度方向作为下降方向,梯度值与学习率的乘积为下降幅度,逐渐修正神经元权重,具体计算公式如下:

$$W_{t+1} = W_t - \eta \Delta J(W) \tag{2-10}$$

式中,W是权重;η是学习率;$\Delta J(W)$是损失函数梯度。

该算法是最基础的算法,训练速度慢,尤其在大型数据中,需要迭代多次才能达到训练目的,而且学习率固定容易陷入局部最优解,无法寻找到全局最优解。

2)随机梯度下降

随机梯度下降(SGD)是梯度下降法的改进,该方法不需要像梯度下降法一样计算每一个样本的损失函数梯度,而是随机选择某一批次内的一个样本的损失函数梯度作为这一批次样本的梯度方向进行权重更新,具体公式如下:

$$W_{t+1} = W_t - \eta g_t \tag{2-11}$$

式中,g_t是某一批次中随机样本的损失函数梯度。

该方法梯度计算速度快,对于大型数据训练速度快;但在训练过程中权重更新方向可能出现错误,无法做到每次迭代都靠近全局最优解。

随机梯度下降法除梯度方向选取采用随机方法外,与梯度下降法并无太大差异,依然是最为基础的优化算法,经过多年发展也有所改进,改进主要沿两个方向展开,分别为梯度方向与学习率。

3)NAG(Nesterov accelerated gradient)

NAG算法主要针对梯度方向进行优化,引入动量方法,主要思想是引入一个积攒历史梯度信息的动量来加速随机梯度下降算法。简单来讲,NAG算法中梯度方向不单单由当前梯度得出，以往的权重更新也会对当前更新产生影响，以往的梯度下降过程就像存在惯性一样，想要改变下降方向也需要在原方向上滑动一段距离，具体公式如下：

$$v_t = \alpha v_{t-1} + \eta \Delta J(W_t - \alpha v_{t-1})$$
$$W_{t+1} = W_t - v_t \tag{2-12}$$

式中，v_t 是 t 轮迭代积攒的加速度；α 是动力的大小；η 是学习率；W_t 是 t 轮迭代的模型参数；$\Delta J(W_t - \alpha v_{t-1})$ 是代价函数关于 W_t 的梯度。

4）AdaGrad

AdaGrad 算法主要针对学习率进行优化，是一种自适应学习率算法，该算法会根据训练情况自动调整学习率，具有大梯度的参数相应地有快速下降的学习率，而具有小梯度的参数在学习率上有相对较慢的下降，避免了固定学习率梯度下降速度慢，容易产出振荡等问题，具体公式如下：

$$W_{t+1} = W_t - \frac{\eta}{\sqrt{\sum_{t'=1}^{t} g_{t'}^2} + \varepsilon} \tag{2-13}$$

式中，g 是以往的梯度值；ε 是一个极小值，防止分母为 0。

该方法主要优势在于不需要人为地调节学习率，它可以自动调节；缺点在于，随着迭代次数增多，学习率会越来越小，最终会趋近于 0。

5）Adam

Adam 算法是上述算法的综合，既应用了动量方法，又使用了自适应学习率方法，其具体计算方法如下：

$$m_t = \beta_1 \cdot m_{t-1} + (1 - \beta_1) \cdot g_t$$
$$v_t = \beta_2 \cdot v_{t-1} + (1 - \beta_2) g_t^2$$
$$\hat{m}_t = \frac{m_t}{1 - \beta_1^t}$$
$$\hat{v}_t = \frac{v_t}{1 - \beta_2^t}$$
$$W_{t+1} = W_t - \frac{\eta}{\sqrt{\hat{v}_t} + \varepsilon} \hat{m}_t \tag{2-14}$$

式中，m_t 和 v_t 分别是一阶动量项和二阶动量项；β_1、β_2 是动力值大小，通常为 0.9 和 0.999；$\hat{m}_t$、$\hat{v}_t$ 分别是各自的修正值；$g_t = \Delta J(W_t)$ 是 t 次迭代损失函数梯度。

Adam 算法考虑得较为全面。每种优化算法都没有优劣之分，但如果不知道建立的模型适合哪种优化算法，建议优先考虑 Adam 算法，当熟练使用神经网络后再根据网络模型选择最合适的算法，甚至是多种优化算法组合使用。

本节内容对应到总代码块 9 的内容，在 pytorch 中可通过 torch.optim.xxx（优化算法名称）指令选择优化算法。这里代码选择使用 SGD 算法作为本模型优化算法，并将初始学习率设定为 0.001，具体可见以下代码块。

```
#选择优化算法并设定学习率
Optimizer = torch.optim.SGD(mlp.parameters(), lr=0.001)
```

2.5.3 训练轮数

训练轮数同样是非常重要的超参数，训练轮数虽然不会影响到训练速度，但会影响到最终的训练结果，如果训练轮数设定过大有可能出现过拟合情况，这时训练集的准确率会明显小于测试集，此时并不是理想状态；如果训练轮数设定过小有可能出现欠拟合状态，简单来讲就是还没有训练到最佳状态就停止训练。过拟合与欠拟合可见图 2.13。

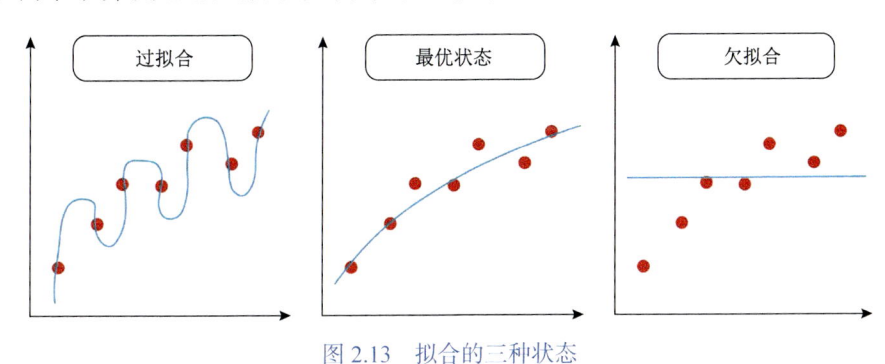

图 2.13 拟合的三种状态

本节内容代码如下。本模型将训练轮数设定为 30，在代码块第 5 行代码中使用选择好的损失函数计算每轮损失函数数值，代码块第 6 行代码将每个迭代步梯度初始化为 0，第 7 行代码进行梯度反向传播，第 8 行代码使用定义好的优化器进行梯度优化。

```
#对神经网络进行训练
train_loss_all = []
for epoch in range(30):
    for step, (b_x, b_y) in enumerate(train_loader):
        output = mlp(b_x).flatten()
        train_loss = loss_func(output, b_y)
        optimizer.zero_grad ()
        train_loss.backward()
        optimizer.step()
        train_loss_all.append(train_loss.item())
```

至此，一个神经网络模型已经基本完成了，所有必备条件均已经定义完成，我们可以通过可视化工具绘制出训练轮数-损失函数曲线图，一般损失函数稳步下降并逐渐趋近于 0 时，该模型训练得比较成功。可视化代码块如下。

```
#结果展示
plt.figure()
plt.plot(train_loss_all, "r-")
plt.xlabel("训练轮数")
plt.ylabel("损失函数")
plt.show ()
```

输出如图 2.14 所示。

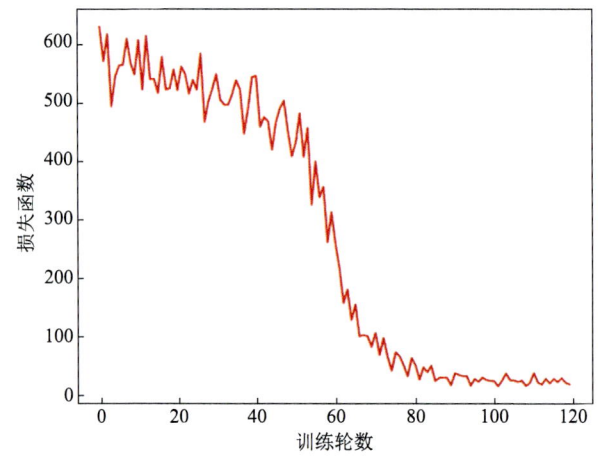

图 2.14 训练轮数-损失函数曲线图

2.6 其他深度学习方法

前面介绍了全连接网络的架构方式，在岩土工程及油气工程领域，数据多以表格方式呈现，全连接网络对于这类表格数据适配度较高，因此全连接网络在岩土及油气领域应用率非常高。但有些数据会以图片的形式给出，如基于扫描电镜的矿物组分分析；有些数据也会表现出明显的时序性，如岩屑运移过程；数据量不足时，我们也会做一些数据增广。面对这些问题，全连接网络处理起来难度较大，适配性不高，但可以使用深度学习中的其他算法解决上述问题。深度学习目前存在三大类算法，均以全连接网络为基础进行修改，分别为卷积神经网络（CNN）、循环神经网络与对抗生成网络，本节作为扩展章节，简单介绍上述三种网络结构，并给出相应论文，若需要深入了解可自行查看，除此之外，本章会对自编码器、数据扩充、模型压缩、集成方法等常用深度学习算法与方法进行介绍，由于部分知识难度较大，本书不做详细解读，读者可对此进行简略了解，若有应用可自行查阅相关论文。

2.6.1 卷积神经网络

卷积神经网络可处理图像类数据，通过该网络可以实现图像分类、目标检查及语义分割等工作。图像文件的本质是一个巨大的数组，每一个像素点对应一个灰度，而每个灰度可对应一个数字，如图 2.15 所示，而对于彩色图像，通常有 RGB 三个通道，组成一个三维张量。

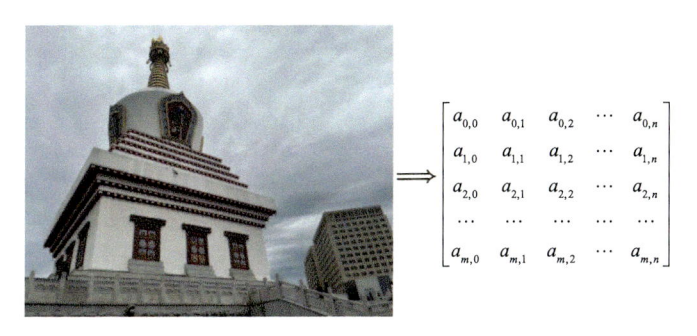

图 2.15 图像的数组表示

在不考虑计算机性能的情况下，全连接网络是可以处理这类三维张量数据的，但其模型将会极其巨大。实际情况下，如此庞大的全连接网络在当前的计算机技术下是无法训练的。为解决上述问题，研究人员发明了卷积神经网络，采用卷积和池化的方式进行特征提取，卷积是通过一个卷积核在图片数组上滑动，图片数组上的数值与卷积核对应数值相乘后将滑动框内相乘结果进行求和，作为提取出来的信息，输出给下一层，具体过程如图 2.16 所示。

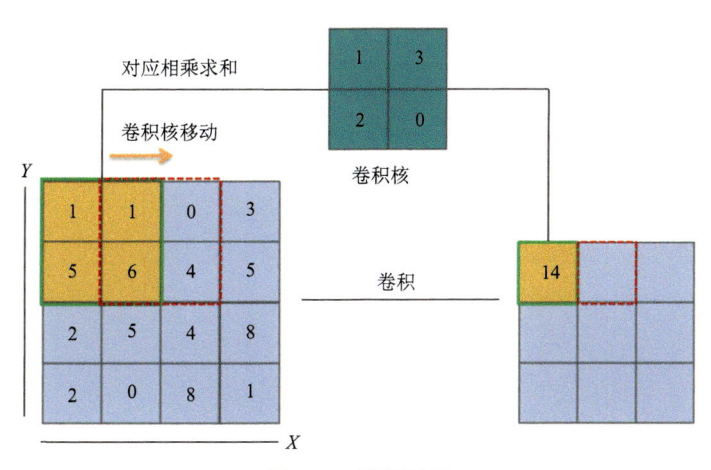

图 2.16 卷积过程

池化的目的就是降低数据维度，过程十分简单，具体有平均值池化和最大值池化，假如特征图尺寸为 8×8，池化窗口为 4×4，进行池化后就会生成一个 2×2 的特征图，平均值池化就是将池化窗口内的数值计算平均值，放入对应池化后的特征图里，而最大值池化就是将池化窗口内所有数值的最大值，放入对应池化特征图内，具体可见图 2.17[6]。

129

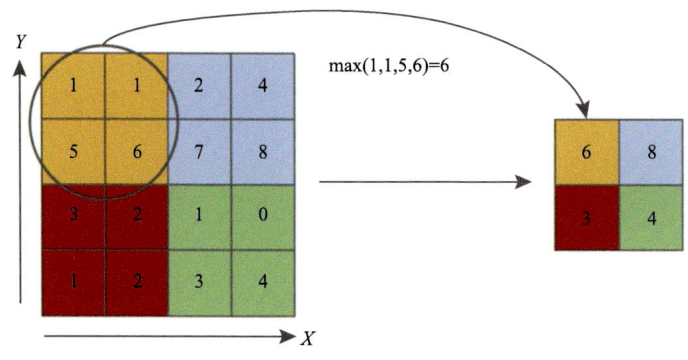

图 2.17　最大值池化

卷积神经网络仅是把全连接层变化为卷积层与池化层，特征提取方式不同，其余部分相同，其本质是相同的。从上述内容可知，通过卷积与池化处理后，大维度的图片可以迅速减小维度，随着卷积层、池化层层数的增加，图片信息更加抽象，相较于全连接网络，大大减小了训练计算量。值得注意的是卷积神经网络不仅仅适用于处理图片类数据，还适用于视频处理以及自然语言处理。在 5.1 节与 5.2 节中，卷积神经网络会有所应用，在 5.1 节与 5.2 节实例中会对卷积神经网络进行更详细的介绍。

文献[7]和文献[8]是卷积神经网络非常具有代表性的论文，如果想深入学习卷积神经网络可自己查阅。

2.6.2　循环神经网络

全连接网络处理的数据是不存在序列性的，输入端都是一个一个地输入的，前一个输入对后一个输入是没有影响的。但某些数据中输入的序列会对输出端的结果产生影响，此时就需要使用循环神经网络（RNN）处理，循环神经网络与全连接网络极为相似，只是隐藏层的权重不再是一个固定值，而是会受到该隐藏层上一次输出值影响的修正值，具体可见图 2.18，S_n 为隐藏层激活值，n 为单元序号，在 RNN 中，$t-1$ 时刻单元激活值会对下一时刻 t 时刻单元权重矩阵 W 产生影响。

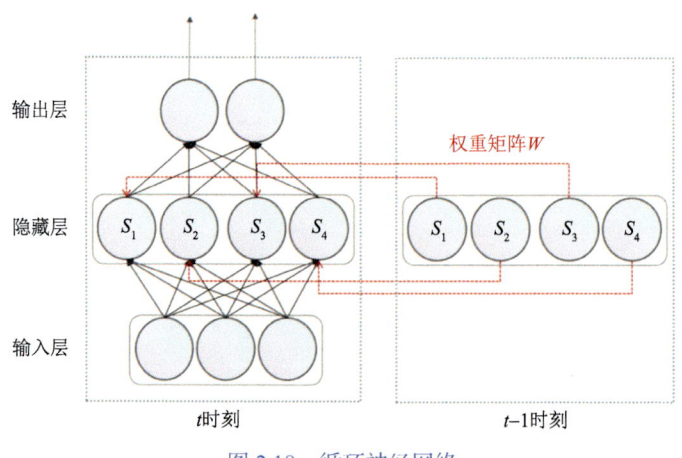

图 2.18　循环神经网络

虽然在对序列数据进行建模时，RNN 对信息有一定的记忆能力，但是单纯的 RNN 会随着递归次数的增加，出现权重指数级爆炸或消失问题，从而难以捕捉长时间的关联，并导致 RNN 训练时收敛困难，而长短时记忆（LSTM）网络则通过引入门的机制，使网络具有更强的记忆能力，弥补 RNN 的一些缺点。

长短时记忆处理信息时主要分为三个阶段。

（1）遗忘阶段。这个阶段主要是对上一个节点传进来的输入进行选择性忘记，会"忘记不重要的，记住重要的"。

（2）选择记忆阶段。这个阶段将输入数据有选择地进行记忆。重要内容则重点记录，不重要的内容则少记录。

（3）输出阶段。这个阶段将决定哪些内容会被当成当前状态的输出。

LSTM 网络与 RNN 具有类似的控制流程，它们在向前传播时处理数据并传递信息，不同之处在于 LSTM 网络单元格内的操作能让 LSTM 网络保留或遗忘信息。

LSTM 网络的核心概念是单元格状态及各种门。单元格状态能充当传输高速公路，将相关信息传输到整个序列链中，可以将其视为网络的"记忆"，在序列处理过程中可以携带单元格状态信息。因此，即使是来自较早时间步的信息也可以传递到后续时间步，从而缓解短期记忆的影响。在单元格状态传输的同时，LSTM 网络通过门向单元格状态添加或删除信息。门是不同的神经网络，可以学习哪些信息是相关的，并在训练期间作出遗忘或保留的决定。

门包含 sigmoid 激活。sigmoid 激活类似于 tanh 激活，但它并非将值压缩在–1~1，而将值压缩在 0~1。这对于更新或遗忘数据很有帮助，因为任何数乘以 0 都是 0，导致值消失或被"遗忘"。任何数乘以 1 都是其自身，因此该值保持不变或被"保留"。

遗忘门：该门决定哪些信息应该被丢弃或保留。来自先前隐藏状态和当前输入的信息通过 sigmoid 函数传递，值介于 0~1。越接近 0 越意味着被遗忘，越接近 1 越意味着被保留。

输入门：LSTM 网络通过输入门更新单元状态。首先，它将上一个隐藏状态和当前输入传递到一个 sigmoid 函数中进行更新。0 表示不重要，1 表示重要。同时也把隐藏状态和当前输入传递到 tanh 函数中，将值压缩在–1~1 以帮助调节网络。然后，将 tanh 输出与 sigmoid 输出相乘，sigmoid 输出可以决定 tanh 输出中哪些相关信息被保留。

单元状态：首先，单元格状态会被遗忘向量逐点相乘。如果它被乘以接近 0 的值，就有可能丢失单元状态中的值。然后，从输入门中获取输出，并进行逐点相加，从而将单元格状态更新为神经网络认为相关的新值。

输出门：输出门决定下一个隐藏状态应该是什么。首先将先前的隐藏状态和当前输入传递到 sigmoid 函数中。然后，将更新的单元状态传递到 tanh 函数中。将 tanh 输出与 sigmoid 输出相乘，以决定隐藏状态应携带哪些信息。新的单元状态和隐藏状态随后被带到下一个时间步。

遗忘门决定从之前的步骤中保留哪些信息。输入门决定从当前步骤中添加哪些信息。输出门确定下一个隐藏状态应该是什么。

LSTM 网络在能源岩土工程有所应用，在 3.2 节及 3.9 节中均有使用，提出该方法的具体文献为文献[9]，读者可自行查看。

门控循环单元可认为是长短时记忆单元的简化版，长短时记忆在多数情况下要优于RNN，但也因多个门控状态的引入，导致需要训练更多参数，使得训练难度大大增加。针对这种情况，门控循环单元被提出，门控循环单元通过将遗忘门和输入门组合在一起，从而减少了门的数量，并做了一些其他改变，在保证记忆能力的同时，提升了网络的训练效率[10]。长短时记忆单元与门控循环单元具体形式可见图2.19，本节不做具体介绍，具体计算方法可自行查阅文献[11]。

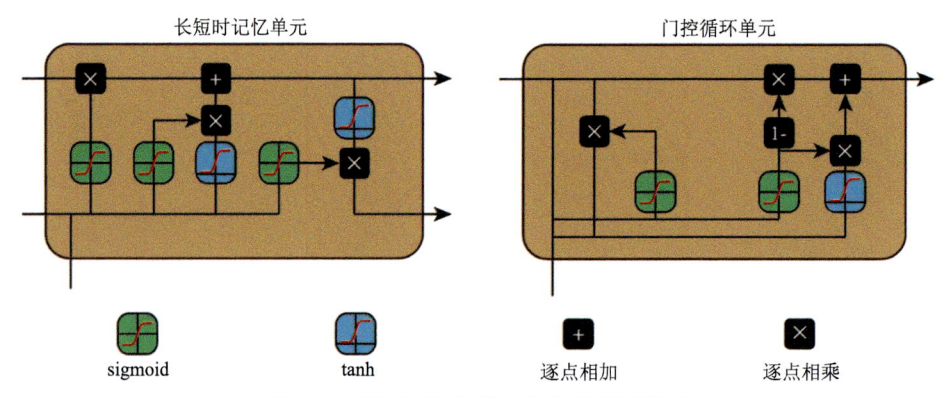

图 2.19　长短时记忆单元与门控循环单元

2.6.3　对抗生成网络

对抗生成网络（GAN）是一种无监督学习方法，与上述网络不同，对抗生成网络需要同时训练两个网络，一个网络称为判别器，另一个网络称为生成器，如图 2.20 所示，生成器的主要目的是通过噪声数据 Z 生成一张图像 X_G（通常为图像数据，但也有可能是其他类型数据，此处以图像数据为例），并让判别器认为这张图像 X_G 是真实存在的，而非生成器生成的；判别器会接收生成器生成的图片，同时也会接收真实图片 X_R，判别器的主要目的是判断真实图片 X_R 为真，判断生成器生成的图片 X_G 为假。由生成器与判别器的主要功能可以看出，这两个网络的目的是相反的，训练过程也是相互对抗的过程，这就是对抗生成网络最核心的思想，经过逐渐训练后，判别器判别真伪的能力逐渐增强，生成器为了可以骗过判别器，最终将会生成与真实图片极为相似、真假难辨的图片，最终通过生成器网络达到图片生成的目的。

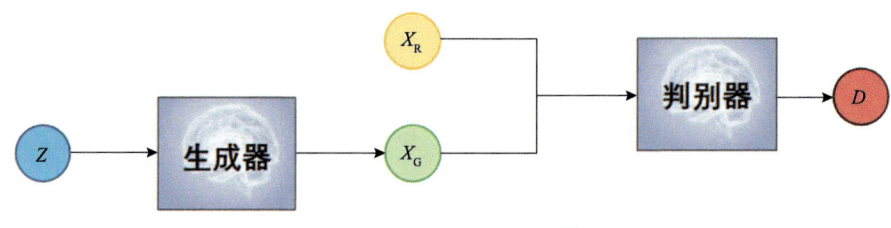

图 2.20　对抗生成网络[12]

对抗生成网络于2014年问世，仍属于较为新颖的研究方法，但由于其构思巧妙，一经推出就得到学者的关注，至今已发展出多种对抗生成网络架构，实现多种功能，下面介绍几种比较具有代表性的架构：GAN[13]、条件对抗网络-CGAN[14]、循环对抗网络-CycleGAN[15]，想要深入研究的读者可自行查阅。

2.6.4 自编码器

自编码器与对抗生成网络相似，同样也是一种无监督学习方法，该网络包含两个部分，分别为编码器与解码器，就像两个卷积神经网络倒扣到一起，具体可见图2.21，在编码器中，会将图片不断降维，抽象成一个简单数据编码，解码器中则是将该数据编码还原成原来的图像，训练好的自编码器可用于图片降维或降低分辨率，解码器也可以作为生成器使用[6]。

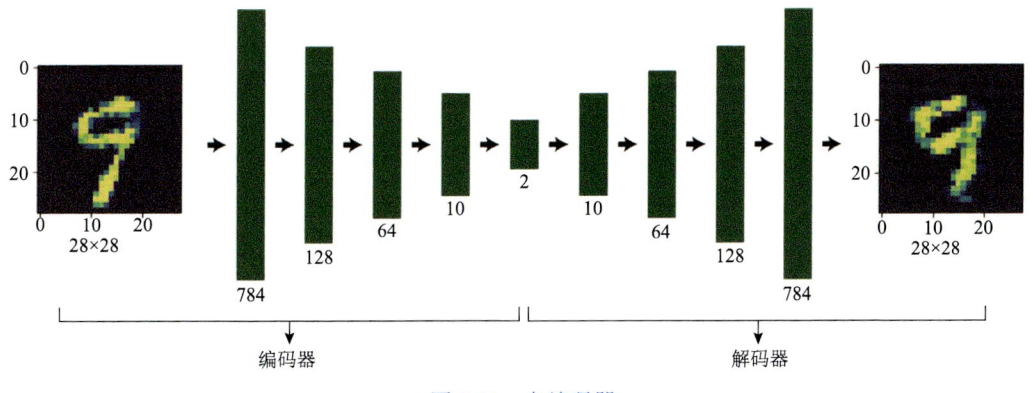

图 2.21　自编码器

读者若想深入了解自编码器知识，推荐阅读文献[16]。

2.6.5 数据扩充

一个成功的深度学习模型，数据质量与数量在一定程度上决定着模型的效果，甚至在某些程度上重要程度要高于模型本身。深度学习训练本身需求的数据量相对较大，在实际工程中经常会遇到数据量难以支撑模型训练的情况，尤其是图像数据这种获取难度大、标签编辑工程量大的数据类型。总体来说，常规的数据扩充方法有图像翻转、随机抠取、尺度变化、旋转变化以及色彩抖动等方法，以上方法不仅可以单独使用，也可以多种方法配合使用，可以极大地扩充数据数量。

上述的扩充方法直接作用于原始数据，未借助任何图像标记信息，除以上简单常规的方法外，还有一些特殊的数据扩充方法，如现在存在一种利用图像标记信息的监督式新型图像扩充方法。一张图像中一般存在多种物体，简单地将一种图片分类为一个类别是不准确的，监督式数据扩充方法会根据原始数据训练一个分类的初始模型，然后利用该模型生成对应的概率热力图，根据热力图指示进行图像分割，将一张图片分割成多张图片数据。

上述方法都是以原始数据为基础进行变化分割，实际上我们还可以使用生成的新数据，在 2.6.3 节中介绍了对抗生成网络，该网络中的生成器也可完成数据扩充任务。首先利用原始数据训练一个对抗生成网络模型，然后调用训练好的模型中的生成器，生成噪声数据输入到生成器中，生成器则会输出新的数据，该数据可添加至原始数据中进行扩充。

2.6.6 模型压缩

较大的网络可以挖掘出数据集中的更多信息，但其数据量也巨大，在模型调用与计算时难度较大。以 VGG-16（Visual Geometry Group-16）为例，参数数量达到 1.3 亿多个，识别一张图片需要进行 300 多亿次浮点运算，因此常常需要对模型进行压缩，模型压缩方法可分为前端压缩与后端压缩，前端压缩是不改变原网络结构的压缩技术，主要包括知识蒸馏、紧凑的模型结构设计以及滤波器层面的剪枝等；而后端压缩则会对原始网络结构进行极大的改造，如剪枝、低秩近似、参数量化以及二值网络等，由于涉及的方法较多，本节前端压缩算法以知识蒸馏为例，后端压缩算法以剪枝为例进行介绍[17]。

知识蒸馏最终目的是将从一个庞大而复杂的模型所学到的知识，通过一定手段迁移到一个小模型上，使小模型获得能与大模型相近的性能。如图 2.22 所示，通常我们将大模型称为"教师"，将小模型称为"学生"，以"教师"教导"学生"的方式进行模型压缩，最常见的方式为先训练好"教师"模型，将数据输入至"教师"模型，计算得出输出数据，再利用输入数据与输出数据对"学生"模型进行训练，这种方法称为基于响应的离线知识蒸馏。知识蒸馏还有其他方法，若想深入研究可自行阅读文献[18]。

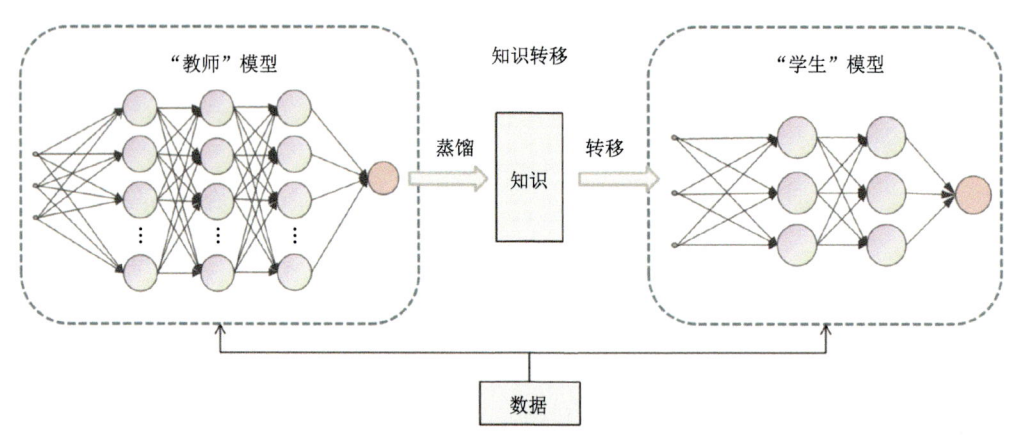

图 2.22　知识蒸馏

剪枝算法是一种经典的后端压缩技术，可在对结果影响较小的情况下删除大量神经元，以减小模型规模。剪枝通常遵循以下操作：衡量神经元的重要程度；根据神经元的重要程度修改模型，删除部分不重要的神经元；神经元删除后无法避免地会对网络精度造成影响，因此需要对网络进行微调；重复上述操作进行下一次剪枝，达到期望时完成剪枝。若想详细了解剪枝算法，可自行阅读文献[19]。

2.6.7 集成学习方法

集成学习是机器学习中的一类学习算法，指训练多个学习器并将它们组合起来使用的方法。虽然深度学习已经有强大的预测能力，但集成学习在一些情况下仍然能获得更好的结果。

在深度学习中，集成学习方法可分为单模型集成及多模型集成，单模型集成常见方法有多层特征融合和网络快照集成法，本节选择网络快照集成法进行介绍。多模型集成则通过训练多个模型，将其结果进行整合。

在单模型集成学习方法中，网络快照集成法较为常见，深度神经网络模型复杂解空间中存在多个局部最优解，网络快照集成法便利用了网络解空间中的这些局部最优解对单个网络进行模型集成。通过循环调整网络学习率可使网络依次收敛到不同的局部最优解。每个循环结束时模型收敛到不同的局部最优解，将收敛到不同局部最优解的模型保存便可得到多个处于不同收敛状态的模型，将每个循环保存的模型称为"快照"。挑选几个"快照"进行集成或可获得更高准确率的模型。

多模型集成是通过训练多个模型进行集成，多模型生成策略可使用同一模型不同初始化方法、同一模型不同训练轮数方法、不同损失函数方法、不同网络结构方法等，通过不同方法训练出多个模型，这些模型均可根据输入信息进行预测，对这些预测结果进行集成，得出新的结果，具体集成学习方法可以使用直接平均法、加权平均法以及投票法等方法[20]。

2.6.8 对抗攻击与防御

深度学习虽然有很强的预测能力，但实际上深度学习模型十分脆弱，在蓄意攻击下很容易产生错误预测，如图 2.23 所示，深度学习网络可识别该图片为熊猫，但在该图片上加入微量噪声，则该网络就会将该图片识别为长臂猿，严重影响预测结果，此时该网络成功被攻击。

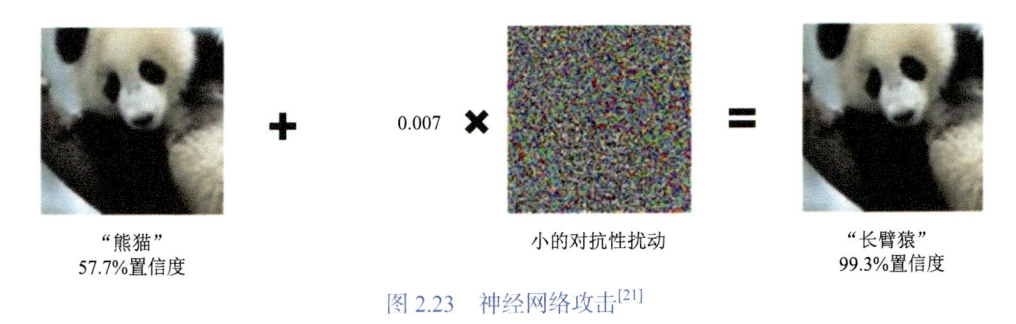

"熊猫"
57.7%置信度

0.007 ×

小的对抗性扰动

"长臂猿"
99.3%置信度

图 2.23 神经网络攻击[21]

神经网络攻击可分为白盒攻击与黑盒攻击，在已知神经网络结构及数据情况下，对神经网络进行攻击称为白盒攻击，其攻击难度较低；将神经网络看作一个黑盒，在无法获取神经网络结构下的攻击称为黑盒攻击，如在交通标记识别时，交通指示牌上覆盖一些雪时神经网络会错误识别的情况便可称为黑盒攻击，其攻击难度较大。

为提高深度学习模型的安全性，需要训练神经网络的防御性，使用具有攻击性的样本对模型进行训练，使该模型对攻击样本具有识别能力；攻击与防御训练是对抗过程，防御性越强就越难攻击，攻击性越强就越难防御，在对抗攻击与防御训练过程中逐步提高模型安全性。深度学习对抗攻击与防御研究难度较大，建议对深度学习较为了解后再深入研究。

课 后 习 题

细心的读者已经可以发现，本章提供的神经网络并不完整，为了保证内容简洁清晰，该网络仅展示了神经网络训练过程必备的建模流程与超参数设定，在本章习题中，会引导读者补全该模型，并通过改变超参数帮助读者切身理解各超参数对模型训练的影响。

（1）神经网络基本建模流程是什么？

（2）神经网络需要设定哪些超参数？

（3）将本章中的"波士顿房价预测数据集"分割为训练集与测试集，训练集与测试集的比例为8∶2；建立模型，具体超参数及网络结构与本章保持一致；添加准确性验证，将训练集的输入端数据输入至训练好的网络中，对比预测值与训练集输出数据，绘制预测值-真实值散点曲线，并计算其 R^2 值。

（4）改变该网络批处理大小，将批处理更改为10，对该网络进行训练，输出其损失函数变化曲线，分析结果。

（5）改变网络结构，添加3层隐藏层，每层节点数为10，使用 ReLU 激活函数，对该网络进行训练，输出其损失函数变化曲线，分析结果。

（6）更改学习率，将学习率更改为0.5，进行训练，输出损失函数变化曲线，分析结果。

（7）将学习率设定为0.5，优化算法设定为 Adam 算法进行训练，输出损失函数变化曲线，分析结果。

（8）将训练轮数设置为10，并记录每轮损失函数情况，训练结束后绘制训练轮数-损失函数曲线，重复训练3次，对比每次损失值变化，对比分析训练结果。

参 考 文 献

[1] 曾芃壹. PyTorch 深度学习入门[M]. 北京：人民邮电出版社, 2019.

[2] Plaut D C, Nowlan S J, Hinton G E. Experiments on learning by back propagation[R]. Carnegie Mellon University, 1986.

[3] Géron A. Scikit-Learn 与 TensorFlow 机器学习实用指南[M]. 南京：东南大学出版社, 2017.

[4] 迈克尔·尼尔森. 深入浅出神经网络与深度学习（图灵出品）[M]. 朱小虎, 译. 北京：人民邮电出版社, 2020.

[5] Stanford. CS231n convolutional neural networks for visual recognition[EB/OL]. [2023-08-11]. https://cs231n.github.io/neural-networks-3.

[6] Sewak M, Karim M, Pujari P. 实用卷积神经网络：运用 Python 实现高级深度学习模型[M]. 王彩霞,

译. 北京: 机械工业出版社, 2019.

[7] Lecun Y, Bottou L. Gradient-based learning applied to document recognition[J]. Proceedings of the IEEE, 1998, 86(11): 2278-2324.

[8] Krizhevsky A, Sutskever I, Hinton G. ImageNet classification with deep convolutional neural networks[J]. Communications of the ACM, 2017, 60(6): 84-90.

[9] Simonyan K, Zisserman A. Very deep convolutional networks for large-scale image recognition[J]. arXiv preprint arXiv:1409.1556, 2014.

[10] Hochreiter S, Schmidhuber J. Long short-term memory[J]. Neural Computation, 1997, 9(8): 1735-1780.

[11] 孙玉林, 余本国. PyTorch 深度学习入门与实战[M]. 北京: 中国水利水电出版社, 2020.

[12] Cho K, Van Merriënboer B, Gulcehre C, et al. Learning phrase representations using RNN encoder-decoder for statistical machine translation[J]. arXiv preprint arXiv:1406.1078, 2014.

[13] Tang J, Fan B, Xiao L, et al. A new ensemble machine-learning framework for searching sweet spots in shale reservoirs[J]. SPE Journal, 2021, 26(1): 482-497.

[14] Goodfellow I J, Pouget-Abadie J, Mirza M, et al. Generative adversarial nets[C]//Proceedings of the 27th International Conference on Neural Information Processing Systems, Montreal, 2014.

[15] Mirza M, Osindero S. Conditional generative adversarial nets[J]. arXiv preprint arXiv:1411.1784, 2014.

[16] Zhu J Y, Park T, Isola P, et al. Unpaired image-to-image translation using cycle-consistent adversarial networks[C]//Proceedings of the IEEE International Conference on Computer Vision, Venice, 2017: 2223-2232.

[17] Michelucci U. An introduction to autoencoders[J]. arXiv preprint arXiv:2201.03898, 2022.

[18] 魏秀参. 解析深度学习卷积神经网络原理与视觉实践[M]. 北京: 电子工业出版社, 2018.

[19] Gou J, Yu B, Maybank S J, et al. Knowledge distillation: A survey[J]. International Journal of Computer Vision, 2021, 129(6): 1789-1819.

[20] Lebedev V, Lempitsky V. Fast convnets using group-wise brain damage[C]//Proceedings of the IEEE Conference on Computer Vision and Pattern Recognition, Las Vegas, 2016: 2554-2564.

[21] Goodfellow I J, Shlens J, Szegedy C. Explaining and harnessing adversarial examples[J]. arXiv preprint arXiv: 1412.6572, 2014.

第 3 章 机器学习在油气勘探开发中的应用

3.1 引 言

随着世界人口的增长和经济的发展，全球对能源的需求不断增加。石油和天然气作为主要的化石能源，其开采和利用对各国的经济和社会发展至关重要[1]。因此，为了满足能源需求，各国都在积极地探索与开展油气勘探和开发。油气勘探开发主要是为了寻找并利用地下的油气资源，使其转化为可用的能源。其具体实施步骤为：①通过地质调查和采样的地质勘探；②通过地震、电磁、重力等物理方法探测地下油气藏性质的地球物理勘探；③通过在勘探区域钻探井，采集岩心样品和地层数据分析油气藏的钻探勘探；④根据采集的数据评价资源潜力；⑤根据评价结果与油藏信息制定开发方案；⑥根据开发方案进行钻井、采油、输油等的设施建设与投产；⑦生产运营与后期维护提采。油气田成功地开发不仅能满足全球能源需求和经济发展需要，同时也对各国的能源安全和国家经济发展具有重要的战略意义。

油气勘探开发是一项复杂的任务，需要处理大量的地质、地球物理、地球化学、工程等数据。传统的方法通常需要几个月甚至几年的时间来处理和分析这些数据。作为一种利用数据和算法让计算机系统自动地学习、改进和预测的方法，机器学习能够更快速、更准确地分析和解释这些数据，从而缩短勘探开发周期，降低勘探开发成本，提高油气产量和开发成功率[2]。同时，机器学习的应用也可以减少人为因素的干扰，提高决策的科学性和合理性[3]。

机器学习在油气勘探开发中的应用可以追溯到 20 世纪 70 年代。当时，人们开始使用计算机进行油气储量评估和开发计划设计。但是，由于当时计算机处理能力和算法技术的限制，计算机模型并不能真正地帮助人们提高勘探开发效率。随着计算机技术和数据处理算法的不断发展，机器学习技术开始在油气勘探开发中得到广泛应用。1990 年，油气勘探开发中开始使用基于机器学习的非线性地震反演技术，以提高油气勘探中地下结构的解析度。2000 年后，随着数据挖掘和机器学习技术的进一步发展，人们开始尝试使用机器学习技术进行油气勘探中的地质分析、储量评估、井筒优化、油藏流体动态建模等方面的研究和应用。近年来，随着深度学习技术的不断发展和应用，油气勘探开发中的机器学习应用也得到了进一步的拓展。深度学习技术可以处理大量的地震数据和地质数据，提取更为精确的地下结构信息，从而提高油气勘探的效率和准确率。同时，深度学习技术还可以用于预测油气藏的储量、油藏的产出量和油藏的性质，优化井筒的设计和生产过程的调控，从而提高油气勘探开发的经济效益和环保效益。从最初的简单计算机模型，到后来的基于机器学习的非线性反演技术，再到现在的以深度学习技术为主的复杂数据分析和预测模型，机器学习提高了油气勘探开发的效率和准确率，也为油气勘探开发带来了更多机遇。

本书主要围绕机器学习在油气勘探开发应用的四个大方向（工程地质勘探、钻井工程、采油工程、油藏工程）展开讨论，其具体框架如图 3.1 所示。本书通过 3.2 节至 3.9 节的内容，详细探讨了地震勘探、储层岩性识别、钻井工程、岩心分析、储层评价、压裂设计优化以及油井生产等多个方面的重要研究内容，旨在全面展示机器学习在地下油气资源探索与开采的多个关键步骤中的应用，每一节均提供了相应问题的解决方案，并配以相关代码。

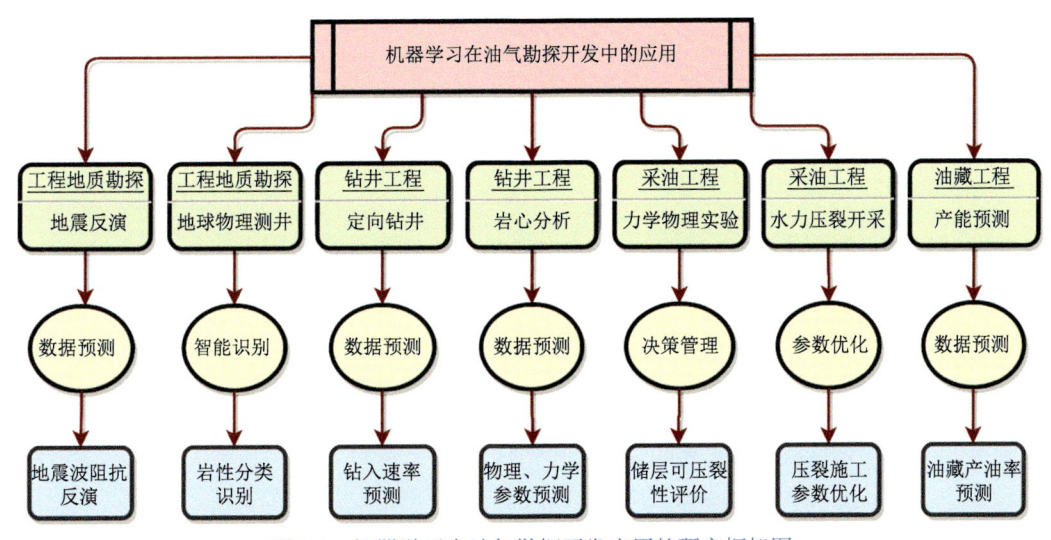

图 3.1 机器学习在油气勘探开发应用的研究框架图

在 3.2 节中，我们首要介绍地震反演的目的，其主要通过分析地震数据来获得地下结构信息。重点讨论地震波阻抗的反演，这是一种基于地震数据的重要地质参数估计方法。此节还提供了一个利用 LSTM 算法进行地震波阻抗反演的代码。3.3 节以储层岩性识别为主，详细解释岩性分类的目的，并着重介绍如何通过测井数据进行岩性分类。对于这一问题，我们基于无监督学习的方法进行了测井岩性分类识别。3.4 节专注于钻井工程，具体来说，是钻井钻速的预测。我们解释了钻速预测的重要性，并深入介绍了一些预测方法。此节还提供了使用随机森林进行钻速预测的代码。3.5 节以岩心分析为主题，着重介绍岩石物性参数的重要性及其获取方式。为此，我们提供了一个基于支持向量机的岩石孔隙度和渗透率预测代码。3.6 节继续探讨岩心分析，主要是岩石力学参数的重要性和获取方法。此节中，我们提供了一个基于 XGBoost 的岩石力学参数预测代码。3.7 节中，我们讨论了储层评价，尤其是可压性的重要性和计算方法。对此，我们提供了一个基于 BP 神经网络的页岩可压性评价代码。3.8 节主要关注压裂设计优化，包括影响压裂效果的参数以及参数优化的方法。为了实现压裂参数优化，我们提供了一个基于随机森林的压力参数设计优化代码。最后，在 3.9 节，我们详细介绍了油井生产，尤其是产量预测的重要性和产能拟合方法。在这一部分，我们提供了一个基于 LSTM 算法的油井产能预测代码。总体而言，本章的每一节都着眼于石油工程的多个研究与应用方向，强调了解决问题的重要性，并为读者提供了实用的解决方案。

每一节首先对其中的专业术语及研究意义与目的进行概述，然后介绍一些常用的传统手段及其优缺点，最后结合实际案例进行代码讲解。本章以数据采集和处理、机器学习算法理论介绍、机器学习模型的建立与优化、实际应用案例的流程介绍相关实际应用案例。通过理论学习、代码解释结合课后习题的方式，让读者能深入了解机器学习在油气行业的角色作用。

3.2 勘探地震反演

地下勘探的一个关键步骤是采集地震数据，即在引入机械扰动时记录的地下响应。大规模地震与钻井等工程勘探方法成本高昂，最重要的是它们会增加不必要的安全危害和环境危害，如破坏生态系统[4]。为了避免不必要的开支与生态环境破坏，地震反演成为地球物理分析的基本工具，为了解地下物理信息提供了一种方案[5]。其主要利用地震波在地下介质中的传播特性，推断出地下介质结构。它能够重建用于油气勘探、采矿、地震分析、浅层灾害评估和其他地球物理任务的大规模地下模型。其流程主要包括地震数据采集、地震波速度模型建立、波阻抗的反演，根据波阻抗信息重建速度模型与介质分布情况，最终分析解释以进一步理解地下介质的物理性质和地质构造。

波阻抗是声压与声速的比值，它能反映波在不同介质间传播时遇到的阻碍程度，其大小与介质的物理性质有关，如介质密度、泊松比、孔隙度、地层压力、储层厚度等物理参数。这些信息对于勘探和开发油气资源、矿产资源以及地下水资源等具有重要的指导作用。此外，波阻抗反演还可以用于地震灾害的预测和评估等方面。因此，波阻抗反演在地球物理勘探和地震科学研究中具有重要的意义[6]。

3.2.1 传统地震波阻抗反演方法

地震波阻抗反演技术于 20 世纪 80 年代开始应用于地震勘探中，采用的方法主要是频率域反演方法和时域反演方法。之后传统的地震波阻抗反演方法被逐渐淘汰，出现了新的反演方法，如全波形反演方法、逆时偏移方法、概率反演方法等[7]。步入 21 世纪，地震波阻抗反演技术开始逐渐向三维、大范围、高精度、高效率、多参数反演等方面发展[8]。2010 年后，开始出现新的反演算法，如基于深度学习的反演方法、基于多尺度分解的反演方法、基于压缩感知的反演方法等，这些方法在减少反演时间、提高反演精度、提高反演稳定性等方面具有显著的优势[9]。

现在的波阻抗反演方法主要有基于全波形反演的方法、基于地质模型驱动的方法、基于统计的方法[10]。其中基于全波形反演的方法可以利用完整的地震波形信息，能够更准确地反演波阻抗。但是，其计算量大，时间成本高，并且需要较多的计算资源。基于地质模型驱动的方法能够利用已知的地质信息对波阻抗进行估计，具有较高的可靠性和准确性。但是，其需要预先知道地质模型信息，并且对模型参数的选择和设置需要经验和专业知识。基于统计的方法准确性较低，且容易受主观因素影响。目前大多数反演方法都具有多解性，因此利用机器学习等技术对波阻抗反演模型进行训练成为有效的解决途径[11]。该方法可以显著降低计算量和时间成本，并且具有较高的准确性和稳定性。但是，该方法需要大量的训练数据，并且对训练数据的质量和数量要求较高[9]。

3.2.2 基于 LSTM 算法反演地震波阻抗

反演地震波阻抗的机器学习模型主要包括 SVM、人工神经网络（ANN）、决策树（DT）、随机森林（RF）等[12]。这些模型使用地震资料中的地震波形或其他岩性测井曲线等作为输入，输出岩性或地层参数。另外，还有一些基于深度学习的模型，如 CNN 和 RNN 也被用于反演地震波阻抗[13]。

LSTM 网络在波阻抗反演中的优点主要体现在它对于序列数据的建模能力[13]。在波阻抗反演中，我们需要利用地震数据序列来预测地下地质结构的阻抗分布，这是一个时序问题，因为地震道数据是随着时间逐个采集的。传统的 CNN 无法捕捉地震道数据中的时间序列信息，因此在处理这种时序数据时效果不佳。而 LSTM 网络是一种适用于序列数据建模的 RNN，具有记忆单元来记住历史信息，并且能够处理具有不同时间步骤之间的依赖关系的数据[14]。因此，使用 LSTM 网络可以更好地捕捉地震道数据中的时间序列信息，从而提高波阻抗反演的准确性和稳定性[15]。在实际应用中，真实的数据往往规模庞大且结构复杂。数据预处理是一个关键步骤，其方法多种多样，旨在确保数据可以为后续分析提供有价值的信息。这不仅需要大量的计算资源，还需要耗费大量的时间。尤其是在地震波阻抗反演这一专业领域，不仅需要深厚的地球物理学知识，还需要对相关的深度学习方法有深入的了解。因此，为了简化说明和演示，我们首先采用了一个虚拟数据集来模拟基于深度学习方法的地震波阻抗反演过程。这旨在为初学者提供一个直观的学习体验，同时也为专家提供了一个初步的框架，可以在此基础上进一步完善和调优。以下是基于模拟数据集通过 LSTM 网络训练并反演地震波阻抗的相关代码。

3.2.2.1 模拟数据集

首先导入必要的包，这里包括 numpy、tensorflow 与 sklearn 三个核心包。numpy 是一个核心科学计算库，用于处理多维数组和矩阵的数据结构，同时提供了大量的数学函数来操作这些数据。tensorflow 是一个开源的深度学习库，用于训练和部署神经网络模型。后两个包分别为 sklearn 的数据集划分以及特征缩放的包：

```
import numpy as np
import tensorflow as tf
from sklearn.model_selection import train_test_split
from sklearn.preprocessing import MinMaxScaler
```

1. 数据选择

为了简化，我们假设了一个公共地震数据集并将其加载到 X 和 y 中。X 可能是一个形状为(samples, timesteps, features)的数组。y 可能是一个形状为(samples, 1)的数组，代表阻抗值。

```
X = np.random.rand(1000, 100, 1)  # 1000 个样本，每个样本 100 个时间步，每个时间步 1 个特征
y = np.random.rand(1000, 1)
```

2. 数据预处理

使用 MinMaxScaler 对输入数据进行归一化处理。MinMaxScaler 是 Scikit-learn 库中的一个类，用于对数据进行最小-最大缩放，将数据缩放到指定的范围（通常是[0, 1]）。

```
#数据归一化
scaler_X = MinMaxScaler()
X = np.array([scaler_X.fit_transform(x) for x in X])
scaler_y = MinMaxScaler()
y = scaler_y.fit_transform(y)
```

3. 模型建立

1）数据集划分

数据集划分如下：

```
#分割数据集
X_train, X_test, y_train, y_test = train_test_split(X, y, test_size=0.2)
```

2）模型的编译与训练

使用 TensorFlow 中的 Keras 库构建了一个简单的序列模型，该模型包含了一个 LSTM 层和一个全连接层，用于时间序列数据的预测。

```
#构建 LSTM 模型
model = tf.Keras.Sequential([
tf.Keras.layers.LSTM(50, activation='relu', input_shape=(X_train.shape[1], X_train.shape[2])), tf.Keras.layers.Dense(1)
])
model.compile(optimizer='adam', loss='mse')
#训练模型
model.fit(X_train, y_train, epochs=50, batch_size=32, validation_data=(X_test, y_test))
#预测
predictions = model.predict(X_test)
```

使用 matplotlib 绘制了真实值和预测值之间的对比图，展示了地震波阻抗的预测结果。

```
import matplotlib.pyplot as plt
plt.rcParams['font.family'] = ['sans-serif']
```

```
plt.rcParams['font.size'] = '12'
plt.rcParams['font.sans-serif'] = ['SimHei']
#取测试集的前 100 个数据点作为示例，可以根据需要调整
sample_size = 100
#绘制真实值
plt.figure(figsize=(14, 6))
plt.plot(y_test[:sample_size], label="真实值", marker='o')
#绘制预测值
plt.plot(predictions[:sample_size], label="预测值", marker='x')
plt.title("真实值与预测值的对比")
plt.ylabel("地震波阻抗")
plt.xlabel("样本编号")
plt.legend()
plt.show()
```

3.2.2.2 真实数据集

虽然虚拟数据集为我们提供了一个便捷的方式来理解和尝试各种技术和方法，但它也存在一些明显的缺点。首先，由于虚拟数据集往往基于理论或随机生成，它可能无法完全模拟真实场景中的复杂性和多样性。因此，根据虚拟数据集得出的结论可能在真实环境中并不成立。其次，真实数据集通常伴随着各种噪声和不规则性，这使得处理和分析变得更为复杂，但同时也更具挑战性。使用虚拟数据集可能会忽略这些实际遇到的问题。因此，虽然虚拟数据集是一个有用的教学工具，但为了获得深入的见解和实践经验，仍然需要在实际的现场数据上进行项目实战。这不仅能帮助我们更好地理解数据的真实特性和潜在的问题，还能确保我们所开发的方法和技术在实际应用中能够有效并产生有意义的结果。以下是基于现场真实数据集通过 LSTM 网络训练并反演地震波阻抗的相关代码[16]。

首先导入必要的包，并检查是否有可用的 GPU：

```
#加入上层目录到系统路径中
import sys
sys.path.insert(0, '../src/')
#导入自定义的函数
from metrics import show_MSE_RMSE_MAE, soft_F_measure
#导入必要的包
import numpy as np
import Keras
import scipy.io as sio
import pandas as pd
import tensorflow as tf
```

```python
from sklearn import model_selection
from sklearn import preprocessing
import matplotlib.pyplot as plt
from Keras import layers
from Keras.models import Sequential
from IPython.display import clear_output
from Keras.utils.vis_utils import plot_model
from skimage import feature
from skimage.filters import gaussian

#检查是否有可用的 GPU
gpus = tf.config.experimental.list_physical_devices('GPU')
if gpus:
    try:
        # Currently, memory growth needs to be the same across GPUs
        for gpu in gpus:
            tf.config.experimental.set_memory_growth(gpu, True)
        logical_gpus = tf.config.experimental.list_logical_devices('GPU')
        print(len(gpus), "Physical GPUs,", len(logical_gpus), "Logical GPUs")
    except RuntimeError as e:
        # Memory growth must be set before GPUs have been initialized
        print(e)
#清除 Keras 的 session
Keras.backend.clear_session()
```

1. 数据选择

读取提供的开源地震数据：

```python
#读取特定模型
filename = './MarmousiModel2.mat'
marmousi_cube = sio.loadmat(filename)
#加载速度模型中的速度和阻抗信息
VP = marmousi_cube['Vp']
pimpedance = marmousi_cube['IP']
seismic = marmousi_cube['seismic']
#获取所有地震道序号
all_traces = np.arange(seismic.shape[1], dtype=int)
```

划分训练、测试、验证的地震道序号：

```
#选取用于训练的地震道序号
traces_marmousi2_train = np.linspace(0, seismic.shape[1]-1, 101, dtype=int)
#获取用于验证和测试的地震道序号
validation_and_test = [trace for trace in all_traces if trace not in traces_marmousi2_train]
#获取用于验证和测试的地震道序号列表
validation_and_test_traces = []
for trace in all_traces:
    if trace not in traces_marmousi2_train:
        validation_and_test_traces.append(trace)
#从验证和测试的地震道序号列表中选取一部分用于验证
traces_marmousi2_validation_indices = np.linspace(0, len(validation_and_test_traces)-1, 1350, dtype=int)
traces_marmousi2_validation = []
for index in traces_marmousi2_validation_indices:
    traces_marmousi2_validation.append(validation_and_test_traces[index])
#获取用于测试的地震道序号列表
traces_marmousi2_test = [trace for trace in validation_and_test if trace notin
                        traces_marmousi2_validation]
#获取总地震道数目
n_traces = pimpedance.shape[1]
#获取训练井、所有井的位置
train_wells_loc = np.arange(0,n_traces,135)
all_wells_loc = np.arange(n_traces)
#获取未被选中的井的位置
wells_loc = np.array(list(set(all_wells_loc) - set(train_wells_loc)))
#随机选取一部分未被选中的井的位置作为验证集，其余位置作为未标注集
valid_wells_loc, unlabed_wells_loc = model_selection.train_test_split(wells_loc,
test_size=0.9,
train_size=0.1,
shuffle=True)
```

2. 数据预处理

1）标准化

地震数据通常包含大量的噪声和异常值，这些噪声和异常值会对机器学习算法的训练产生干扰，导致算法的性能下降。标准化处理可以消除这些噪声和异常值的影响，使得数据更加平滑和稳定。此外，标准化处理还可以将不同的数据转换为同一尺度下的数据，从而使得不同属性的数据可以进行比较和解释，有利于机器学习算法的训练。

这里对地震数据及波阻抗数据进行标准化处理并重塑为原始形状：

```
#对地震数据进行标准化处理
seismic_norm = seismic.flatten() #展开数组
ymin = 0
ymax = 1
seismic_norm = (ymax-ymin)*(seismic_norm-np.min(seismic_norm))/(np.max(seismic_norm)-np.min(seismic_norm)) + ymin
#进行标准化
seismic_norm = seismic_norm.reshape(seismic.shape) #将标准化后的数据重塑为原始形状
#对阻抗数据进行标准化处理
pimpedance_norm = pimpedance.flatten() #展开数组
ymin = 0
ymax = 1
pimpedance_norm = (ymax-ymin)*(pimpedance_norm-np.min(pimpedance_norm))/(np.max(pimpedance_norm)-np.min(pimpedance_norm)) + ymin #进行标准化
pimpedance = pimpedance_norm.reshape(pimpedance.shape)
#将标准化后的数据重塑为原始形状
```

2）归一化

对地震数据进行归一化处理以将数据缩放到相同的范围内，以便在训练模型时更好地优化模型参数。

```
#对数据进行归一化
seismic_norm = seismic.flatten()
ymin = 0
ymax = 1
seismic_norm = (ymax-ymin)*(seismic_norm-np.min(seismic_norm))/(np.max(seismic_norm)-np.min(seismic_norm)) + ymin seismic_norm = seismic_norm.reshape(seismic.shape)
pimpedance_norm = pimpedance.flatten()
ymin = 0
ymax = 1
pimpedance_norm = (ymax-ymin)*(pimpedance_norm-np.min(pimpedance_norm))/(np.max(pimpedance_norm)-np.min(pimpedance_norm)) + ymin pimpedance = pimpedance_norm.reshape(pimpedance.shape)
```

3. 模型建立

1）数据集划分

划分数据集，并输出数据形状：

```
#划分数据集
X_train = np.transpose(seismic_norm[:,train_wells_loc[0:50]])
Y_train = np.transpose(pimpedance[:-1,train_wells_loc[0:50]])
X_train = np.expand_dims(X_train,axis=2)
Y_train = np.expand_dims(Y_train,axis=2)
X_valid = np.transpose(seismic_norm[:,valid_wells_loc])
Y_valid = np.transpose(pimpedance[:-1,valid_wells_loc])
X_valid = np.expand_dims(X_valid,axis=2)
Y_valid = np.expand_dims(Y_valid,axis=2)
X_test = np.transpose(seismic_norm)
Y_test = np.transpose(pimpedance[:-1,:])
X_test = np.expand_dims(X_test,axis=2)
Y_test = np.expand_dims(Y_test,axis=2)
#输出数据形状
print(' IP (Y_train) shape: ',Y_train.shape) print('seismic (X_train) shape: ',X_train.shape)
print(' IP (Y_valid) shape: ',Y_valid.shape) print('seismic (X_valid) shape: ',X_valid.shape)
print(' IP (Y_test) shape: ',Y_test.shape) print('seismic (X_test) shape: ',X_test.shape)
```

输出的结果：

IP (Y_train) shape: (50, 2800, 1)

seismic (X_train) shape: (50, 2800, 1)

IP (Y_valid) shape: (1350, 2800, 1)

seismic (X_valid) shape: (1350, 2800, 1)

IP (Y_test) shape: (13601, 2800, 1)

seismic (X_test) shape: (13601, 2800, 1)

利用下方代码将数据集中的输入地震图像和输出 P 波阻抗图像可视化，结果如图 3.2~图 3.4 所示。

```
#展示原始数据中的输入地震图像和输出 P 波阻抗图像
fig1, axes1 = plt.subplots(nrows=3, ncols=2, figsize=(15,15)) axes1[0,0].imshow(seismic)
axes1[0,0].set_title("2D 横向地震数据") axes1[0,1].imshow(pimpedance)
axes1[0,1].set_title("2D 横向 P 波阻抗图像")
#展示训练数据中的输入地震图像和输出 P 波阻抗图像
axes1[1,0].imshow(X_train[:,:,0]) axes1[1,0].set_title("输入地震图(训练集)")
axes1[1,1].imshow(Y_train[:,:,0]) axes1[1,1].set_title("输出地震图(训练集)")
#展示测试数据中的输入地震图像和真实的输出 P 波阻抗图像
axes1[2,0].imshow(X_test[:,:,0]) axes1[2,0].set_title("输入地震图(训练集)")
axes1[2,1].imshow(Y_test[:,:,0])
axes1[2,1].set_title("输出地震图(测试集)-真实数据")
```

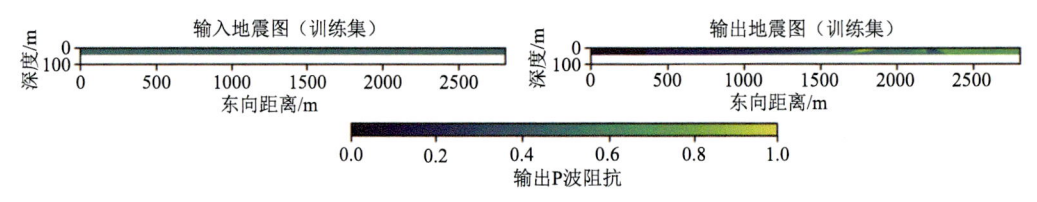

图 3.2 原始数据中的地震图像和输出 P 波阻抗图像[16]

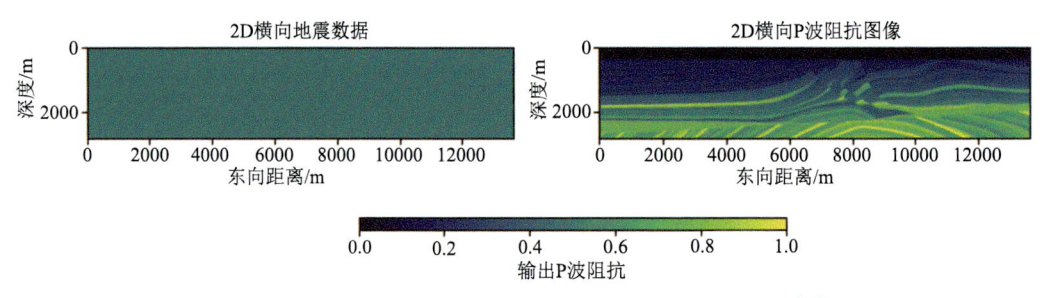

图 3.3 训练数据中的输入地震图像和输出 P 波阻抗图像[16]

图 3.4 测试数据中的输入地震图像和真实的输出 P 波阻抗图像[16]

2）模型的编译与训练

在使用 LSTM 模型之前，我们需要定义以下几个参数。

num_features：地震数据的特征数量，对于单通道的地震数据，其值为 1。

num_hidden_units：LSTM 层中神经元的数量。

num_responses：需要预测的地震数据的数量，对于单通道的地震数据，其值为 1。

max_epochs：最大迭代次数，即训练模型的最大轮数。

mini_batch_size：每个训练批次的大小。

```
#定义参数
num_features = 1
num_hidden_units1 = 300
num_hidden_units2 = 300
num_responses = 1
```

```
max_epochs = 1000
mini_batch_size = 10
#定义 EarlyStopping 回调函数
callback =   tf.Keras.callbacks.EarlyStopping(monitor='loss',
                mode='min',
                restore_best_weights=True,
                verbose=1,
                patience=300)
#定义模型
model = Sequential([
    layers.Bidirectional(
    layers.LSTM(units=num_hidden_units1, return_sequences=True,), input_shape=(2800,1)),
    layers.BatchNormalization(epsilon=1e-4),
    layers.ReLU(),
    layers.Dense(150),
    layers.Dense(50),
    layers.Bidirectional(
        layers.LSTM(units=num_hidden_units2, return_sequences=True)
    ),
    layers.Dense(num_responses)
])
```

还需要通过以下代码定义优化器来更新模型参数,模型的损失函数变化如图3.5所示。

```
#定义优化器
opt = Keras.optimizers.Adam(learning_rate=0.01)
#编译模型,定义损失函数和评估指标
model.compile(optimizer=opt,loss='mean_squared_error',metrics='mean_squared_error')
#训练模型
history = model.fit(
    X_train, Y_train,
    validation_data=(X_valid, Y_valid),
    epochs=max_epochs,
    batch_size=mini_batch_size,
    validation_freq=1,
    shuffle=True,
    verbose=1,
    callbacks = callback
)
```

```
#可视化训练过程中的 loss
plt.figure(num=None, figsize=(16, 6), dpi=80, facecolor='w')
plt.plot(history.history['loss'])
plt.ylabel('损失函数')
plt.xlabel('期数')
plt.legend(['训练集'], loc='upper left')
plt.show()
```

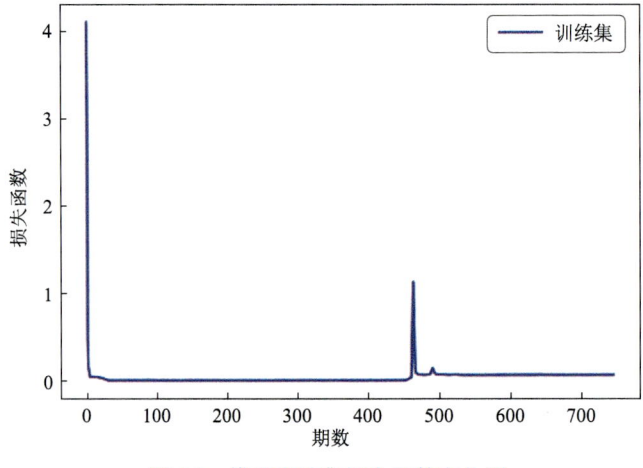

图 3.5　模型训练集损失函数变化图

之后便能通过以下代码编译模型和预测结果,所预测结果与真实结果的对比如图 3.6 所示。

```
#定义一个全零的矩阵
X_predict = np.zeros(Y_test.shape[0:2])
#打印 X_predict 的 shape
X_predict.shape
#循环预测,每次预测 50 个样本
for i in range(round((X_predict.shape[0])/50)):
    start_,stop_ = (i*50),(i+1)*50 #判断是否超出范围
    if start_ >= X_predict.shape[0]:
        start_ = X_predict.shape[0]
    if stop_ >= X_predict.shape[0]:
        stop_ = X_predict.shape[0]
    #模型预测
    X_predict[start_:stop_,:] =model(X_test[start_:stop_,:])[:,:,0]
#对 X_predict 进行转置
X_predict = np.transpose(X_predict)
```

```
#设置颜色映射范围
vmin, vmax = np.transpose(Y_test[:,:,0]).min(), np.transpose(Y_test[:,:,0]).max()
#绘制图像
fig, (ax1, ax2) = plt.subplots(2,1, figsize=(12,12))
ax1.imshow(X_predict, vmin=vmin, vmax=vmax, extent=(0,17000,3500,0))
ax1.set_aspect('auto')
ax1.set_xlabel('东向距离/m')
ax1.set_ylabel('深度/m')
ax1.set_title('预测值')
ax2.imshow(np.transpose(Y_test[:,:,0]), vmin=vmin, vmax=vmax, extent=(0,17000,3500,0))
ax2.set_aspect('auto')
ax2.set_xlabel('东向距离/m')
ax2.set_ylabel('深度/m')
ax2.set_title('真实值')
plt.show()
```

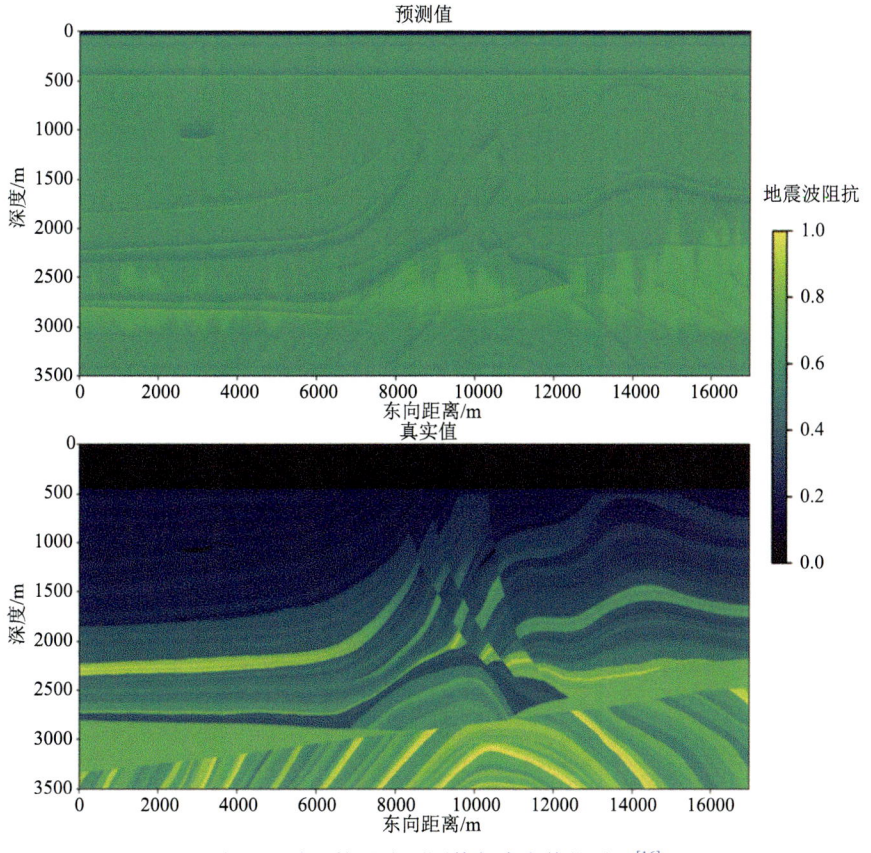

图 3.6　波阻抗反演预测值与真实值的对比[16]

3.3 储层岩性识别

岩性是指对岩心露头、岩样等岩石单元物理属性的总体描述，这些属性包括岩石颜色、成分、结构、构造等。如图 3.7 所示，储层岩性识别与刻画指的是通过收集岩石样本并分析其地质背景和成岩历程，从而将储集岩分为不同的次级单元。这一过程涉及对岩石特性进行标准化处理和描述，以深入理解和表征储层的特点。岩性的精细刻画在油气勘探开发过程中尤其重要：识别储层岩性并刻画出不同层位岩石力学与物理参数不仅是储层特征研究、储量计算和地质建模的基础，也是地质甜点识别、非常规储层压裂开采建模、油藏建模的必要环节[16]。

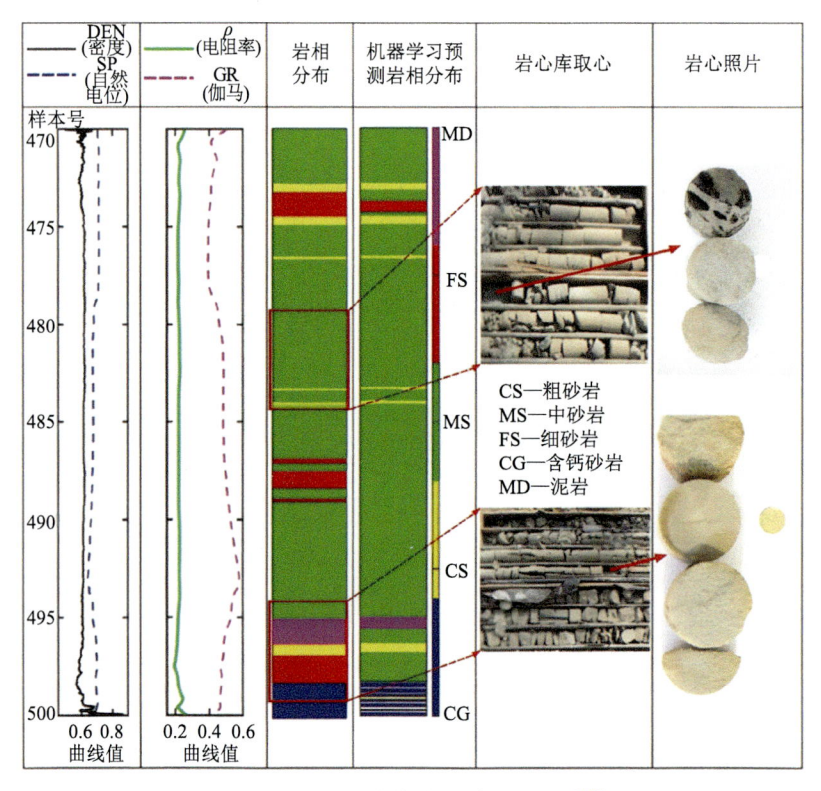

图 3.7　利用测井曲线识别岩石岩性[17]

3.3.1　传统岩性分类识别方法

岩性识别最早起源于 20 世纪初期，国内 20 世纪 90 年代才首次引入岩性识别技术。按照识别原理可分为传统物理识别方法、数学统计分析方法和智能学习分析方法[18]。传统物理识别方法主要包括重磁、地震、测井、遥感、电磁、地球化学、手标本及薄片分析等方法[19]。测井和地震岩性识别具有较大的探测深度和相对较高的垂向分辨率，因此，是油气勘探中最常用的方法。然而，采用特定物理手段识别往往也伴随着诸多缺陷：重磁技术虽覆盖面积广，但垂向分辨率通常较差，多解性强；地震技术虽深度范围大，精度高，但成本也高；测井技术虽方法繁多，算法齐全，且准确性高，但识别仅限于钻孔附近小范围区域；遥感技术虽覆盖面积大，但纵向探测深度小，且容易受到区域环境条件制约。数学统计分析方法不仅耗时长，专业背景要求高，容易受主观因素影响，而且准确率也不理想[17]。随着油气行业不断突破与计算机应用的持续发展，利用机器学习自动识别深部储层解释岩性成为岩样分类与刻画的新路径。

测井在油气勘探中被比喻成人的眼睛，测井资料所携带的地质信息是确定地层含油储量和制订开采规划的重要依据。测井资料中包含丰富的地层岩性信息，是岩性分析的基础资料。利用测井资料识别储层岩性具有纵向分辨率高、针对性强、方法众多、算法齐全等优点。这种分类识别方法是含油气性评价和油藏描述等方面研究的一项重要内容，是求解油气储层各种参数的基础。从数学角度看，测井岩性识别问题实际上是解决一个映射问题，由于测井响应与实际底层各组成部分之间的复杂关系，这种映射是高度非线性的[20]。此外，数据信息的精度往往会严重地影响到识别的准确率，同时复杂的岩性状况也加大了测井解释的难度。利用测井划分岩性在大方向上可分为两种方法：一种是根据不同矿物的物理性质，综合利用多种测井方法，通过确定矿物组成达到划分岩性的目的；另一种是通过元素测井得到的岩石中的元素含量，再根据地球化学的规律求出矿物含量，进一步达到划分岩性的目的。

3.3.2 基于无监督学习的测井岩性分类识别方法

无监督学习是一种机器学习的训练方式，它本质上是统计手段，可以在没有标签的数据里发现潜在数据结构。无监督学习的优点在于没有明确的目的，且不需要给数据打标签，但同时具有无法评估实际应用效果的缺陷。常见的无监督学习包括聚类算法与降维算法。聚类是一种包括数据点分组的机器学习技术。给定一组数据点，我们可以用聚类算法将每个数据点分到特定的组中。理论上，属于同一组的数据点应该有相似的属性和/或特征，而属于不同组的数据点应该有非常不同的属性或特征。降维则是在尽可能保存相关的数据结构的同时降低数据复杂度的数据压缩方法。

聚类分析能对测井数据进行处理，将具有相似性的数据合理地划分为各种类测井相，使得不同类之间的相似度最小，相同类之间的相似度最大[21]。使用这种方法可以直观地得到所需类别，但分类结果不明确，且无公式生成，无法运用到后续储层分类评价中。K 均值是划分方法中较经典的聚类算法之一，由于该算法的效率高，在对测井数据进行聚类时被广泛应用。其他聚类方法如 Ward 层次聚类分析、多分辨率聚类（MRGC）也被应用到储层分类中。K 均值算法，即 K 均值聚类的基本思想是给定一个包含 n 个数据对象的数据库以及要生成的簇的数目。随机选取 K 个对象作为初始的 K 个聚类中心，然后计算剩余各个样本到每一个聚类中心的距离，把这些样本归到离它最近的那个聚类中心所在的类，对调整后的新类使用平均值的方法计算新的聚类中心，如果相邻两次聚类中心没有任何变化，说明样本调整结束且平均误差准则函数 E 已经收敛。本算法在每次迭代中都要考察每个样本的分类是否正确，若不正确，就要调整，在全部样本调整完后，再修改聚类中心，进入下一次迭代。如果在一次迭代算法中，所有的样本被正确分类，则聚类中心也不会再有任何变化。在算法迭代的过程中 E 的值在不断减小，最终收敛至一个固定的值，该准则也是衡量算法是否正确的依据之一。

3.3.2.1 模拟数据集

对于测井的真实数据，其数据量往往会很庞大。对此类数据进行有效的预处理显得尤为关键，但这背后涉及的技巧和策略同样复杂，对于初学者难度较大。同时，尝试应用深度学习进行分析时，我们可能需要花费大量时间训练模型，这对于实际工作流程是个不小的考验。值得注意的是，测井岩性识别不只是技术问题，它还深深依赖于地质学和测井学的专业背景知识。因此，考虑到上述挑战，我们决定先借助一个模拟的数据集来试验深度学习在测井岩性识别上的效果，这种方式不仅有助于我们迅速熟悉所需技能，也为实际数据分析工作打下了坚实的基石。以下是利用虚拟数据集进行训练的案例。

首先导入必要的包，这里包括 numpy、pandas 与 sklearn 三个核心包。pandas 是数据处理库，用于处理和分析数据。它提供了 DataFrame 数据结构，类似于表格数据，可以方便地进行数据清洗、转换、聚合等操作。代码后三行分别为 Scikit-learn 的聚类算法、标准化数据预处理以及示例数据导入的包。

```
import numpy as np
import pandas as pd
from sklearn.cluster import KMeans
from sklearn.preprocessing import StandardScaler
from sklearn.datasets import
```

1. 数据选择

为了简化岩性数据集，我们这里使用鸢尾花数据集作为需要分类的岩性示例。

```
data = load_iris()
df = pd.DataFrame(data.data, columns=data.feature_names)
```

2. 数据预处理

使用 StandardScaler 对一个 DataFrame 进行标准化处理。StandardScaler 是 Scikit-learn 库中的一个类，用于对数据进行标准化，即将数据的特征缩放为均值为 0、标准差为 1 的分布。

```
#数据规范化
scaler = StandardScaler()
scaled_df = scaler.fit_transform(df)
```

3. 模型建立

使用 K 均值聚类算法对标准化后的数据进行聚类，然后将聚类结果添加到原始数据框中。

```
#使用 KMeans 进行聚类
n_clusters = 3 #假设我们将数据分成 3 类
kmeans = KMeans(n_clusters=n_clusters) clusters = kmeans.fit_predict(scaled_df)
#将结果添加到数据框中以供检查
df['类别'] = clusters print(df.head())
```

使用 matplotlib 和 seaborn 绘制了散点图，展示了鸢尾花数据集的 K 均值聚类结果。

```
import matplotlib.pyplot as plt
import seaborn as sns
rc = {'font.sans-serif': 'SimHei', 'axes.unicode_minus': False}
sns.set(style="white", rc=rc)
#绘制散点图，以花瓣长度和花瓣宽度为例
plt.figure(figsize=(10, 6))
sns.scatterplot(x=df['petal length /cm'], y=df['petal width /cm'], hue=df['类别'], palette=sns.color)
plt.xlabel('花瓣长度/cm') #设置横轴标签
plt.ylabel('花瓣宽度/cm') #设置纵轴标签
plt.title("鸢尾花数据集的 KMeans 聚类")
plt.show()
```

3.3.2.2 真实数据集

虚拟数据集在岩性识别中的应用确实为我们提供了一个直观和快速的学习和验证平台，但它也存在一些不可忽视的局限性。首先，模拟数据集可能无法真实地反映现场的地质复杂性和各种测井工况，从而可能导致过于乐观或过于悲观的识别效果。其次，虚拟数据集很难模拟真实数据集中的各种噪声、异常值和其他不确定因素，这些都是实际测井过程中经常会遇到的问题。因此，仅仅依赖虚拟数据集可能会导致我们在面对真实场景时感到不足或措手不及。为了确保我们的技术和策略具有真实的应用价值，还是需要依赖真实的现场数据进行项目实践。只有这样，我们才能确切地了解各种方法的优劣，并更好地进行岩性识别，从而得到更加准确和高效的结果。

采用现场真实数据集进行岩性识别时，测井资料的选择非常重要。岩性分析的基础资料是与岩相有关的各种参数的测井曲线。测井曲线中包含丰富的岩性信息，不同的测井曲线对于岩性和地层有不同的区分度[22]。对岩性反应灵敏的测井曲线有伽马或伽马能谱、岩性密度、自然电位等。测井参数观测值的差异主要取决于岩性，即取决于组成岩石的矿物成分、结构和岩石孔隙中所含流体的性质。反之，对于一组特定的测井参数值，它就对应着地层中的某一种岩性。利用无监督学习通过测井数据识别岩性的主要流程为测井数据选择、数据预处理、聚类模型建立。

1. 测井数据选择

这里主要是通过调用 lasio 的包读取现场测井提供的 las 格式文件，并提前调用相关数据分析和可视化的函数包，具体代码如下：

```python
#读取现场测井提供的 las 格式文件
import pandas as pd
import numpy as np
import matplotlib.pyplot as plt
import seaborn as sns
%matplotlib inline import lasio
import missingno as msno
from matplotlib.patches import Patch
las = lasio.read('58-32_main.las')
las_df = las.df()
las_df = las_df.reset_index()
las_df.columns
```

首先提取了现场测井数据，案例测井数据共 62 列：
Index(['DEPT', 'AF10', 'AF20', 'AF30', 'AF60', 'AF90', 'AO10', 'AO20', 'AO30',
   'AO60', 'AO90', 'AT10', 'AT20', 'AT30', 'AT60', 'AT90', 'AORT', 'AORX',
   'CDF', 'CFTC', 'CNTC', 'CTEM', 'DCAL', 'DNPH', 'DPHZ', 'DSOZ', 'ECGR',
   'ED', 'GDEV', 'GR', 'GR_EDTC', 'GTEM', 'HCAL', 'HDRA', 'HDRB', 'HGR',
   'HMIN', 'HMNO', 'HNPO', 'HPRA', 'HTNP', 'ND', 'NPHI', 'NPOR', 'PEFZ',
   'PXND_HILT', 'RHOZ', 'RSOZ', 'RWA_HILT', 'RXO8', 'RXOZ', 'SP', 'SPAR',
   'STIT', 'TENS', 'TNPH', 'HTNP_SAN', 'ATCO10', 'ATCO20', 'ATCO30',
   'ATCO60', 'ATCO90'],
      dtype='object')

由于测井数据通常类别较多，此时需要提取与岩性相关的常规测井数据，主要选择了 SP（自然电位）、GR（伽马）、NPHI（中子孔隙度）、DEN（密度）、DEPTH（深度）5 条测井响应曲线作为岩性特征指标：

```python
#提取与岩性相关的常规测井数据
las_df = las_df.rename(columns={'DEPT': 'DEPTH', 'RHOZ': 'DEN'})
well_data = las_df[['DEPTH','GR', 'DEN', 'NPHI', 'SP']].copy()
```

```
well_data.describe()
```

2. 数据预处理

1）缺失值剔除

深层地层情况复杂多变，给测井工作制造了极大的困难，由于机械原因和人为原因而出现数据缺失的情况是不可避免的，需要对无关数据集进行缺失值剔除操作，先对数据的缺失情况进行可视化（图3.8），并同时对数据集中的异常值和缺失值进行处理（图3.9）。

```
#缺失值分析与可视化
plt.style.use('seaborn')
plt.figure(figsize=(8, 5))
well_data.isna().sum().plot(kind='bar')
plt.title('Missing values plot', fontsize=15)
plt.show()
#异常值与缺失值的剔除
well_data = well_data[(well_data['GR'] < 400)]
well_data = well_data[(well_data['DEN'] < 3.5)]
well_data = well_data[(well_data['DEN'] > 0)]
well_data = well_data[(well_data['NPHI'] > 0)]
well_data = well_data.dropna()
sns.set(style='ticks')
sns.pairplot(well_data)
```

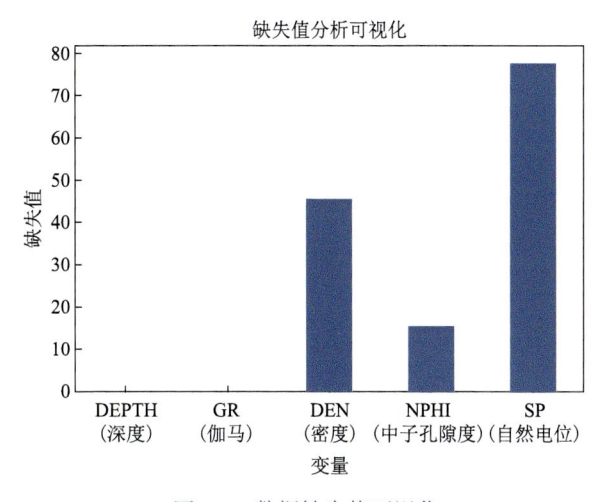

图3.8　数据缺失值可视化

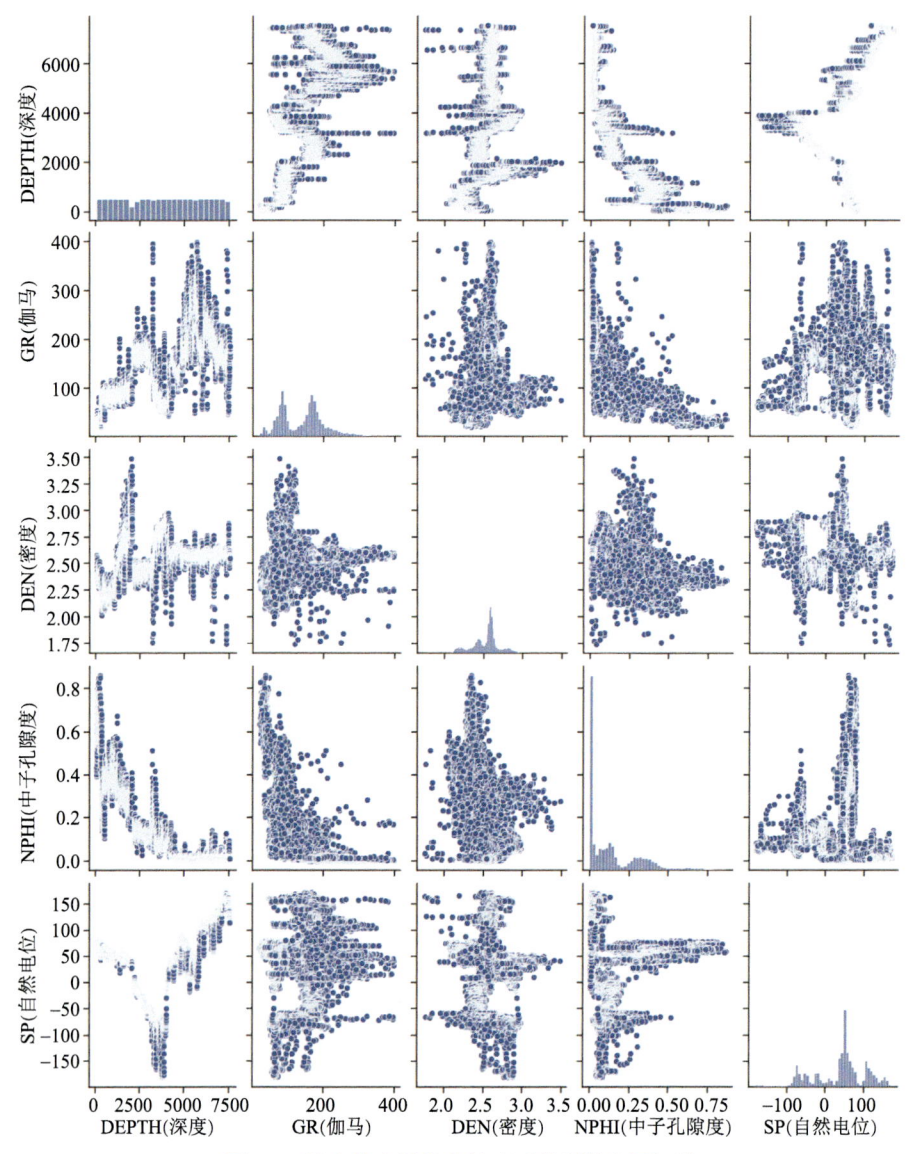

图 3.9 缺失值和异常值处理后绘制散点图矩阵

根据皮尔逊相关系数计算得到深度与测井参数特征值之间的相关性,并绘制出完整的测井曲线图,代码如下:

```
#可视化特征相关性热图
plt.figure(figsize=(10, 7))
sns.heatmap(well_data.corr(), annot=True, annot_kws={'size':10}) plt.show()
```

代码运行结果如图 3.10 所示。

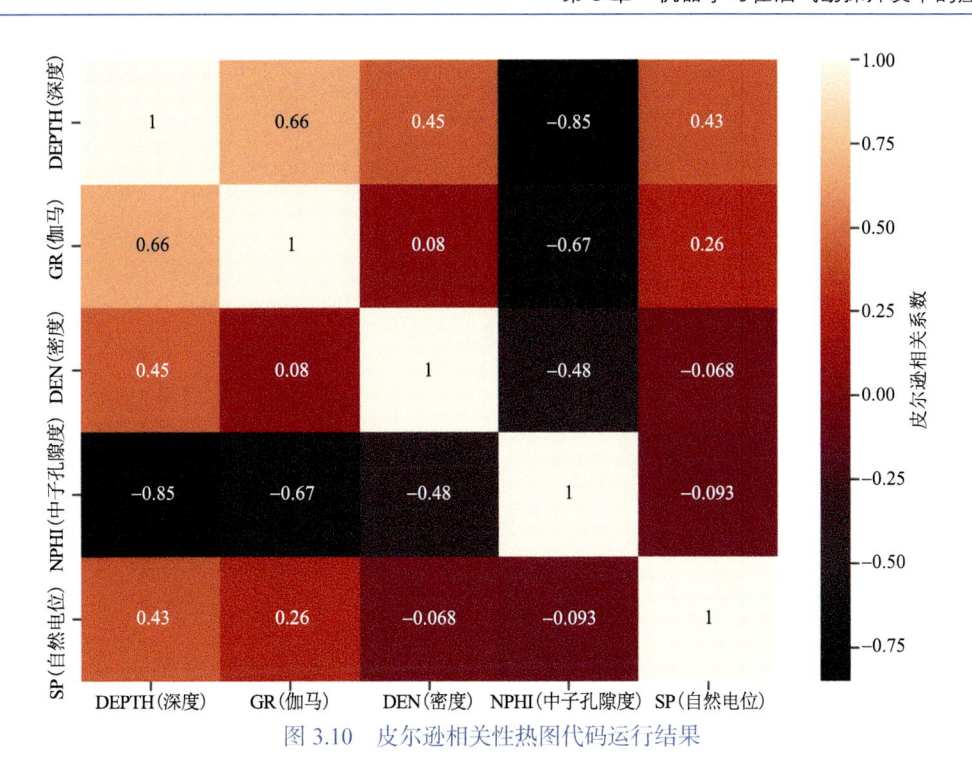

图 3.10　皮尔逊相关性热图代码运行结果

根据以下代码对测井曲线进行可视化，结果如图 3.11 所示。

```
#测井曲线绘制
#子图大小初始化定义
data = well_data.copy()
fig = plt.subplots(figsize=(10,10))
top = data['DEPTH'].min()
bot = data['DEPTH'].max()
#不同测井曲线坐标轴定义
ax1 = plt.subplot2grid((1, 4), (0,0), rowspan=1, colspan=1)
ax2 = plt.subplot2grid((1, 4), (0,1), rowspan=1, colspan=1)
ax3 = plt.subplot2grid((1, 4), (0,2), rowspan=1, colspan=1)
ax4 = plt.subplot2grid((1, 4), (0,3), rowspan=1, colspan=1)
#伽马射线轨道
ax1.plot('GR', 'DEPTH', data=data, color='green')
ax1.set_title('Gamma', fontsize=15)
ax1.set_xlim(data['GR'].min(), data['GR'].max())
ax1.set_ylim(bot, top)
ax1.grid()
#密度测井轨道
ax2.plot('DEN', 'DEPTH', data=data, color='red')
```

```
ax2.set_title('Density', fontsize=15)
ax2.set_xlim(data['DEN'].min(), data['DEN'].max())
ax2.set_ylim(bot, top)
ax2.grid()
#中子孔隙度测井轨道
ax3.plot('NPHI', 'DEPTH', data=data, color='black')
ax3.set_title('Neutron Porosity', fontsize=15)
ax3.set_xlim(data['NPHI'].min(), data['NPHI'].max())
ax3.set_ylim(bot, top)
ax3.grid()
#自然电位测井轨道
ax4.plot('SP', 'DEPTH', data=data, color='purple')
ax4.set_title('Spontaneous Log', fontsize=15)
ax4.set_xlim(data['SP'].min(), data['SP'].max())
ax4.set_ylim(bot, top)
ax4.grid()
```

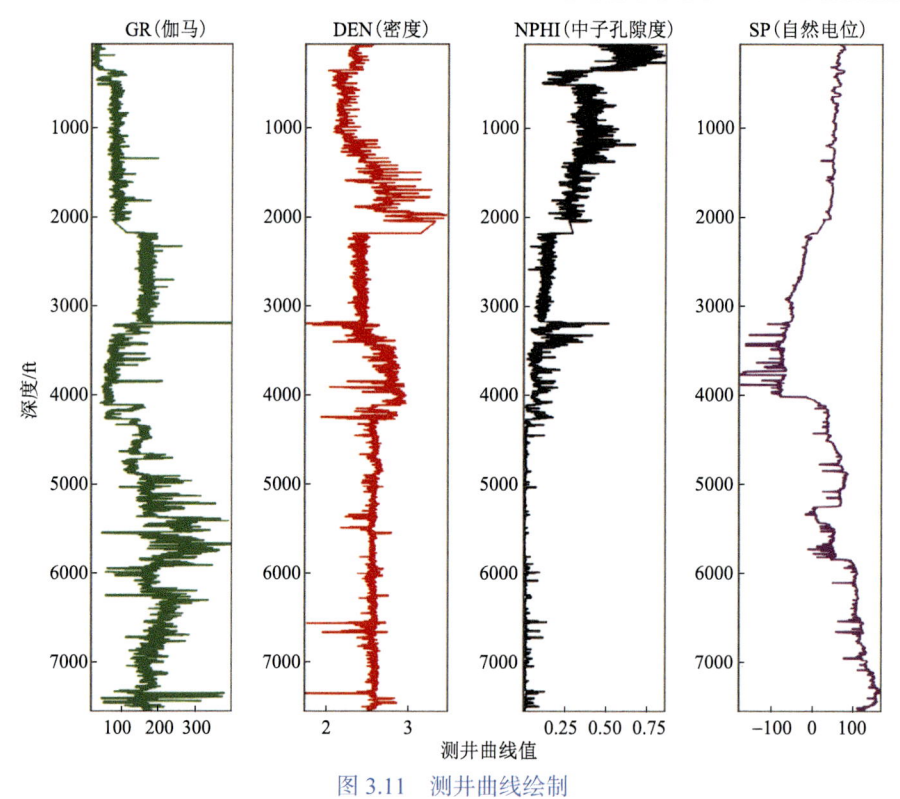

图 3.11 测井曲线绘制

利用测井数据特征值作为岩性分类的依据。以三种典型储层岩性为例，自然电位曲线相对于冲积层曲线有较大幅度的异常。伽马曲线为低值，当冲积层含量增大时曲线值随之而增大。电阻率曲线变化范围很大，由几欧姆米变至上千欧姆米。声波时差高于周围冲积层的时差，且冲积层岩性越好、致密时差越小。冲积层岩石伽马平均值一般为87.7 API，自然电位平均值一般为18.9 mV，声波时差平均值一般为246.3 μs/m。流纹岩伽马平均值一般为89.3 API，自然电位值低，平均值一般为12.45 mV，声波时差较高，平均值一般为218.6 μs/m。火成岩自然电位和伽马曲线为高值，电阻率很低且变化范围很小，为1~10 Ω·m。声波时差显示为低值，且成岩性越差其时差越大。自然电位平均值一般为83.9 mV，伽马平均值一般为136.4 API，声波时差平均值一般为272.7 μs/m。

2）归一化

不同测井数据存在不同的相关性，其量纲不同，处于不同的数量级。解决特征指标之间的可比性问题，经过归一化处理后，各指标处于同一数量级，便于综合对比。以三种岩性测井响应特征进行特征值提取与变量归一化，这里调用了 sklearn.preprocessing 包中的 MinMaxScaler() 函数实现归一化，并调用 seaborn 绘制了箱图，代码如下：

```
#数据归一化处理及可视化
from sklearn.preprocessing import MinMaxScaler
scaler = MinMaxScaler(feature_range=(0, 1))
scaled_data = scaler.fit_transform(data)
data_scaled = pd.DataFrame(scaled_data, columns=data.columns)
plt.style.use('seaborn')
plt.figure(figsize = (15,7))
sns.boxplot(data=data_scaled[[ 'GR', 'DEN', 'NPHI', 'SP']], palette = "Set1")
```

代码运行结果如图 3.12 所示。

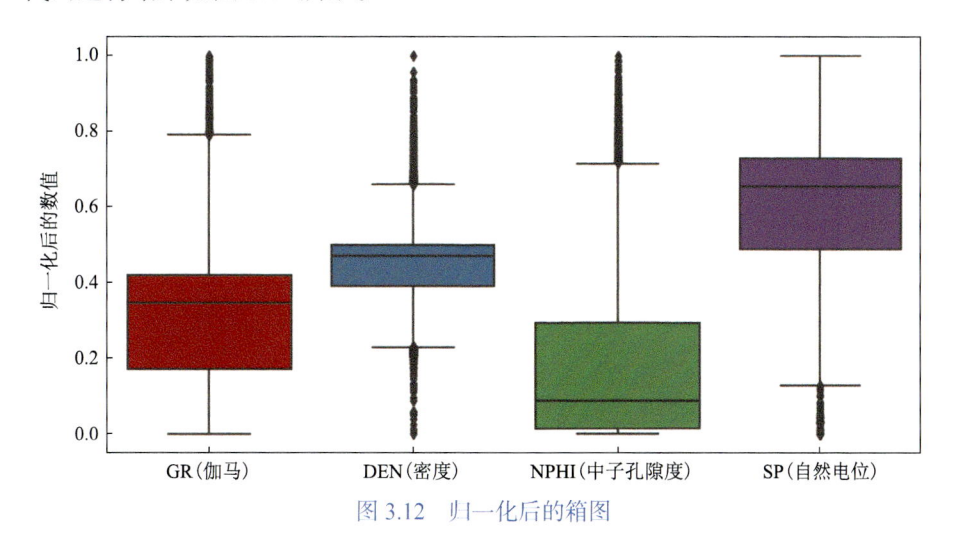

图 3.12　归一化后的箱图

3. 聚类模型建立

1）K 均值聚类

采用轮廓图以确定 K 均值聚类方法最佳分类簇数，分别测试了 2、3、4、5、6 簇条

161

件下的轮廓系数，结果分别为 0.49、0.50、0.46、0.47、0.47。当簇数为 3 时，轮廓系数最大，聚类结果最理想，最佳簇数结果如图 3.13~图 3.17 所示。

```python
from sklearn.datasets import make_blobs
from sklearn.cluster import KMeans
from sklearn.metrics import silhouette_samples, silhouette_score
import matplotlib.pyplot as plt
import matplotlib.cm as cm
import numpy as np
    #不同簇轮廓图绘制
X = data_scaled.iloc[:,:].values
range_n_clusters = [2, 3, 4, 5, 6]
for n_clusters in range_n_clusters:
    #创建一个 1 行 2 列的子图
    fig, (ax1, ax2) = plt.subplots(1, 2)
    fig.set_size_inches(18, 7)
    #定义轮廓系数范围
    ax1.set_xlim([-0.1, 1])
    #(n_clusters+1)*10 用于在单个子集的轮廓间插入空格，以划分它们
    ax1.set_ylim([0, len(X) + (n_clusters + 1) * 10])
    #使用 n_clusters 值初始化聚类器，并用值为 10 的随机生成器实现可重复性
    clusterer = KMeans(n_clusters=n_clusters, random_state=10)
    cluster_labels = clusterer.fit_predict(X)
    # silhouette_score（轮廓系数）给出了所有样本的平均值，这个值描述了新子集的密度和分离程度
    silhouette_avg = silhouette_score(X, cluster_labels)
    print(
        "For n_clusters =",
        n_clusters,
        "The average silhouette_score is :",
        silhouette_avg,
    )
    #计算每个样本的轮廓系数
    sample_silhouette_values = silhouette_samples(X, cluster_labels)
    y_lower = 10
    for i in range(n_clusters):
        #聚集属于簇 i 的轮廓系数，并进行分类
        ith_cluster_silhouette_values = sample_silhouette_values[cluster_labels == i]
```

```
        ith_cluster_silhouette_values.sort()
        size_cluster_i = ith_cluster_silhouette_values.shape[0]
        y_upper = y_lower + size_cluster_i
        color = cm.nipy_spectral(float(i) / n_clusters)
        ax1.fill_betweenx(
            np.arange(y_lower, y_upper),
            0,
            ith_cluster_silhouette_values,
            facecolor=color,
            edgecolor=color,
            alpha=0.7)
        #在中央用簇的号码标记
        ax1.text(-0.05, y_lower + 0.5 * size_cluster_i, str(i))
        #计算下一个 y_lower
        y_lower = y_upper + 10 # 10 for the 0 samples
ax1.set_title("不同聚类的轮廓系数图")
ax1.set_xlabel("轮廓系数")
ax1.set_ylabel("聚类标签")
#绘制所有轮廓系数值的垂线
ax1.axvline(x=silhouette_avg, color="red", linestyle="--")
ax1.set_yticks([])
ax1.set_xticks([-0.1, 0, 0.2, 0.4, 0.6, 0.8, 1])
colors = cm.nipy_spectral(cluster_labels.astype(float) / n_clusters)
ax2.scatter(
    X[:, 0], X[:, 1], marker=".", s=30, lw=0, alpha=0.7, c=colors, edgecolor="k"
)
#聚类数据的可视化
centers = clusterer.cluster_centers_
#在簇中央标记白色圆圈
ax2.scatter(
    centers[:, 0],
    centers[:, 1],
    marker="o",
    c="white",
    alpha=1,
    s=200,
    edgecolor="k",
)
```

```
        for i, c in enumerate(centers):
            ax2.scatter(c[0], c[1], marker="$%d$" % i, alpha=1, s=50, edgecolor="k")
    ax2.set_title("聚类数据的可视化")
    ax2.set_xlabel("第一个特征空间")
    ax2.set_ylabel("第二个特征空间")
    plt.suptitle(
        "对样本数据进行 K 均值聚类的轮廓分析，其中聚类数为%d"
        % n_clusters,
        fontsize=14,
        fontweight="bold",
    )
plt.show()
```

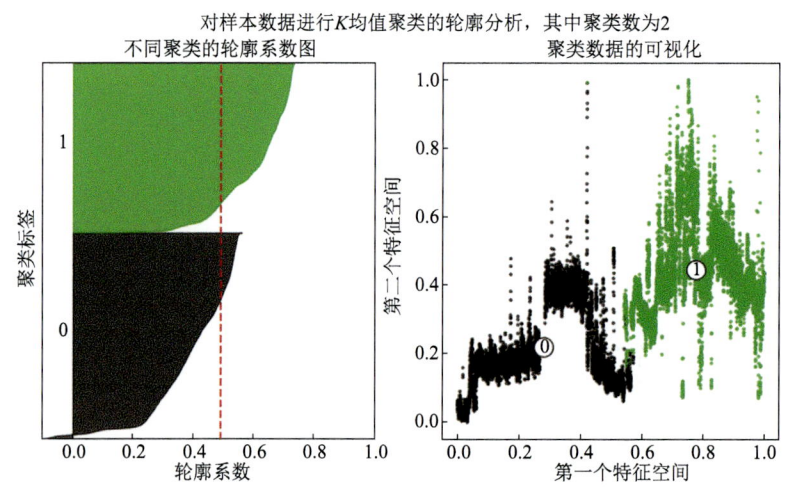

图 3.13　聚类数为 2 的轮廓分析图

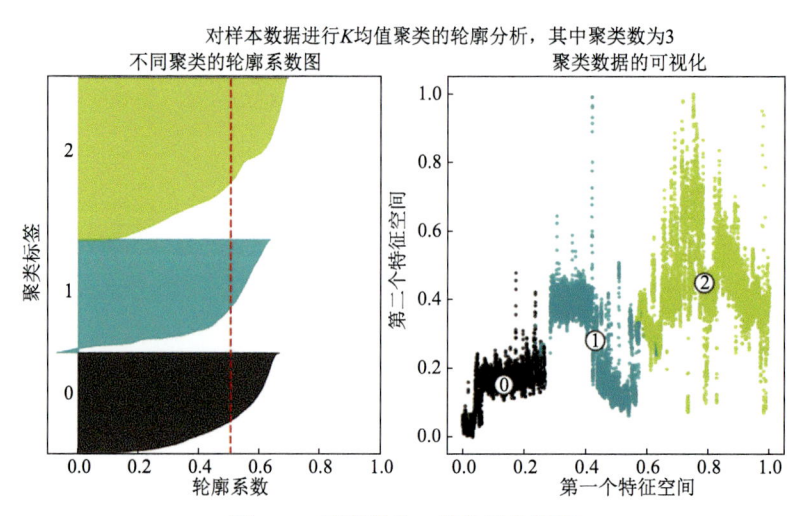

图 3.14　聚类数为 3 的轮廓分析图

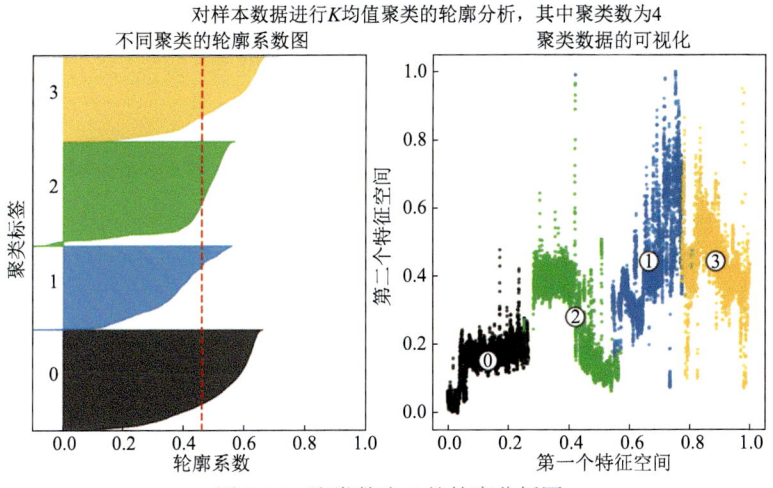

图 3.15　聚类数为 4 的轮廓分析图

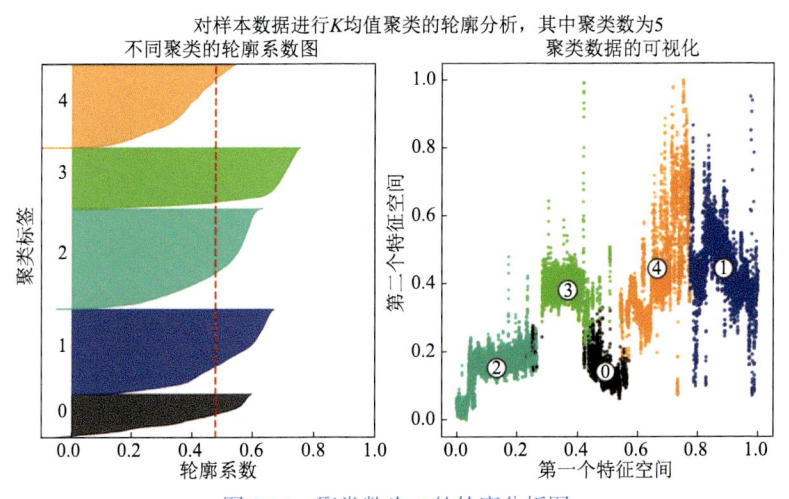

图 3.16　聚类数为 5 的轮廓分析图

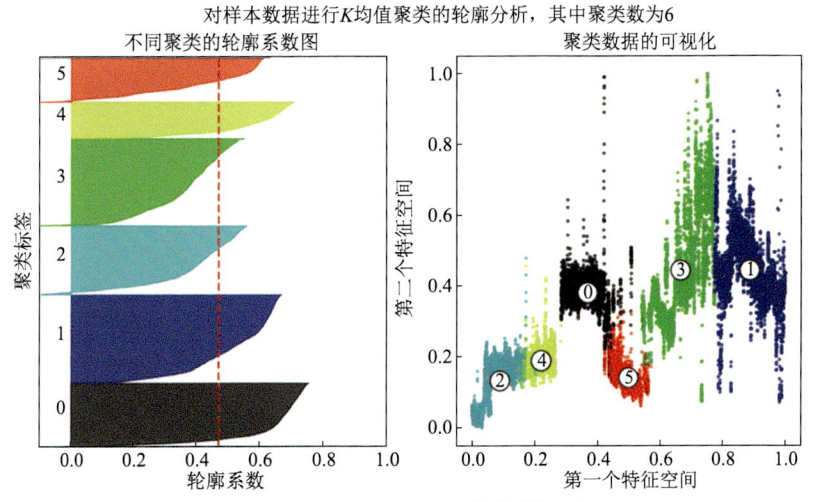

图 3.17　聚类数为 6 的轮廓分析图

2）数据结果可视化

采用 3 为最佳聚类簇数，将岩性标签集成到每个数据帧，并绘制出最终的分层岩性识别结果（图 3.18）：

```
#采用簇数为 3 的 K 均值聚类
data1_scaled = data_scaled.copy()
data_kmeans = KMeans(n_clusters = 3, init = 'k-means++', n_init = 10, max_iter = 300, random_state = 42)
cluster_labels = data_kmeans.fit_predict(data1_scaled)
#集成到一个数据框架
data['Lithology'] = cluster_labels
#可视化
sns.pairplot(data, vars=['GR', 'DEN','NPHI','SP'], hue='Lithology', palette=['green', 'red', 'blue'])
```

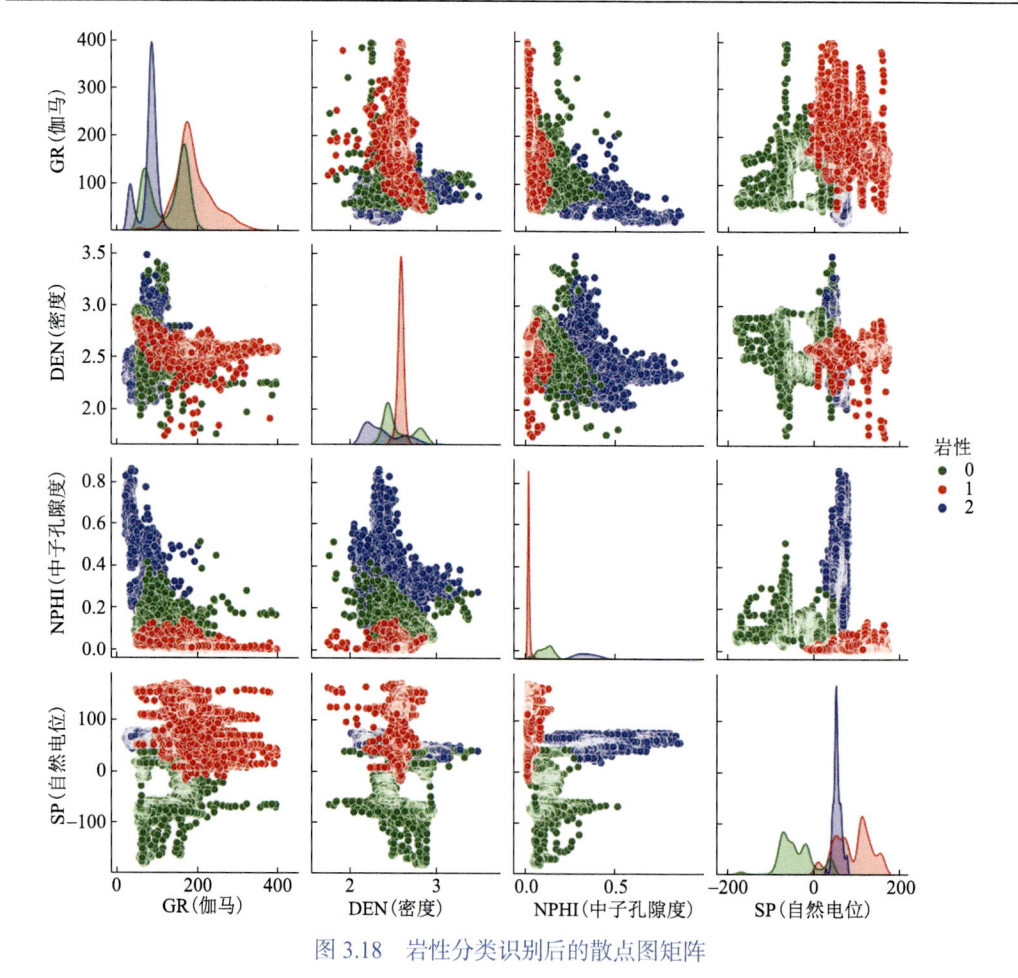

图 3.18 岩性分类识别后的散点图矩阵

绘制出测井曲线与识别到的岩性，这里只需将新的聚类结果在曲线右侧对应位置可视化，最终结果如图 3.19 所示。

第 3 章 机器学习在油气勘探开发中的应用

```
#测井对应岩性绘制
fig = plt.subplots(figsize=(15,10)) top = data['DEPTH'].min()
bot = data['DEPTH'].max()

legend_elements = [Patch(facecolor='lime', edgecolor='lime', label='Alluvium'),
                   Patch(facecolor='red', edgecolor='red', label='Rhyolite'),
                   Patch(facecolor='black', edgecolor='black', label='Plutonic')
                  ]
ax5 = plt.subplot2grid((1, 5), (0,4), rowspan=1, colspan=1)
ax5.plot('Lithology', 'DEPTH', data=data, color='lime')
ax5.set_title('Lithology', fontsize=15)
ax5.set_xlim(data['Lithology'].min(), data['Lithology'].max())
ax5.set_ylim(bot, top)
ax5.grid()
ax5.fill_betweenx(data.DEPTH, x1 = 0, x2=12, where= data.Lithology == 0,color = 'red')
ax5.fill_betweenx(data.DEPTH, x1 = 0, x2=12, where= data.Lithology == 1,color = 'black')
ax5.fill_betweenx(data.DEPTH, x1 = 0, x2=12, where= data.Lithology == 2,color = 'lime')
ax5.legend(handles=legend_elements, loc='upper left')
```

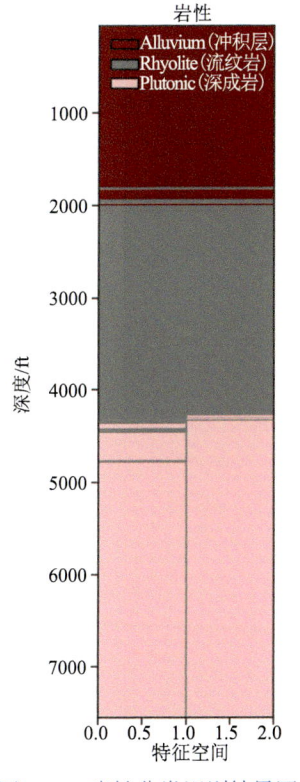

图 3.19 岩性分类识别结果图

3.4 钻井钻速预测

油田开发钻井是油气勘探开发过程中至关重要的工程环节[23]。其过程通常包括井位筛选、钻井设计、井下作业、安装套管、水泥固井、井口设备安装与开采试油。通过钻井，可以获取地下油气资源的详细信息，包括油气层的厚度、构造、物性、渗透性等，为后续油气开采提供了有力的技术支持。利用钻井勘探，能获取地下油气储层的物性、构造、分布等信息，帮助开发人员精确掌握油气资源的分布情况，提高油气勘探开发的效率和成果；利用这些勘探得到的信息，又能优化油井开采方式和生产方案，提高油井的采收率和效益。在钻井过程中，不仅需要实时监测以不断优化钻井设计和钻井方案，提高钻井速度和效率；还需要结合监测数据展开分析和评估，以及时发现和解决井壁失稳、油气井涌等安全隐患问题，保障钻井工程的安全运行。

钻井工程是石油勘探开发过程中的一个关键环节，它涉及井筒设计、钻头选择、钻井液管理、井下监测和钻头维护等多个方面。机器学习技术可以应用于钻井工程中的数据分析、井下监测和智能化决策等方面，从而提高钻井工程的效率和准确率[24, 25]。首先，机器学习可以应用于钻头选择和优化，根据不同的岩石类型、地质情况和钻井参数，自动选择最优的钻头类型和设计参数，从而提高钻井的速度和质量；也能应用于钻井液管理，通过分析钻井液的物理化学特性和地下岩石的特征，自动调整钻井液的成分和配比，从而保持钻井液的稳定性；还可以通过分析井下传感器和测量设备采集的数据，自动识别钻头状态、地层情况和井筒结构变化，从而提高井下监测的准确率和时效性；机器学习也被应用于智能化决策，根据实时的钻井数据和地质信息，自动调整钻井参数和操作流程，从而优化钻井过程的效率和质量。总的来说，机器学习在钻井工程中的应用可以提高钻井效率、减少安全事故、降低成本，并且可以帮助工程师更好地了解井下情况，从而优化钻井方案和提高钻井成功率。

3.4.1 钻速预测方法及意义

钻井钻入速率（ROP），简称钻进速率或钻速，其预测是钻井工程中的重要任务之一。钻速预测的重要性体现在准确的预测能为优化钻井方案提供依据，如选择合适的钻具、钻头和钻井液等，从而提高钻井速度和效率，降低钻井成本；也能帮助制订合理的进度计划，为钻井工程的管理和控制提供依据，及时调整钻井进度和工艺，确保钻井工程的顺利进行；还能帮助发现钻井中的问题和风险，如井壁不稳定、漏失等，及时采取相应措施避免事故发生，保障钻井工程的安全性；通过钻速预测可以实现对钻井工程中复杂的物理过程进行模拟和优化，包括钻头与地层的摩擦、冲刷、液压、切削等物理过程，从而提高钻井效率和质量。

传统的预测方法包括经验公式法与统计法，经验公式法是根据过去的钻井数据和经验公式来进行预测的方法。这种方法简单易用，但精度较低，适用于简单的钻井工况。统计法的预测通常使用回归分析、时间序列分析、卡尔曼滤波等方法来建立预测模型。

这种方法需要对数据进行一定的前期处理，并且需要对模型进行优化和验证。传统的钻速预测方法存在精度较低、需要大量的人工处理、无法应对复杂工况等问题。近年来，随着深度学习技术的发展，深度学习模型如 RNN、LSTM 网络等在钻速预测中也逐渐得到应用[25]。深度学习模型可以自动提取特征和模式，并可以应对复杂的钻井工况，具有较高的预测精度和泛化能力。

3.4.2　基于随机森林方法的钻速预测

相比于其他模型，随机森林是一种非常有效的机器学习模型。首先，随机森林是由许多决策树构成的，每棵树都在一个略有不同的数据子集上进行训练。这意味着模型能够有效地处理数据中的噪声和异常值，产生稳定的预测结果。其次，随机森林能够处理大量输入变量而不过拟合，钻井钻速预测是回归问题，随机森林在解决回归问题上非常易于使用，这使得它在预测钻井钻速等问题上非常适用。

3.4.2.1　模拟数据集

真实数据的获取往往受到种种限制，无论是成本、时间还是地理位置的约束，都可能使我们无法轻易获得充分且高质量的数据。更为关键的是，钻速预测的复杂性和多变性使得在有限的数据上实现高精度的预测变得尤为困难。在这种背景下，虚拟数据集成为一个可靠的选择。它可以为我们提供大量的、可控的数据，帮助我们理解不同参数对钻速预测的影响，并为模型提供足够的训练资源。同时，随机森林作为一种强大的集成学习方法，能够有效地处理高维数据并捕获数据中的复杂关系。其能够评估各特征的重要性，提供对模型决策的直观理解，并具有很好的泛化能力。结合虚拟数据集和随机森林，我们不仅可以有效地解决数据有限的问题，还可以在较短的时间内获得可靠的钻速预测模型，为实际应用中的决策提供有力的支持。以下为采用虚拟数据集和随机森林方法预测钻速的代码。

首先导入必要的包，这里包括 numpy、pandas 与 sklearn 三个核心包。后四行的包分别为 Scikit-learn 的数据集划分、导入随机森林模型、计算模型均方误差、导入加利福尼亚房价数据集。

```
import numpy as np
import pandas as pd
from sklearn.model_selection import train_test_split
from sklearn.ensemble import RandomForestRegressor
from sklearn.metrics import mean_squared_error
from sklearn.datasets import fetch_california_housing
```

1. 数据选择

获取加利福尼亚房价数据集，将数据集转换为 DataFrame 格式，并将特征和目标变量（标签）分别赋值给 X 和 y。

```
data = fetch_california_housing()
df = pd.DataFrame(data.data, columns=data.feature_names)
X = df
y = data.target
```

2. 模型建立

1）数据集划分

数据集划分如下：

```
#分割数据集
X_train, X_test, y_train, y_test = train_test_split(X, y, test_size=0.2, random_state=42)
```

2）模型的编译与训练

使用随机森林模型进行预测，并计算和打印均方误差，结果为 0.2553684927247781。

```
#使用随机森林进行回归预测
rf = RandomForestRegressor(n_estimators=100, random_state=42) rf.fit(X_train, y_train)
#在测试集上进行预测
y_pred = rf.predict(X_test)
#计算和打印MSE（均方误差）
mse = mean_squared_error(y_test, y_pred)
print(f"Mean Squared Error: {mse}")
```

使用 matplotlib 绘制了真实值和预测值之间的对比图，展示了地震波阻抗的预测结果。

```
import matplotlib.pyplot as plt
plt.figure(figsize=(10, 6))
plt.scatter(y_test, y_pred, color='blue', label='预测值')
plt.plot([min(y_test), max(y_test)], [min(y_test), max(y_test)], color='red', label='完美预测曲线')
plt.xlabel('真实值')
plt.ylabel('预测值')
plt.title('真实值 vs 预测值')
plt.legend()
plt.show()
```

3.4.2.2 真实数据集

虚拟数据集在钻速预测的应用中展现出了其独特的实用性。与真实数据集相比，虚拟数据集可以根据需要快速生成，同时能够覆盖多种场景，确保模型在各种条件下都有良好的表现。这种模拟的环境为我们提供了一个安全且灵活的平台，以测试和优化各种算法，从而提高其鲁棒性和准确性。当我们获得真实数据集时，之前基于虚拟数据集的预训练和经验积累将大大缩短模型调整的时间和难度。深度学习和随机森林方法的结合更是为钻速预测带来了创新性的解决方案。深度学习可以捕获数据中的深层次特征和关联，而随机森林则为模型提供了稳定性和解释性。这种双重策略不仅提高了预测的准确性，还为工程师和决策者提供了清晰的决策依据。因此，结合真实数据集、深度学习和随机森林方法进行钻速预测不仅是科技前沿的体现，更是现代钻探工程实践中的明智选择。以下为采用现场真实数据集和随机森林方法预测钻速的代码[26,27]。

首先需要导入进行机器学习的模块及包，代码如下：

```
#导入包
import numpy as np
import pandas as pd
import matplotlib.pyplot as plt
%matplotlib inline plt.style.use('seaborn-whitegrid')
from IPython.display
import display, HTML, display_html
import seaborn as sns
import datetime
#导入机器学习模型
from sklearn.ensemble import RandomForestRegressor
from sklearn.svm import SVR
from sklearn.neural_network import MLPRegressor
from sklearn import preprocessing
from sklearn.preprocessing import StandardScaler, MinMaxScaler
#测试训练集划分
from sklearn.model_selection import train_test_split
#超参数调整
from sklearn.model_selection import cross_val_score
from sklearn.model_selection import RandomizedSearchCV, GridSearchCV
#导入 metrics 统计模块
from sklearn import metrics
from sklearn.metrics import mean_absolute_error
from sklearn.metrics import mean_squared_error
from sklearn.metrics import r2_score
from sklearn.metrics import explained_variance_score
from pprint import pprint
from math import sqrt
#导入 bokeh 可视化模块
from bokeh.plotting import figure, show, output_file
from bokeh.io import output_notebook
from bokeh.models import ColumnDataSource, LabelSet
```

```
from bokeh.io import output_notebook, show
from bokeh.models import LinearColorMapper, ColorBar
from bokeh.transform import transform
from bokeh.models import HoverTool
from bokeh.models.ranges import Range1d
from bokeh.models import HoverTool,WheelZoomTool, PanTool, ResetTool
from bokeh.models import BoxSelectTool
from bokeh.layouts import gridplot
from bokeh.models.widgets import CheckboxGroup, Slider, RangeSlider, Tabs, TableColumn, DataTab
from bokeh.layouts import column, row, WidgetBox
from bokeh.models import CategoricalColorMapper, HoverTool, ColumnDataSource, Panel
```

1. 数据选择

导入准备的钻井数据并进行数据预处理及相应的可视化，其关键参数包括：钻进速率（ROP）、井深（DEPTH）、钻压（WOB）、入口温度（TEMPIN）、出口温度（TEMPOUT）、入口流量（FLOWIN）、出口流量（FLOWOUT）、转速（RPM）、扭矩（TORQUE），结果如图 3.20 所示。

```
#导入钻井数据，可视化
df1 = pd.read_csv('Well_21.csv')
dfnew= df1.filter(['ROP',
'DEPTH','WOB','TEMPIN','TEMPOUT','FLOWIN','FLOWOUT%','RPM','TORQUE'], axis=1)
color = {'boxes': 'DarkGreen', 'whiskers': 'DarkOrange', 'medians': 'DarkBlue', 'caps': 'Gray'}
bp=dfnew.plot.box(color=color, sym='r+', figsize=(30,10))
```

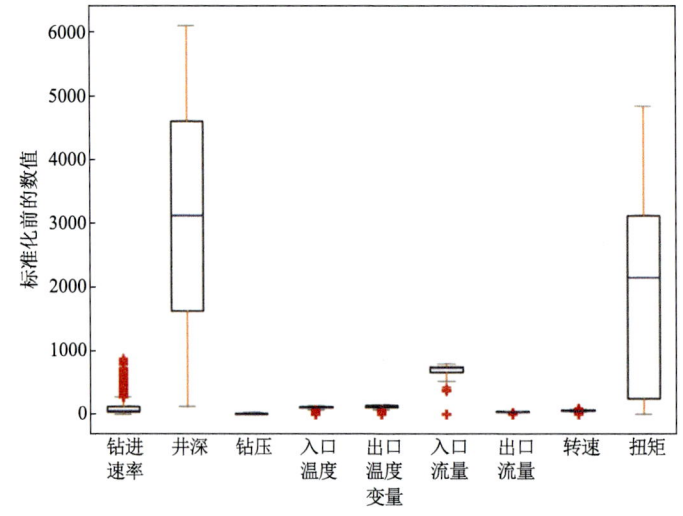

图 3.20 钻井数据筛选后的箱图

2. 数据预处理

1）标准化

对数据进行标准化预处理，处理后的结果如图 3.21 所示。

```
#数据预处理，存储为pandas的数据框架，并再次可视化
dfnew_lstm=np.array(dfnew)
min_max_scaler=preprocessing.StandardScaler()
np_scaled=min_max_scaler.fit_transform(dfnew_lstm)
df_scaled=pd.DataFrame(np_scaled)
numerical_cols=['ROP','DEPTH','WOB','TEMPIN','TEMPOUT','FLOWIN','FLOWOUT%','RPM','TORQUE']
scaler_all_data = MinMaxScaler()
data_scaled = scaler_all_data.fit_transform(dfnew)
df_data_scaled=pd.DataFrame(data_scaled)
df_data_scaled.columns = numerical_cols
color = {'boxes': 'DarkGreen', 'whiskers': 'DarkOrange', 'medians': 'DarkBlue', 'caps': 'Gray'}
bp_scaled_all_data = df_data_scaled.plot.box(color=color, sym='r+' ,figsize=(30,10))
#导入钻井数据，可视化，数据预处理并存储为 pandas 的数据框架再次可视化
df1 = pd.read_csv('Well_21.csv')
dfnew=df1.filter(['ROP','DEPTH','WOB','TEMPIN','TEMPOUT','FLOWIN','FLOWOUT%','RPM','TORQUE'], axis=1)
color = {'boxes': 'DarkGreen', 'whiskers': 'DarkOrange', 'medians': 'DarkBlue', 'caps': 'Gray'}
bp=dfnew.plot.box(color=color, sym='r+', figsize=(30,10))
dfnew_lstm=np.array(dfnew)
min_max_scaler=preprocessing.StandardScaler()
np_scaled=min_max_scaler.fit_transform(dfnew_lstm)
df_scaled=pd.DataFrame(np_scaled)
numerical_cols=['ROP','DEPTH','WOB','TEMPIN','TEMPOUT','FLOWIN','FLOWOUT%','RPM','TORQUE']
scaler_all_data = MinMaxScaler()
data_scaled = scaler_all_data.fit_transform(dfnew)
df_data_scaled=pd.DataFrame(data_scaled)
df_data_scaled.columns = numerical_cols
color = {'boxes': 'DarkGreen', 'whiskers': 'DarkOrange', 'medians': 'DarkBlue', 'caps': 'Gray'}
bp_scaled_all_data = df_data_scaled.plot.box(color=color, sym='r+' ,figsize=(30,10))
```

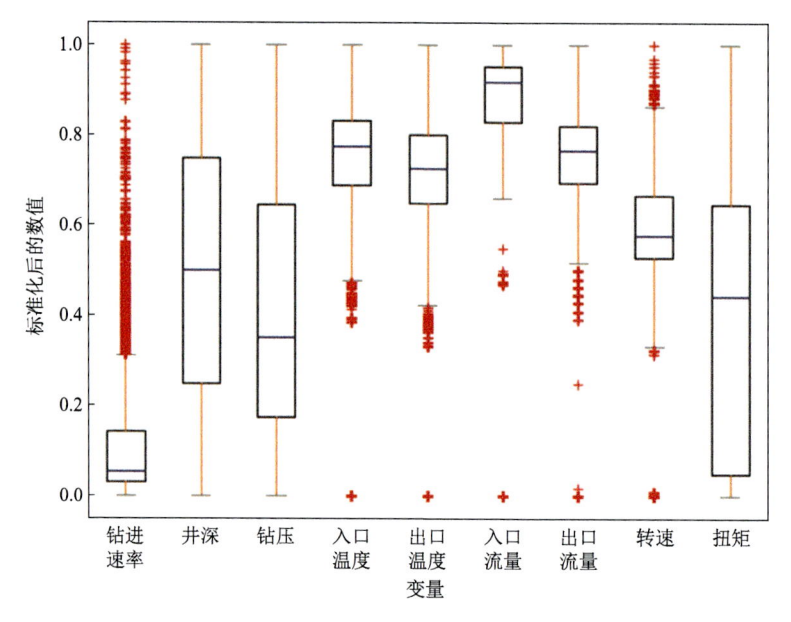

图 3.21 标准化处理后的箱图

利用 bokeh 库将处理后的钻速数据进行可视化，结果如图 3.22 所示。

```
from bokeh.models import Span
Variable = 'TEMPIN' #@变量  ['ROP',
'DEPTH','WOB','TEMPIN','TEMPOUT','FLOWIN','FLOWOUT%','RPM','TORQUE']
#@标题
output_notebook()
variable = Variable
source = ColumnDataSource(dfnew)
color_mapper = LinearColorMapper(palette="Viridis256", low=dfnew[variable].min(),
high=dfnew[variable].max())
hover = HoverTool(tooltips=[
    ('Depth', '@{DEPTH}'),
    ('ROP', '@{ROP}'),
    ])
tools = [PanTool(), WheelZoomTool(), ResetTool(), hover, 'box_select', 'lasso_select',
'save']
p_r = figure(x_axis_label='钻进速率/ (ft/h)', y_axis_label='深度/ft', tools=tools, title="钻进速率", plot_height=1000, plot_width=600)
p_r.circle(x='ROP', y='DEPTH', color=transform(variable, color_mapper), size=3,
alpha=0.6, source=source)
```

```
color_bar = ColorBar(color_mapper=color_mapper, label_standoff=12, location=(0,0),
title=variable)
p_r.add_layout(color_bar, 'right')
upper = Span(location=1950, dimension='width', line_color='red', line_dash='dashed',
line_width=3)
p_r.add_layout(upper)
upper = Span(location=2630, dimension='width', line_color='red', line_dash='dashed',
line_width=3)
p_r.add_layout(upper)
upper = Span(location=2810, dimension='width', line_color='red', line_dash='dashed',
line_width=3)
p_r.add_layout(upper)
upper = Span(location=5445, dimension='width', line_color='red', line_dash='dashed',
line_width=3)
p_r.add_layout(upper)
upper = Span(location=6060, dimension='width', line_color='red', line_dash='dashed',
line_width=3)
p_r.add_layout(upper)
upper = Span(location=6210, dimension='width', line_color='red', line_dash='dashed',
line_width=3)
p_r.add_layout(upper)

xmax = dfnew['ROP'].max()
xmin = dfnew['ROP'].min()
ymax = dfnew['DEPTH'].min()
ymin = dfnew['DEPTH'].max()
p_r.x_range = Range1d(xmin, xmax)
p_r.y_range = Range1d(ymin, ymax)

show(p_r)
```

2）正则化

由于特征值过多，需要通过以下代码进行拆分数据、数据预处理及评估模型，结果显示模型分数为 0.82，平均绝对误差为 25.52，均方根误差为 48.49，R^2 为 0.82。

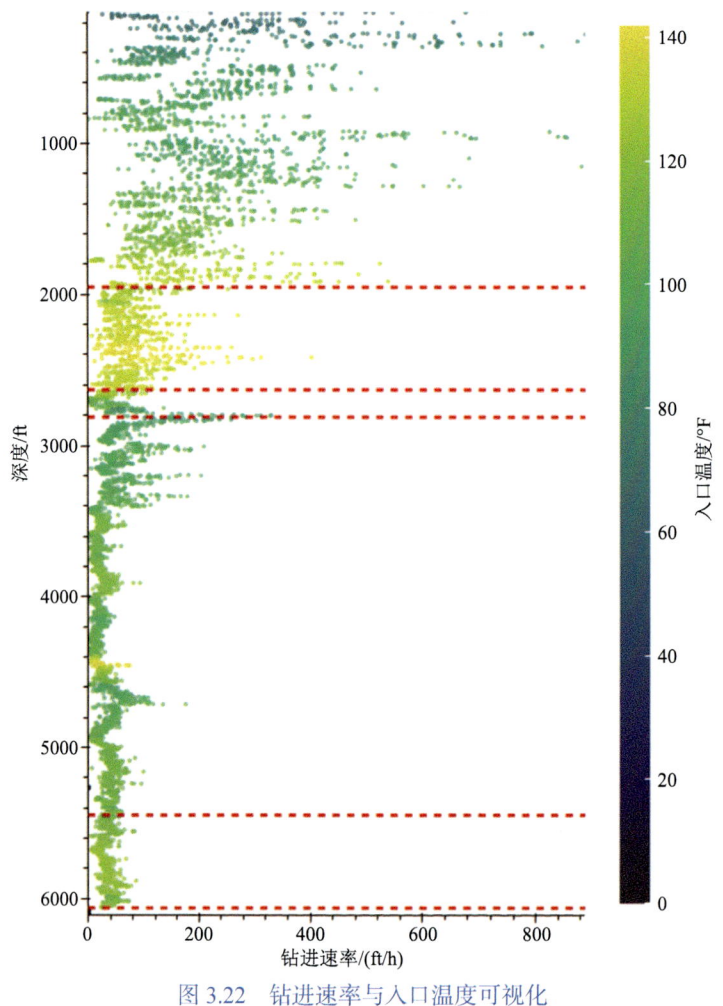

图 3.22　钻进速率与入口温度可视化

°F为华氏温度，华氏温度=摄氏温度×1.8+32

```
#数据拆分，测试训练集划分
X = dfnew[dfnew.columns.difference(['ROP'])]
y = dfnew[['ROP']]
print('Features shape:', X.shape)
print('Target shape', y.shape)
X1=np.array(X)
y1=np.array(y)
print('Features shape:', X1.shape)
print('Target shape', y1.shape)
X_train, X_test, y_train, y_test = train_test_split(X1, y1, test_size=0.3, random_state=42)
print('X train:', X_train.shape)
print('X test:', X_test.shape)
```

```
print('y train:', y_train.shape)
print('y test:', y_test.shape)
#正则化与缩放预处理
from sklearn.preprocessing import StandardScaler
scalerX = StandardScaler().fit(X_train)
scalery = StandardScaler().fit(y_train)
X_train_scaled = scalerX.transform(X_train)
y_train_scaled = scalery.transform(y_train)
X_test_scaled = scalerX.transform(X_test)
y_test_scaled = scalery.transform(y_test)
#随机分析以适用于随机森林模型
rf = RandomForestRegressor(random_state=42).fit(X_train, y_train) #random_state 为随机生成器的种子数
predictions_rf = rf.predict(X_test)
#评估模型
print('Model score:', round(rf.score(X_test, y_test),2))
print('Mean absolute error:', round(mean_absolute_error(y_test, predictions_rf),2))
print('Root mean squared error:', round(sqrt(mean_squared_error(y_test, predictions_rf)),2))
print('R2:', round(r2_score(y_test, predictions_rf),2))
```

通过以下代码对特征值进行重要性排序，并进行可视化，结果图 3.23、图 3.24 所示。

```
#特征列表
feature_list = list(X.columns)
#获取数值特征重要性
importances = list(rf.feature_importances_)
#列出变量与重要性的多元组
feature_importances = [(feature, round(importance, 2)) for feature, importance in zip(feature_list, importances)]
#对特征进行重要性排序
feature_importances = sorted(feature_importances, key = lambda x: x[1], reverse =True)
#列出坐标轴范围
X_testues = list(range(len(importances)))
#绘制柱状图
plt.bar(X_testues, importances, orientation = 'vertical', color = 'b', edgecolor = 'k', linewidth = 1.2)
plt.xticks(X_testues, feature_list, rotation='vertical')
plt.ylabel('Importance'); plt.xlabel('Variable'); plt.title('Variable Importances');
#按重要性排序的特征列表
```

```
sorted_importances = [importance[1] for importance in feature_importances]
sorted_features = [importance[0] for importance in feature_importances]
#累积重要性计算
cumulative_importances = np.cumsum(sorted_importances)
#制作折线图
plt.plot(X_testues, cumulative_importances, 'b-')
plt.hlines(y = 0.95, xmin=0, xmax=len(sorted_importances), color = 'r', linestyles = 'dashed')
plt.xticks(X_testues, sorted_features, rotation = 'vertical')
plt.xlabel('Variable');
plt.ylabel('Cumulative Importance');
plt.title('Cumulative Importances');
```

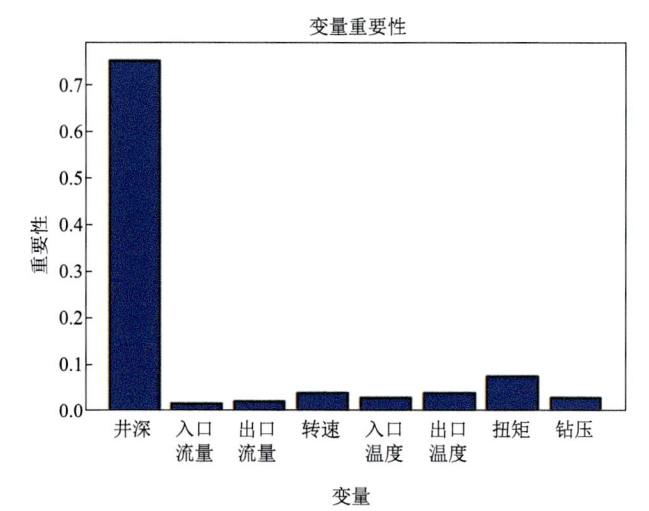

图 3.23　各变量重要性图

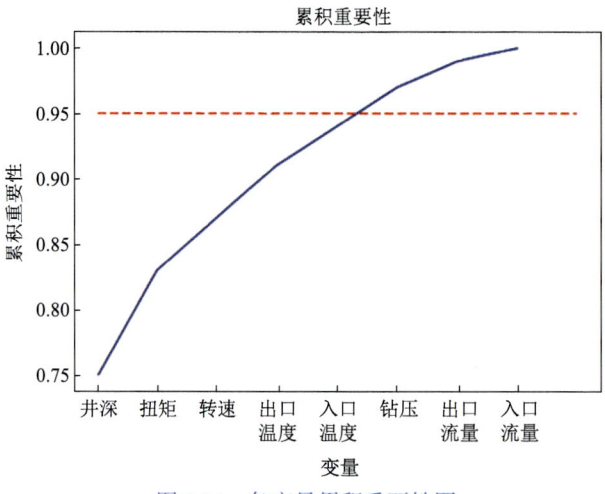

图 3.24　各变量累积重要性图

3. 模型建立

1）划分数据集

提取相对重要的特征，再次评估模型，结果显示平均绝对误差为 26.88，均方根误差为 50.62，R^2 为 0.81。

```
#提取重要特征类名称
important_feature_names = [feature[0] for feature in feature_importances[0:6]]
#找到重要特征列
important_indices = [feature_list.index(feature) for feature in important_feature_names]
important_indices
#创建只包含重要特征的训练集和测试集
important_train_features = X_train[:, important_indices]
important_val_features = X_test[:, important_indices]
#仅在重要特征上训练模型
rf.fit(important_train_features, y_train);
#对验证数据进行预测
predictions_import = rf.predict(important_val_features)
#评估模型
print('Mean absolute error:', round(mean_absolute_error(y_test, predictions_import),2))
print('Root mean squared error:', round(sqrt(mean_squared_error(y_test, predictions_import)),2)) print('R2:', round(r2_score(y_test, predictions_import),2))
print('Explained variance score:', explained_variance_score(y_test, predictions_import))
```

通过以下代码导入时间模块对特征值数据降维以继续优化数据模型。

```
#导入 time 包进行时间评估
import time
all_features_time = []
#进行 10 次迭代并对所有特征取平均值
for _ in range(10):
    start_time = time.time()
    rf.fit(X_train, y_train)
    all_features_predictions = rf.predict(X_test)
    end_time = time.time()
    all_features_time.append(end_time - start_time)
    all_features_time = np.mean(all_features_time)
#降维特征的时间训练和测试
reduced_features_time = []
#以 10 次迭代取平均值
for _ in range(10):
```

```
        start_time = time.time()
        rf.fit(important_train_features, y_train)
        reduced_features_predictions = rf.predict(important_val_features)
        end_time = time.time()
        reduced_features_time.append(end_time - start_time)
        reduced_features_time = np.mean(reduced_features_time)
#平均绝对误差、均方根误差、R2、汇总数据
all_mean_absolute_error=mean_absolute_error(y_test, predictions_rf)
reduced_mean_absolute_error=mean_absolute_error(y_test, predictions_import)
all_root_mean_squared_error=sqrt(mean_squared_error(y_test, predictions_rf))
reduced_root_mean_squared_error=sqrt(mean_squared_error(y_test, predictions_import))
all_r2_score=r2_score(y_test, predictions_rf)
reduced_r2_score=r2_score(y_test, predictions_import)
comparison = pd.DataFrame({'Features': ['all (8)', 'reduced (6)'],
                           'R2': [round(all_r2_score, 2), round(reduced_r2_score, 2)],
                           'Mean absolute error': [round(all_mean_absolute_error, 2),
round(reduced_mean_absolute_error, 2)],
                           'Root mean squared error': [round(all_root_mean_squared_error,
2), round(reduced_ root_mean_squared_error, 2)]
                           'Run time': [round(all_features_time, 2),
round(reduced_features_time, 2)]})
comparison[['Features','R2', 'Mean absolute error', 'Root mean squared error', 'Run time']]
```

2）随机网络建立

随机森林模型的建立与参数设置，代码如下。

```
#定义随机森林具体参数
#决策树
n_estimators = [int(x) for x in np.linspace(start = 2, stop = 2000, num = 20)]
#每次分割要考虑的特征数量
max_features = ['auto', 'sqrt']
#树的最大层数
max_depth = [int(x) for x in np.linspace(4, 30, num =2)]
max_depth.append(None)
#分裂节点所需的最小样本数
min_samples_split = [2, 3, 4, 5, 10]
#每个叶节点所需的最小样本数
min_samples_leaf = [1, 2, 4]
#训练每棵树时选择样本的方法
```

```
bootstrap = [True, False]
#创建随机网络
random_grid = {'n_estimators': n_estimators,
               'max_features': max_features,
               'max_depth': max_depth,
               'min_samples_split': min_samples_split,
               'min_samples_leaf': min_samples_leaf,
               'bootstrap': bootstrap}

print(random_grid)
```

通过以下代码建立随机网络寻找最佳超参数，验证并拟合随机搜索模型，以获取最佳随机森林模型参数，展开预测。最终预测结果如图 3.25 所示。

```
rf = RandomForestRegressor(random_state = 42)
#使用随机网络搜索最佳超参数；随机搜索参数，使用 3 折交叉验证；搜索不同的组合。
rf_random = RandomizedSearchCV(estimator=rf, param_distributions=random_grid, n_iter
                               = 15, scoring='neg_mean_absolute_error',cv = 3,
                               verbose=2, random_state=42, n_jobs=-1,
                               return_train_score=True)
#拟合随机搜索模型
rf_random.fit(X_train, y_train);
#获取最佳参数
rf_random.best_params_
best_random = rf_random.best_estimator_.fit(X_train, y_train)
predictions_best_random = best_random.predict(X_test)
print('Model score:', round(best_random.score(X_test, y_test),2))
print('Mean absolute error:', round(mean_absolute_error(y_test, predictions_best_random),2))
print('Root mean squared error:', round(sqrt(mean_squared_error(y_test, predictions_best_random)),2))
print('R2:', round(r2_score(y_test, predictions_best_random),2))
r2_rf=r2_score(y_test, predictions_best_random)
Mean_absolute_error_rf=mean_absolute_error(y_test, predictions_best_random)
Root_mean_squared_error_rf=sqrt(mean_squared_error(y_test, predictions_best_random))
fig, ax=plt.subplots(figsize=(10,100))
ax.plot(y, X['DEPTH'], 'r', label = 'ROP')
#ax.scatter(y_train, X_train[:,[0]], label="train")
#ax.scatter(y_test, X_test[:,[0]], label="test")
```

```
ax.scatter(predictions_best_random , X_test[:,[0]], label="prediction") ay = plt.gca()
ay.set_ylim(ay.get_ylim()[::-1])
plt.ylabel('深度/ft');
plt.xlabel('钻进速率/(ft/h)');
plt.title('钻进速率预测');
plt.legend(loc="best")
depth=[1950, 2630, 2810, 5445, 6060, 6075, 6210, 6950, 6960, 7200, 7230, 7320, 7350,
7360, 7370, 7390, 7400, 7470, 7480, 7510, 7540, 8100]
for i in range(len(depth)):
    plt.axhline(depth[i], color='k')
plt.show()
```

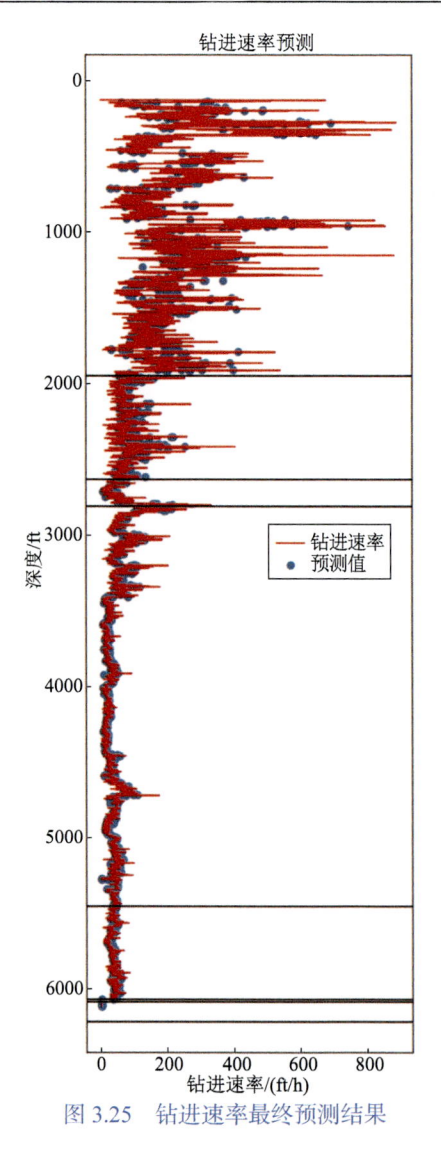

图 3.25 钻进速率最终预测结果

3.5 孔隙度、渗透率参数预测

在自然界中，并非所有的岩石均能储存油气。在石油地质学中，把能够储集油气并能使油气在一定压差条件下流动的岩石称为储层。根据上述定义，储层必须具备两个条件：孔隙性和渗透性，二者作为储层的充分必要条件，缺一不可。

孔隙度是指岩样中所有孔隙空间体积之和与该岩样体积的比值，称为该岩石的总孔隙度，以百分数表示。储集层的总孔隙度越大，说明岩石中孔隙空间越大。然而，从实用出发，只有那些互相连通的孔隙才有实际意义，因为它们不仅能储存油气，而且可以允许油气在其中渗流。因此在生产实践中，提出了有效孔隙度的概念。在一般情况下，有效孔隙度要比总孔隙度少5%~10%。

渗透率是指在一定压差下，岩石允许流体通过的能力，是表征土或岩石本身传导液体能力的参数。其大小与孔隙度、液体渗透方向上孔隙的几何形状、颗粒大小以及排列方向等因素有关，而与在介质中运动的液体性质无关，是储层产液性质以及产能评价的重要参数。

因此，储层孔隙度和渗透率的预测对含油气储层的勘探和开发而言具有重要的意义。

3.5.1 常规孔隙度、渗透率参数测量方法

针对储层参数的测定，主要有两种方法：一种是直接测定法，包括岩心分析、井壁取心和岩屑分析；另一种是间接解释法，即利用地震测井数据来预测估计相关储层参数。

其中，直接测定法需要投入较多的人力和物力，并且由于受到实际环境和成本的影响，其获取的岩石样本资料往往比较单一，不利于储层参数的准确估量；而测井作为一项油井勘探开发的基础工作，其成本低、效率高，短时间内就可以获取大量反映储层性质的测井参数，如密度、电阻率、声波时差、自然电位、伽马等，这些资料在实际环境中直接测得，更能反映储层真实状况。因此，利用测井数据预估储层参数相比于岩心分析等直接测定法应用更广泛，也更易实现。

测井方法解释储层参数，主要是单变量、线性的，即根据某一测井曲线建立线性方程或直接利用现有的经验公式，此种方法由于没有考虑到实际储层环境，只是一种单纯的数学方法，不带有任何的物理意义，因此在储层参数预测上带有很大局限性，在实际环境中已较少使用。而近年来，越来越多的研究表明，在非常规储层中，储层的非均质性较强，测井曲线与储层参数之间往往是复杂的非线性关系，并没有明确的对应关系。

3.5.2 基于支持向量机预测孔隙度、渗透率参数

随着测井技术的不断改革与发展，我国各油田已收集了大量的储层勘探开发数据。当前发展迅速的人工智能技术可以从已有的大量历史数据中自主发现和学习规律，并依此对新的样本数据进行识别或预测。它可以针对测井数据的特点进行全方位的信息挖掘，

其处理数据的思路和方法与传统理论完全不同，与之相比有着独到的优点。

岩石孔隙度、渗透率是储层岩石的宏观性质，与岩石的组成和结构有关，是岩石组成和结构的综合表现，无法用单一参数或简单的线性关系来表达。近 15 年来，国内学者针对岩石的孔隙度、渗透率尝试采用机器学习的方法对其进行预测，采用的机器学习方法主要包含支持向量机、XGBoost 和神经网络（卷积神经网络、循环神经网络）等。

2005 年杨斌等[28]、2006 年张彦周[29]采用支持向量机算法对新疆准噶尔盆地油田的孔隙度、渗透率参数进行了预测，与经验线性回归计算结果相对比，支持向量机算法更易于使用，很少受不确定性因素的影响，并具有较强的信息整合能力以及更高的预测准确性和可信度，为非均质性地层的储集层特性描述和预测提供了一条可行、有效的新途径。

2011 年王雷[30]采用支持向量机算法对煤岩储层的孔隙度、渗透率进行了预测，与常规特征参数选取不同，王雷未采用测井数据进行特征选取，而是利用储层压力、地应力、有效应力、煤层厚度、埋深等特征参数进行预测。

2019 年魏佳明[31]针对支持向量机中的核参数 σ 和损失函数参数 ε 调参复杂、耗费时间长等问题，利用粒子群算法对这两个参数进行优化选择，寻找全局最优解，以降低人为因素给模型带来的影响，进一步提高模型预测的精度和运行效率。

大量的研究结果表明[32]，支持向量机算法对预测岩石的孔渗参数具有较高的模型准确率[33]，因此本节将采用支持向量机算法对孔隙度、渗透率参数进行预测介绍。

依据第 1 章所叙述的机器学习工作流程，首先需要对模型的数据进行选择，主要包括特征参数和标签参数。因为本节预测的参数为岩石的孔隙度、渗透率数据，是一种有监督的学习过程，因此模型的标签参数为孔隙度、渗透率数据；另外，还需筛选出适当的特征参数作为模型训练测试参数。

1. 数据选择

测井曲线和孔隙度参数、渗透率参数都反映了不同深度储层的特征。孔隙度、渗透率参数在一定程度上与测井曲线有关。

测井，也称为地球物理测井，是利用岩层的电化学特性、导电特性、声学特性、放射性等地球物理特性，测量地球物理参数的方法，属于应用地球物理方法之一。石油钻井时，在钻到设计井深深度后都必须进行测井，又称完井电测，以获得各种石油地质及工程技术资料，作为完井和开发油田的原始资料，这种测井习惯上称为裸眼测井。

因此，完成测井以后，可以采用已有的大量测井曲线数据作为基础数据进行模型预测。目前，油田所采取的常用测井曲线主要包含以下几种。

（1）深度（DEPTH）。

（2）微电极（RMG/RMN）。

（3）深浅侧向电阻率（RLLD/RLLS）。

（4）微球形聚焦电阻率（RXO）。

（5）自然电位（SP）。

（6）高分辨率声波时差（HAC）。

（7）伽马（GR）。
（8）密度（DEN）。
（9）井径（CAL）。
（10）2.5m 底部梯度电阻率曲线（以下简称 2.5 曲线）（R25）。

总而言之，最终挑选的标签数据和特征数据如下。

标签参数：孔隙度、渗透率。

特征参数：深度（DEPTH）、微电极（RMG/RMN）、深浅侧向电阻率（RLLD/RLLS）、微球形聚焦电阻率（RXO）、自然电位（SP）、高分辨率声波时差（HAC）、伽马（GR）、密度（DEN）、井径（CAL）和 2.5 曲线（R25）。

2. 数据预处理

获得基础数据以后，仍需对数据进行相应的预处理，又称为特征工程，主要内容包括缺失值的补充、标准化、归一化、降维等。

1）缺失值的补充

首先通过程序观察样本数据是否存在缺失的情况。

```
#导入 pandas 库
import pandas as pd
#读取 excel 表格内容
data = pd.read_excel('测井数据-孔渗参数-1.xlsx')
#统计 excel 中的空值
data.isnull().sum()
```

输出结果为：

DEPTH（深度）	0
CAL（井径）	0
DEN（密度）	0
GR（伽马）	0
HAC（高分辨率声波时差）	0
R25（2.5 曲线）	0
RLLD（深侧向电阻率）	0
RLLS（浅侧向电阻率）	0
RMG（微梯度）	0
RMN（微电位）	0
RXO（微球形聚焦电阻率）	0
SP（自然电位）	0
ky（渗透率）	0
PORE（孔隙度）	0

dtype: int64

从输出结果看，12 个特征参数无缺失值，2 个标签参数也无缺失值，因此，无须进行缺失值的补充。

2）标准化

确定无缺失值后需要对数据进行归一化处理，对测井数据进行归一化有两个好处：第一个好处是使代表含义不同的测井数据消除量纲化的不利影响，降低模型的计算难度，减少甚至消除模型所走的弯路；第二个好处是减少由于数据之间差异太多而引起的模型收敛速度慢、训练时间较长、模型准确率和稳定性不高等问题。

从数据分布（图 3.26）可以看出，深度的数量级为几百，而微电位、深三侧向等数据的数量级仅为个位数，两者之间相差 2 个数量级。

	DEPTH(深度)	CAL(井径)	DEN(密度)	GR(伽马)	HAC(高分辨率声波时差)	R25(2.5曲线)	RLLD(深侧向电阻率)	RLLS(浅侧向电阻率)	RMG(微梯度)	RMN(微电位)	RXO(微球聚焦电阻率)	SP(自然电位)	ky(渗透率)	PORE(孔隙度)
0	878.80	22.2790	2.2602	97.5639	320.9075	2.5535	6.1772	5.4555	3.9782	5.2356	6.6938	-2.0671	0.284	27.7
1	878.85	22.1298	2.2455	97.3197	322.5522	2.3992	6.9194	6.3375	4.3543	5.6580	8.9405	-2.8250	0.284	27.7
2	878.90	21.9851	2.2300	97.1977	333.6947	2.2521	7.1352	6.8552	4.2739	5.4992	8.4688	-3.5845	0.284	27.7
3	878.95	21.8706	2.2180	97.6860	345.2151	2.1194	6.8109	6.5631	4.4824	5.4381	9.7781	-4.2631	0.284	27.7
4	879.00	21.8032	2.2112	98.7847	348.4217	2.0054	6.5415	6.0063	4.4210	5.3176	9.1761	-4.7878	0.284	27.7

图 3.26　处理前部分数据

为了简化计算、提高模型的计算效率，有必要对数据进行归一化处理。

```
#导入归一化处理的库 MinMaxScaler
from sklearn.preprocessing import MinMaxScaler
#首先进行实例化处理
scaler = MinMaxScaler()
#对数据 X 进行 fit，在这里的本质是生成 min(x)和 max(x)
scaler = scaler.fit(X)
#利用 transform 接口生成归一化后的数据集
Data_X= scaler.transform(X)
#利用 DataFrame 观察归一化后的数据集 Data
pd.DataFrame(Data_X)
```

数据结果见图 3.27。

	0	1	2	3	4	5	6	7	8	9	10	11
0	0.000000	0.675031	0.733019	0.326689	0.628373	0.015346	0.028371	0.051324	0.130820	0.163100	0.017402	0.927209
1	0.000155	0.606209	0.686792	0.324474	0.636980	0.012386	0.039776	0.076433	0.179068	0.198816	0.034596	0.915577
2	0.000311	0.539462	0.638050	0.323367	0.695288	0.009563	0.043092	0.091171	0.169951	0.185389	0.030986	0.903921
3	0.000466	0.486646	0.600314	0.327797	0.755574	0.007017	0.038108	0.082856	0.193593	0.180222	0.041006	0.893506
4	0.000621	0.455556	0.578931	0.337763	0.772354	0.004830	0.033969	0.067004	0.186631	0.170033	0.036399	0.885453
...												
1553	0.999379	0.159786	0.742767	0.176080	0.486232	0.190810	0.162326	0.246628	0.378535	0.468482	0.162380	0.461767
1554	0.999534	0.156649	0.683962	0.180510	0.523739	0.185366	0.162062	0.257902	0.401576	0.476751	0.139908	0.456314
1555	0.999689	0.159417	0.624528	0.183832	0.559194	0.178057	0.148769	0.257671	0.404456	0.478223	0.153967	0.453247
1556	0.999845	0.168689	0.571384	0.196013	0.578723	0.169459	0.125064	0.225530	0.373013	0.412396	0.087715	0.452546
1557	1.000000	0.186355	0.522013	0.211518	0.578534	0.159790	0.100541	0.189637	0.331126	0.362060	0.074455	0.454044

1558 rows × 12 columns

图 3.27　处理后部分数据

从图 3.27 可以看出，通过归一化的处理，特征参数数据全部集中在 0~1 范围内。

3. 模型建立

1）PCA 降维

数据预处理完毕后，还需要对数据进行相关性分析，查看特征数据之间的相关性，对数据进行降维处理。在降维过程中，我们会减少特征的数量，这意味着删除数据，数据量变少则表示模型可以获取的信息会变少，模型的表现可能会因此受影响。同时，在高维数据中，必然有一些特征是不带有有效的信息的（如噪声），或者有一些特征带有的信息和其他一些特征是重复的（如一些特征可能会线性相关）。我们希望能够找出一种办法来帮助我们衡量特征上所带的信息量，让我们在降维的过程中，能够既减少特征的数量，又保留大部分有效信息——将那些带有重复信息的特征合并，并删除那些带无效信息的特征等，逐渐创造出能够代表原特征矩阵大部分信息的、特征更少的新特征矩阵。

sklearn 中降维算法都被包括在模块 decomposition 中，这个模块的本质是一个矩阵分解模块。PCA 属于矩阵分解算法中的入门算法，通过分解特征矩阵来进行降维，它也是我们要讲解的重点。PCA 将已存在的特征进行压缩，降维完毕后的特征不是原本的特征矩阵中的任何一个特征，而是通过某些方式组合起来的新特征。通常来说，在新的特征矩阵生成之前，我们无法知晓 PCA 都建立了怎样的新特征向量，新特征矩阵生成之后也不具有可读性，我们无法判断新特征矩阵的特征是从原始数据中的什么特征组合而来，新特征虽然带有原始数据的信息，却已经不是原始数据上代表着的含义了。PCA 的降维流程如表 3.1 所示。

表 3.1 PCA 降维流程

过程	n 维特征矩阵
1	输入原始数据，数据结构为 $m×n$ 找出原本的 n 个特征向量构成的 n 维空间 V
2	决定降维后的特征数量：k
3	通过某种变化，找出 n 个新的特征向量，以及它们构成的新 n 维空间 V
4	找出原始数据在新特征空间 V 中的 n 个新特征向量上对应的值，即"将数据映射到新空间中"
5	选取前 k 个信息量最大的特征，删掉没有被选中的特征，成功将 n 维空间 V 降为 k 维

下面，我们将以代码的形式介绍 PCA 算法。

```
#导入数据包
import numpy as np
#matplotlib.pyplot 为画图数据包
import matplotlib.pyplot as plt
from sklearn.decomposition import PCA
#进行实例化
```

```
pca_line = PCA()
#对特征数据 Data_X 进行降维
pca_line =pca_line.fit(Data_X)
#绘制各个维数下模型的方差。其中，np.cumsum（）表示对数组进行累加
plt.plot([1,2,3,4,5,6,7,8,9,10,11,12],np.cumsum(pca_line.explained_variance_ratio_))
#这是为了限制坐标轴显示为整数
plt.xticks([1,2,3,4,5,6,7,8,9,10,11,12])
#设置横坐标的标题
plt.xlabel("维数")
#设置纵坐标的标题
plt.ylabel("累积解释方差")
#设置字体
plt.rcParams["font.sans-serif"]=["SimHei"]
#显示画布
plt.show()
```

PCA 降维曲线输出结果如图 3.28 所示。

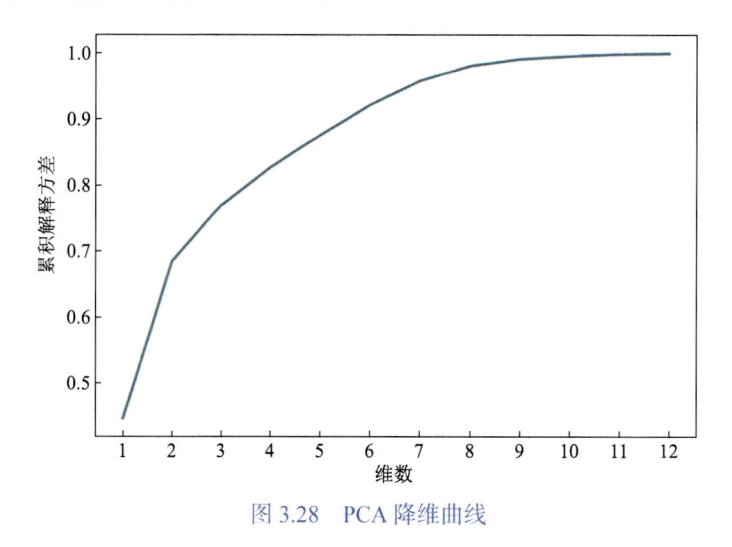

图 3.28　PCA 降维曲线

从 PCA 降维曲线可以看出，随着维数的增加，累积信息量逐渐增多，当维数增加为 9 以后，随着维数继续增加，累积信息量增加幅度不再明显，且维数为 9 时，9 维数据包含全部特征的 99.16%左右的信息量，因此，我们可以采用降维后的数据进行模型训练。

```
pca_line = PCA(n_components = 9)
pca_line =pca_line.fit(Data_X)
X_dr = pca_line.transform(Data_X)
X_dr
```

针对 PCA 算法，还需要强调一些重要接口：

（1）属性 pca.explained_variance_，查看降维后每个新特征向量上所带的信息量大小（可解释性方差的大小）。

（2）属性 explained_variance_ratio_，查看降维后每个新特征向量所带的信息量占原始数据总信息量的百分比，又称为可解释方差贡献率。

（3）属性 pca.explained_variance_ratio_.sum()，查看降维后所有新特征向量所带的总信息量占原始数据总信息量的百分比，大部分信息都被有效地集中在了第一个特征上。

2）划分数据集

数据预处理完毕后，在进行模型预测之前，还需要对数据集进行划分。机器学习一般会将数据集划分为两个部分，分别为训练集和测试集。训练集中的数据主要用于训练、构建模型，而测试集中的数据主要在模型检验时使用，用于评估模型是否有效。常用的分配比例为 7∶3、8∶2 和 7.5∶2.5。本节，我们采用 8∶2 的分配比例划分数据集，下面我们用代码体现这一过程。

```
#导入 train_test_split 数据划分的包
from sklearn.model_selection import train_test_split as TTS
#将数据按 80%的训练集和 20%的测试集进行划分
Xtrain,Xtest,Ytrain,Ytest = TTS(X_dr,y,test_size=0.2,random_state=220)
```

上边代码中需要解释的是 TTS(X_dr,y,test_size=0.2,random_state=220)语句，括号中第一个参数（X_dr）为特征参数数据集；第二个参数（y）为标签参数数据集；第三个参数（test_size=0.2）表示按照 8∶2 的比例对数据集进行划分；第四个参数 random_state 表示为随机种子，可以为任何数值，是用于初始化伪随机数生成器的一个数值。当 random_state 取某一个值时，也就确定了一种规则。在此处，随机种子控制每次划分训练集和测试集的模式，其取值不变时划分得到的结果一模一样，其值改变时，划分得到的结果不同。若不设置此参数，则函数会自动选择一种随机模式，得到的结果也就不同。

```
#查看总数据集、训练集、测试集的维度
X_dr.shape
Xtrain.shape
Xtest.shape
```

输出结果如表 3.2 所示。

表 3.2　数据维度

名称	维度
X_dr	（1558，9）
Xtrain	（1246，9）
Xtest	（312，9）

从表 3.2 可以看出训练集的维度为（1246，9），即包含 1246 条数据，每条数据包含 9 个特征，同理，测试集的维度为（312，9）。

3）核函数选择

这里我们采用支持向量机模型进行参数预测，支持向量机较其他算法的关键是核函数（kernel function）。常用的核函数有四种，分别为线性核、多项式核、双曲正切核、高斯径向基，具体参数见表 3.3。

表 3.3 核函数参数表

输入	含义	解决问题	核函数表达式	是否包含参数 γ	是否包含参数 d	是否包含参数 r
linear	线性核	线性	$K(x,y) = x \cdot y$	否	否	否
poly	多项式核	偏线性	$K(x,y) = (\gamma(x \cdot y) + r)^d$	是	是	是
sigmoid	双曲正切核	非线性	$K(x,y) = \tanh(\gamma(x \cdot y) + r)$	是	否	是
rbf	高斯径向基	偏非线性	$K(x,y) = e^{-\gamma\|x-y\|^2}, \gamma > 0$	是	否	否

注：γ 表示 gamma，d 表示 degree，r 表示 coef0，具体释义见表 3.4。

首先需要确定合适的核函数。具体代码如下。

```
#加载模型所用到的数据包，time 和 datetime 用于统计模型运行的时间长短
from time import time
import datetime
#从 sklearn 中加载支持向量回归机
from sklearn.svm import SVR
#SVM 是计算量很大的模型，我们需要时刻监控模型的运行时间
times = time()
#利用 for 循环查看不同核函数（kernel function）下模型的情况
for kernel in ["linear","poly","rbf","sigmoid"]:
    #对模型进行实例化，并在训练集上进行训练
    clf = SVR(kernel= kernel,gamma="auto",degree=1,cache_size=5000).fit(Xtrain, Ytrain)
    #clf.score()表示查看训练模型在测试集上的准确率
    score = clf.score(Xtest, Ytest)
    #输出不同核函数下模型的准确率
    print("%s 's testing accuracy %f" % (kernel,score))
    #输出不同模型运行的时间
    print(datetime.datetime.fromtimestamp(time()-times).strftime("%M:%S:%f"))
```

上边代码中需要重点解释的是 clf = SVR(kernel= kernel,gamma="auto",degree=1,cache_size=5000).fit(Xtrain, Ytrain)语句。kernel 指支持向量机中的核函数；gamma、degree 是不同核函数的关键参数，具体如表 3.4 所示；cache_size 是模型运行需要的内存

大小，该部分根据计算机的实际情况进行设定，数字越大，运行速度也越快。

表 3.4 核函数参数含义

参数	含义
degree	整数，可不填，默认为 3 多项式核函数的次数（poly），如果核函数没有选择 ploy，这个参数会被忽略
gamma	浮点数，可不填，默认为"auto" 核函数的系数，仅在参数 kernel 的选项为"rbf"、"poly"和"sigmoid"的时候有效 输入"auto"，自动使用 1/（n_features）作为 gamma 的取值 输入"scale"，则使用 1/（n_features×x.std（））作为 gamma 的取值 输入"auto_deprecated"，则表示没有传递明确的 gamma 值（不推荐使用）
coef0	浮点数，可不填，默认为 0.0 核函数中的常数项，它只在参数 kernel 为"poly"和"sigmoid"的时候有效

从运行结果（表 3.5）来看，核函数为高斯径向基时模型的准确率最高，为 72.87%，而其他核函数的模型准确率仅为 62% 左右；从模型的运行时间来看，双曲正切核运行时间最长，高斯径向基次之。综合来看，核函数选择为高斯径向基。

表 3.5 运行结果

序号	核函数	模型准确率/%	运行时间/s
1	线性核	62.65	0.0937
2	多项式核	62.46	0.1156
3	高斯径向基	72.87	0.1475
4	双曲正切核	62.28	0.1864

4. 模型参数的调整

因为模型核函数选择的是高斯径向基，而高斯径向基的可调节参数仅为"gamma"，因此接下来我们将通过代码实现调参过程。

```
#用于储存不同 gamma 值时模型的准确率
score = []
#设置 gamma 的取值范围，返回在对数刻度上均匀间隔的数字
gamma_range = np.logspace(-10, 1, 50)
for i in gamma_range:
    lf=SVR(kernel="rbf",gamma=i,cache_size=5000).fit(Xtrain,Ytrain)
    score.append(lf.score(Xtest,Ytest))
    #打印最优 gamma 对应的准确率
```

```
    print('最大准确率为',max(score), 'gamma',gamma_range[score.index(max(score))])
#绘制曲线
plt.plot(gamma_range,score)
#设置横坐标的标题
plt.xlabel("gamma 取值")
#设置纵坐标的标题
plt.ylabel("准确率")
#设置字体
plt.rcParams["font.sans-serif"]=["SimHei"]
plt.show()
```

上述代码中需要特别说明的是 np.logspace（）语句。

np.logspace（start, stop, num = 50, endpoint = Ture, base = 10）

start：代表序列的起始值。

stop：代表序列的终止值。

num：生成的序列数个数。

endpoint：布尔类型值，默认是 True。如果为 True，"stop" 是最后一个样本；否则，"stop" 的值不包括在内。

base：代表序列空间的底数，默认为 10。

例如，a=np.logspace（start =-5, stop =5, num =11）

结果[1e-05 1e-04 1e-03 … 1e+03 1e+04 1e+05]

从输出结果（图 3.29、图 3.30）可以看出，当 gamma = 5.9636 时，模型的准确率提高至 92.6%，模型具有较高的准确率。

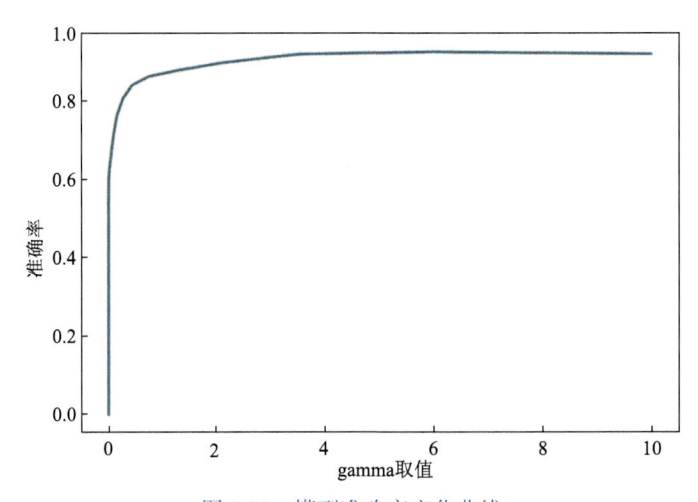

图 3.29　模型准确率变化曲线

图 3.30　预测值与真实值的关系

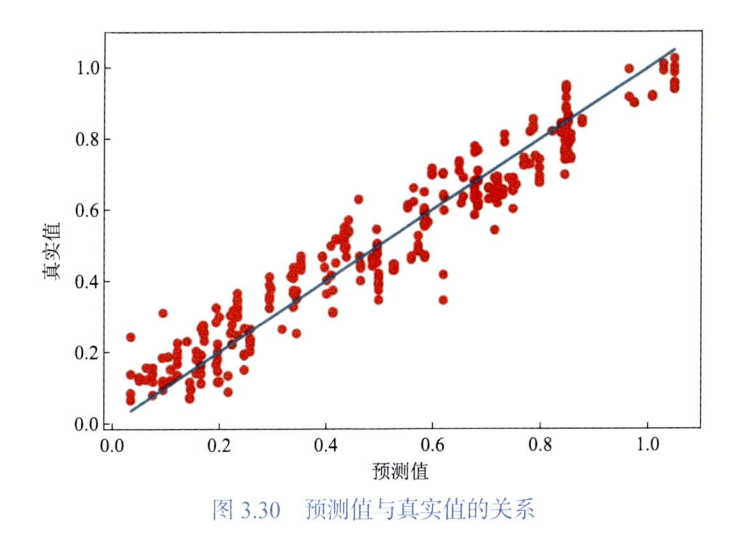

3.6　地层力学参数预测

岩石力学参数是钻井、完井和压裂等油气井工程环节必不可少的基础性参数，同时也是复杂储层地质评价的重要参数，岩石的脆性系数、抗张强度、弹性参数等还是低渗复杂储层中裂缝是否发育的重要指标。

3.6.1　常规力学参数预测方法

在油气工程领域，求取岩石力学参数的办法主要有两种：岩心室内测试法和地球物理测井法。

1. 岩心室内测试法

岩心室内测试法主要通过岩心的抗拉、抗剪、抗压等室内实验来获得岩石的力学参数。岩心室内测试法是确定岩石力学参数最基本、最直接的方法，能准确获得岩石力学性质参数，但是岩心试验数据有限且离散，不能反映钻井剖面地层岩石力学变化趋势，不利于钻井、压裂等工程应用。

2. 地球物理测井法

地球物理测井法则弥补了岩心室内测试法的不足，不但经济高效，而且可以得到全井段岩石力学参数的连续数据，并且测井资料可以更好地反映地下高温高压的原始环境以及岩石自身复杂结构对其力学性质的影响。地球物理测井法主要通过测井数据（声波时差、泥质含量等）进行公式拟合或推导来获得理论公式（表 3.6）。国内外学者对利用测井资料预测岩石力学参数开展了大量研究，取得了一定的成果，但大多数停留在以经典弹性波动理论公式作为动静态参数转换来预测岩石弹性参数，以数理统计法拟合来预测岩石力学参数。目前，计算模型多数在岩心试验数据之间进行关系分析，未以测井数据进行联系，即未以岩心数据与测井数据做标定，而解释模型最终使用测井资料做预测，这可能存在误差（如岩心测试声波与测井声波频率不同导致频散作用）。

表3.6 力学参数经验公式

名称	公式
岩石抗压强度	$\sigma_c = 0.0045E(1-V_{cl}) + 0.008V_{cl}E$
岩石抗拉强度	$S_t = 20.833\rho(3V_p^2 - 4V_s^2)[459E(1-V_{cl}) + 816EV_{cl}]$
岩石抗剪强度	$\tau = \dfrac{\sigma_c}{6}$
岩石黏聚力	$C = 3.326 \times 10^{-6} \sigma_c K_d$
岩石内摩擦角	$\phi = 36.545 - 0.4952C$
岩石可钻性级值	$K_d = \exp(-0.00534\Delta t_p + 2.8505)$
杨氏模量	$E = \dfrac{\rho V_s^2(3V_p^2 - 4V_s^2)}{V_p^2 - V_s^2}$
泊松比	$\mu_d = \dfrac{V_p^2 - 2V_s^2}{2(V_p^2 - V_s^2)}$

注：σ_c 为岩石抗压强度；E 为杨氏模量；V_{cl} 为泥质含量；S_t 为岩石抗拉强度；ρ 为岩石密度；V_p 为纵波波速；V_s 为横波波速；τ 为岩石抗剪强度；C 为岩石黏聚力；K_d 为岩石可钻性级值；ϕ 为岩石内摩擦角；μ_d 为泊松比；Δt_p 为纵波时差。

3.6.2 基于 XGBoost 算法预测力学参数

常规的储层参数预测方法是通过经验公式或简化地质条件建立模型，计算储层参数，对于一般地质储层问题能取得较好的效果，对于复杂地质问题预测精度不高。人工智能特别是机器学习的发展为地质储层力学参数预测带来了新的途径，该技术可以自主地学习曲线特征，避免了人为提取的误差。

1. 数据选择

本节内容是对岩石力学参数的预测，是一种有监督的回归模型，因此基础数据应包含特征数据和标签数据。显然，标签数据为岩石的力学参数，那么接下来的重点是如何挑选特征参数。根据特征参数挑选原则，我们应尽可能挑选出与力学参数相关的数据内容，还要兼顾数据获得的难易程度。从地球物理测井法内容可知，岩石的力学参数与测井数据中声波时差有直接联系。另外，岩石是由不同类型的矿物组合而成的，而不同矿物所表现的力学参数差别较大，如白云岩泊松比在 0.15~0.35，杨氏模量介于 50~94GPa；而石英岩泊松比介于 0.08~0.25，杨氏模量介于 60~200GPa。因此岩石的矿物组成也可作为预测模型的特征参数。从数据获得的难易程度来看，声波时差和矿物组成都是油井在生产前必须完成的流程，因此二者数据都较容易获得。至此，我们确定了机器学习的特征参数和标签参数。

特征参数：深度、矿物组成（石英、长石、钙质、白云石、方解石、方沸石、黏土）、纵波、横波。

标签参数：杨氏模量、泊松比、内聚力、内摩擦角、密度、抗拉强度、断裂韧性。

基础数据集如表3.7所示。

表3.7 基础数据集

行数	输入参数										目标参数						
	深度	石英	长石	钙质	白云石	方解石	方沸石	黏土	纵波	横波	杨氏模量/GPa	泊松比	内聚力/MPa	内摩擦角/(°)	密度/(cm³/g)	抗拉强度/MPa	断裂韧性
1	2984.47	12	9	46	34	12	18	14	87.61	162.39	23.01	0.147	29.7	45.39	2.55	N	N
2	2984.76	12	10	54	42	12	12	11	88.57	164.58	25.98	0.16	29.7	45.39	2.57	N	N
3	2984.9	11	15	53	49	4	10	10	88.76	165.12	26.59	0.192	29.7	45.39	2.55	N	N
4	3208.28	23	18	25	20	5	4	28	101.64	187.35	9.79	0.355	24	18.84	2.2	N	N
5	3208.43	24	22	20	11	9	9	22	102.53	187.61	13.67	0.294	24	18.84	2.29	N	N

注：N代表缺少数值。

2. 数据预处理

选定表3.7为训练集后，发现存在数据缺失、数据异常、数据量纲不一等问题，因此对数据进行清洗工作。

1）缺失值填补

深层地层情况复杂多变，给测井工作制造了极大的困难，由于机械原因和人为原因，因此出现数据缺失的情况是不可避免的，需要对数据集进行缺失值填补操作。最常用的缺失值填补方法为均值替代、近似替代和模型预测三种。本节根据数据集的特点采用近似替代方法中的K近邻插补法。K近邻插补先根据欧几里得距离或相关分析来确定距离具有缺失数据样本最近的K个样本，将这K个值加权平均来估计该样本的缺失数据，同均值插补的方法都属于单值插补，不同的是，K近邻插补法用层次聚类模型预测缺失变量的类型，再以该类型的均值插补。欧几里得距离公式如下：

$$d = \sqrt{(x_0 - x_1)^2 + (y_0 - y_1)^2} \tag{3-1}$$

式中，(x_0, y_0)和(x_1, y_1)分别是两点的横纵坐标。

在缺失值补充之前，需要对基础数据集进行观察统计，采用 data.isnull().sum()语句查看数据缺失情况。

输出结果如表3.8所示。

表 3.8　输出结果

名称	缺失值个数
深度	0
石英	0
长石	0
钙质	0
白云石	0
方解石	0
方沸石	0
黏土	0
纵波	0
横波	0
杨氏模量	0
泊松比	0
抗拉强度	7
断裂韧性	8

从输出结果（表 3.8）可以看出，数据集中"抗拉强度"和"断裂韧性"分别存在 7 个和 8 个缺失值，因此需要对数据集进行缺失值补充，采用 KNN 算法对缺失值补充的具体代码如下：

```
#从 sklearn 的 impute 模块中加载 KNN 包
from sklearn.impute import KNNImputer
#实例化
KI=KNNImputer(n_neighbors=3,weights="uniform")
#对数据进行 KNN 拟合，并将填补后的数据集保存 df_data 内
df_data=KI.fit_transform(data)
```

需要特别说明的是 KNNImputer(n_neighbors=3,weights="uniform")语句，n_neighbors 指邻居的个数，该值的设定对模型准确率具有较大的影响（默认为 5），下面分析 n_neighbors 值较大和较小的影响。

（1）n_neighbors 值较小，就相当于用较小的领域中的训练实例进行预测，近似误差小（偏差小），泛化误差会增大（方差大），换句话说，n_neighbors 值较小就意味着整体模型变得复杂，容易发生过拟合。

（2）n_neighbors 值较大，就相当于用较大领域中的训练实例进行预测，泛化误差小（方差小），但缺点是近似误差大（偏差大），换句话说，n_neighbors 值较大就意味着整体模型变得简单，容易发生欠拟合；一个极端是 n_neighbors 等于样本数 *m*，则完全没

有分类，此时无论输入实例是什么，都只是简单地预测它在训练实例中最多的类，模型过于简单。

weights 用于标识每个样本的近邻样本的权重，可选择"uniform"或"distance"或自定义权重。默认为"uniform"，即所有最近邻样本权重都一样。如果是"distance"，则权重和距离成反比。如果样本的分布是比较成簇的，即各类样本都在相对分开的簇中时，我们用默认的"uniform"就可以了，如果样本的分布比较乱，规律不好寻找，"distance"是一个比较好的选择。

缺失值填补成功后，我们用 pd.DataFrame(df_data)代码来查看数据集，数据结果如图 3.31 所示。

	0	1	2	3	4	5	6	7	8	9	10	11	12	13
0	2984.47	12.0	9.0	46.0	34.0	12.0	18.0	14.0	87.61	162.39	23.01	0.147	5.786667	0.206667
1	2984.76	12.0	10.0	54.0	42.0	12.0	12.0	11.0	88.57	164.58	25.98	0.160	4.833333	0.190000
2	2984.90	11.0	15.0	53.0	49.0	4.0	10.0	10.0	88.76	165.12	26.59	0.192	4.833333	0.190000
3	3208.28	23.0	18.0	25.0	20.0	5.0	4.0	28.0	101.64	187.35	9.79	0.355	4.640000	0.200000
4	3208.43	24.0	22.0	20.0	11.0	9.0	9.0	22.0	102.53	187.61	13.67	0.294	4.640000	0.200000
5	3209.80	22.0	10.0	23.0	7.0	0.0	29.0	0.0	106.19	199.16	9.64	0.402	4.640000	0.200000
6	3210.12	21.0	16.0	34.0	27.0	7.0	0.0	28.0	109.68	203.35	9.97	0.366	4.640000	0.200000
7	2925.12	19.0	14.0	25.0	7.0	18.0	27.0	14.0	81.18	156.62	30.10	0.206	3.950000	0.140000
8	2925.42	17.0	13.0	37.0	13.0	24.0	19.0	13.0	81.92	157.87	28.10	0.271	4.690000	0.310000

图 3.31　缺失值填补后的数据集

从图 3.31 中可以看出，标号为"12"和"13"的列的前 8 行数据已经填补完成。至此，我们完成了缺失值的补充。

2）标准化

根据第 1 章提到的机器学习工作流，数据预处理环节需要对数据进行标准化或归一化（去量纲化），以解决数据指标之间的可比性问题。由于归一化不会改变分裂点的位置，而 XGBoost 属于树模型，树模型是通过寻找特征的最优分裂点来完成优化的，因此 XGBoost 不需要进行归一化，这一点已经由 XGBoost 算法的发明者陈天奇亲自确认。

因此，本章节无须对数据进行标准化处理。

3. 模型建立

1）PCA

本节我们采用 PCA 方法进行降维。为了寻找最优 PCA 参数，使用网格搜索法选取最优 PCA 参数，目标是用最小的维度表征尽可能多的信息量。具体代码参考 3.5.2 节内容。

降维结果如图 3.32 所示，可以看出，4 维特征即可表征出 95%以上的特征信息，于是选择将 10 维特征映射为 4 维特征进行机器学习模型训练。

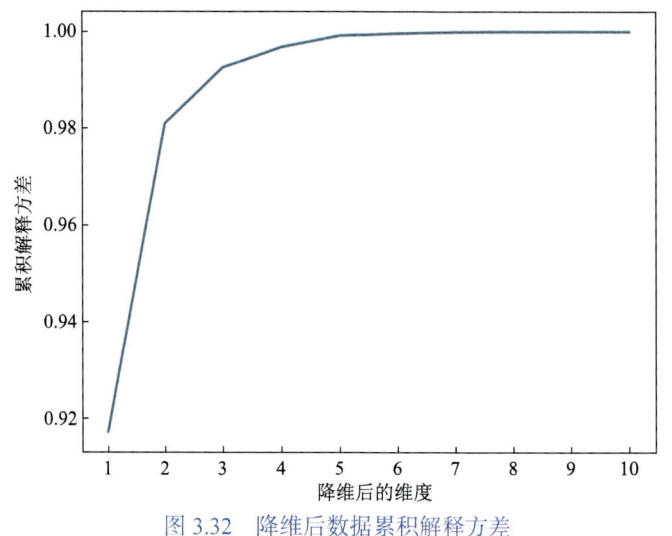

图 3.32 降维后数据累积解释方差

2）划分数据集

将数据集按照 8∶2 的比例划分为训练集和测试集，训练集的作用是拟合模型，模型通过自主学习能力学习训练集中的数学规律，训练机器学习模型的拟合能力。测试集用于检验机器学习模型的预测能力，将测试集中的输入参数代入模型中，模型预测出所对应的目标参数，将预测得到的目标参数与测试集中的真实值对比，通过计算 R^2 评价机器学习模型预测准确率。

具体代码如下：

```
from sklearn.model_selection import train_test_split as TTS
Xtrain,Xtest,Ytrain,Ytest = TTS(X_dr,y,test_size=0.2,random_state=220)
Xtrain.shape
Xtest.shape
```

划分数据集后的训练集维度为（24，4），测试集的维度为（7，4）。

3）参数优化

这里我们以预测杨氏模量为例进行介绍。首先我们不进行超参数的设定运行 XGBoost 模型，初步观察预测精度，具体代码如下：

```
#从 xgboost 中导入相应的回归包 XGBRegressor
from xgboost import XGBRegressor as XGBR
#采用 XGBR 对训练集进行模型训练
reg = XGBR().fit(Xtrain,Ytrain)
#获得测试集上的预测值
reg.predict(Xtest)
#获得模型在测试集上的准确率
reg.score(Xtest,Ytest)
```

模型的准确率为 0.7285299，那么下一步我们采用学习曲线来挑选模型的最优超参数。在获取最优超参数前，需要了解 XGBoost 中几个重要的参数，如表 3.9 所示。

表 3.9 超参数表

参数	参数含义	集成算法	弱评估器	其他过程
n_estimators	集成算法中的弱分类器的数量	√[a]		
learning_rate	集成算法中的学习率	√		
silent	是否在运行集成时进行流程的打印	√		
subsample	从样本中进行采样的比例	√		
max_depth	弱分类器的最大树深度		√	
objective	指定学习目标函数与学习任务		√	
booster	指定要使用的弱分类器		√	
gamma	在树的叶节点上进行进一步分枝所需的最小的目标函数的下降值		√	
min_child_weight	一个叶节点上所需的最小样本权重		√	
max_delta_step	树的权重估计中允许的单次最大增量		√	
colsample_bytree	构造每一棵树时随机抽样出的特征占所有特征的比例		√	
colsample_bylevel	在树的每一层进行分支时随机抽样出的特征占所有特征的比例		√	
reg_alpha	目标函数中使用 L1 正则化时控制正则化强度		√	
reg_lambda	目标函数中使用 L2 正则化时控制正则化强度		√	
nthread	用于运行 xgboost 的并行线程数（已弃用，请使用 n_jobs）			√
n_jobs	用于运行 xgboost 的并行线程数（取代 nthread）			√
scale_pos_weight	处理标签中的样本不平衡问题			√
base_score	所有实例的初始预测分数，全局偏差			√
seed	随机数种子（已弃用，请使用 random_state）			√
random_state	随机数种子（取代 seed）			√
missing	需要作为缺失值存在的数据中的值。如果为 None，则默认为 np.nan			√
importance_type	feature_importances_属性的特征重要性类型			√

a 表示 n_estimators 属于"集成算法"类参数，余同。

按照过程分类，XGBoost 参数主要分为集成算法过程参数、弱评估器过程参数和其他过程参数。其中集成算法过程参数中，我们重点介绍 n_estimators 和 learning_rate 参数；弱评估器过程参数中，我们重点介绍 max_depth、gamma 和 reg_lambda 参数；其他过程参数中，我们重点介绍 random_state 参数。

首先，我们采用学习曲线来优化超参数 n_estimators，具体代码如下：

```python
#导入画图的包
import matplotlib.pyplot as plt
#设置 axisx 为 n_estimators 的取值范围
axisx = range(10,200,10)
#储存验证集上 r 平方
rs =[]
rd =[]
for i in axisx:
    reg=XGBR(n_estimators=i,random_state=420).fit(Xtrain,Ytrain)
    rs.append(reg.score(Xtest,Ytest))
    rd.append(reg.score(Xtrain,Ytrain))
print(axisx[rs.index(max(rs))],max(rs))
#学习曲线的绘制
plt.figure(figsize=(20,5))
plt.plot(axisx,rs,c="red",label="测试集")
plt.plot(axisx,rd,c="green",label="训练集")
plt.legend()
plt.show()
```

输出结果如图 3.33 所示。

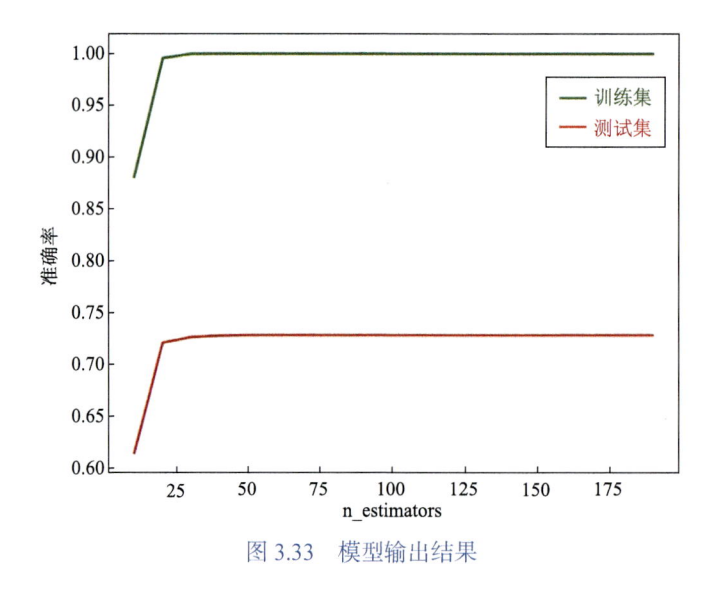

图 3.33 模型输出结果

从输出结果中可以看出，最佳 n_estimators 为 190，此时模型在测试集上的准确率为 72.85%。和调参前对比发现，调整 n_estimators 对模型的准确率影响不明显。

相同原理，接下来固定 n_estimators=190，确定其他超参数。最终确定模型的最优超参数为：n_estimators =190，eta（学习率）=0.9，gamma=0，reg_lambda=1，max_depth=8。在该超参数组合下，模型在验证集上的准确率提高至 83.77%。

3.7 可压性评价

压裂技术的关键是如何取得有效裂缝和裂缝导流能力[34]，而裂缝的起裂与扩展又受储层性质和地应力等因素影响，因此掌握页岩储层压裂裂缝起裂与扩展规律及其主控因素将为揭示页岩储层复杂缝网的形成机制、指导页岩气开采提供理论依据，对压裂工艺设计、储层改造技术研究，甚至提高气体采收率等具有重要现实意义。由于页岩储层埋藏深度大，缺乏准确、有效的现场监测手段，因而无法直接观测地下储层的水力压裂效果[35]。

可压性是指页岩储层在压裂开发时形成复杂裂缝网络的能力[36]。可压性好则表示压裂后更容易产生复杂裂缝网络，达到增产改造的效果；可压性差则表示压裂后无法产生复杂裂缝网络，使得增产改造的效果差。目前对于可压性的评价，大多数学者只用单一脆性或储层岩石力学来表示可压性，少部分学者将地质与储层岩石力学相结合来表示可压性。并且在综合考虑可压性时学者也主要运用层次分析法来求解可压性。

可压性受到许多因素的影响，不仅是岩石本身的特征，还包括储层的地质特征，如岩石力学参数、地应力条件、天然裂缝发育程度等因素的影响。由于影响因素众多，近些年国内外学者针对不同的参数提出了各自的评价方法，早期的研究使用岩石的脆性来评价可压性，而近年来相关研究指出脆性不能等同于可压性，因为脆性只是反映了岩块本身破裂的性质，并不能反映岩体中存在弱面或者天然裂缝下的破裂特征。

目前，可压性影响因素主要概括为以下几点。

（1）岩石脆性：岩石脆性指岩石在外力作用下直至破碎而无明显的形状改变，是反映岩石破碎前不可逆形变中没有明显吸收机械能量，即没有明显的塑性变形的特性。

（2）断裂韧性：断裂韧性是一项表征储层改造难易程度的重要因素，反映了压裂过程中裂缝形成后维持裂缝向前延伸的能力。

（3）天然弱面：天然弱面主要包括节理、裂缝、断层和沉积层理面。一般的页岩储层中天然弱面都较发育，它是页岩储层形成复杂裂缝网络的基本条件。

（4）矿物组成：矿物组成影响储层的力学性质及压裂改造方法。脆性矿物含量越高、黏土矿物含量越低，页岩储层的可压性越好。

（5）含气性：页岩储层的含气性与压裂后的产气能力之间存在相关性，有机碳含量（TOC）和总含气量都可以作为描述页岩含气性的指标（考虑压裂后的储层是否具有产气能力）。

（6）其他因素：页岩可压性还可能受到地应力差异性、沉积环境、内部构造及天然裂缝分布等因素的影响（地应力差异性越小、天然裂缝越发育，越有利于岩石在压裂过程中形成复杂缝网）。

3.7.1　常规可压性评价方法

现有的评价页岩可压性的内容主要包括脆性指数法和地质环境法。脆性指数法主要包含基于矿物组分的评价方法和基于岩石力学参数的评价方法；地质环境法主要包含地应力评价方法，天然裂缝评价方法和储层孔隙度、渗透率的评价方法（图 3.34）。

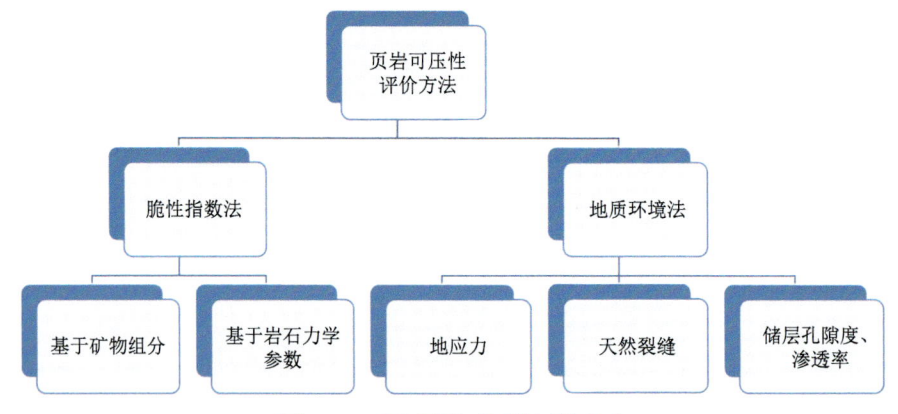

图 3.34　现有页岩可压性评价方法

早期，人们采用岩石的脆性来评价可压性，可以分为两类[37]。一类是基于岩石力学参数的脆性评价方法，该方法用弹塑性力学特征参数来表征，如抗压强度、断裂韧性、泊松比、杨氏模量等力学参数，应用最广泛的是 Rickman 等[38]提出的基于静态杨氏模量和泊松比来表征的脆性指数公式，该方法能够较为准确地表征岩石的脆性，目前基于岩石力学参数计算脆性指数的方法有数十种；另一类是基于矿物组分的分类方法，即用矿物学测井或 X 射线衍射(XRD)分析室内岩心测试确定储层的矿物类型，用脆性矿物的含量来评价储层可压性。2007 年人们采用石英的含量来评价脆性大小[39]，Wang 和 Gale[40]发现白云岩也会增加岩石的脆性，随后的几年里，研究者逐渐用硅酸盐类矿物（白云岩、方解石等）[41]和碳酸盐类矿物（石英、长石等）[42]评价岩石脆性。

近年来许多学者认为，可压性并不等同于脆性，还与地应力和天然裂缝发育程度等因素息息相关。目前，研究者考虑多种因素，采用可压性系数法进行可压性评价，主要是将多种影响因素通过一定的数学方法进行整合，最终得出一个系数值来评价储层的可压性，这种方法直观有效、操作简单，适合在现场应用。

但现有的可压性系数评价法同样存在因素考虑单一或简单的多因素叠加的不足，不能全面、科学地表征页岩可压性。

3.7.2　基于 BP 神经网络页岩储层可压性评价

现有的系数法评价模型存在一定的缺陷，主要是对影响因素考虑不够全面，难以准确评价页岩储层可压性。目前，关于脆性的表征方法多种多样，没有统一的定义，同时针对不同的地层，同样的方法也不一定适用，因此具体应用时，需要针对具体的地层，进行岩石特征的研究，才能得出适合该地层的脆性表征方法。因此，急需一种全面科学的页岩储层可压性评价方法，以便为选井、选层提供指导。

由于页岩气开发多年，已经获取了许多地质、工程方面的信息。这些现场数据不仅具有数据量大、种类多的特点，而且数据本身也存在数值缺失、量纲不一样的特点。传统处理方法得出的结论与实际往往有一定差距。而机器学习分析方法能够科学有效地分析数据特征，获取数据价值，因此采用机器学习预测岩石的可压性具有较高的应用前景并对现场工作指导具有重要意义。

1. 数据选择

前面我们了解到影响岩石可压性的因素众多，可以概括为地质因素和工程因素。地质因素主要指储层特征和储集状态这两部分对可压性的影响；工程因素主要指在储层段所涉及的工程参数对可压性的影响，如页岩储层所用的钻井液性能、水平段长度、射孔数等都将会对页岩储层的可压性产生影响。这里主要采用中国石油大学（北京）殷胜[43]论文中的数据作为我们本节模拟的数据集。

根据表 3.10 内容，确定模型的特征参数有天然裂缝发育程度、层位、储层厚度、储层埋深、储层温度、压力系数、含气量、孔隙度、有机碳含量、矿物脆性、最大主应力、最小主应力、平均应力差、破裂压力、杨氏模量、泊松比、泥质含量、钻井液类型、密度、钻井液黏度、平均机械钻速、钻压、转速、排量、泵压、水平段长度、总射孔数和巷道距优质页岩距离，共 28 个特征参数。

表 3.10 可压性影响因素统计

统计方面	统计资料详细内容
地质因素	天然裂缝发育程度、层位、储层厚度、储层埋深、储层温度、压力系数、含气量、孔隙度、有机碳含量、矿物脆性、最大主应力、最小主应力、平均应力差、破裂压力、杨氏模量、泊松比、泥质含量
工程因素	钻井液类型、密度、钻井液黏度、平均机械钻速、钻压、转速、排量、泵压、水平段长度、总射孔数、巷道距优质页岩距离

目前，可压性系数法所采用的优化指标主要有断裂能、裂缝复杂指数、压后产能等，本节我们主要采用压后产能作为评价的标准，即机器学习的标签参数为压后产能。

2. 数据预处理

从现场提取的数据一般情况下是不完整的，人为因素和机器因素导致基础数据存在噪声、缺失、不一致等问题，因此在建模前必须进行数据的预处理。

1）缺失值填补

首先通过 data.isnull().sum() 代码查看数据集中数据的缺失情况，初始数据总共应有 1711 个数据，但缺失了 99 个数据，缺失数值占总数据量的 5.8%，数据的缺失情况如图 3.35 所示。

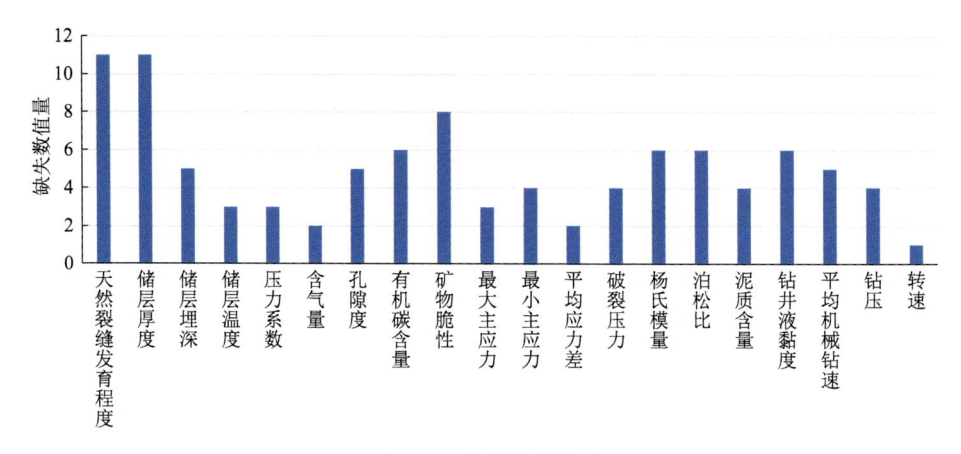

图 3.35　数据缺失统计

最常用的缺失值填补方法为均值替代、近似替代和模型预测三种方法。本节根据数据集的特点，采用随机森林算法填补缺失值。

随机森林填补缺失值的基本思想是：任何回归都是从特征矩阵中学习，然后求解连续型标签 y 的过程，之所以能够实现这个过程，是因为回归算法认为，特征矩阵和标签之间存在着某种联系。实际上，标签和特征是可以相互转换的，比如说，用"压力系数、储层厚度"预测"压后产能"的问题中，我们既可以用"压力系数""压后产能"的数据来预测"储层厚度"，也可以反过来，用"储层厚度""压后产能"来预测"压力系数"。而回归填补缺失值正是利用了这种思想。

对于一个有 n 个特征的数据来说，其中特征 T 有缺失值，我们就把特征 T 当作标签，其他的 $n–1$ 个特征和原本的标签组成新的特征矩阵。那对于 T 来说，它没有缺失的部分，就是我们的 Y_test，这部分数据既有标签也有特征，而它缺失的部分，只有特征没有标签，就是我们需要预测的部分。这种做法对于某一个特征大量缺失，其他特征却很完整的情况非常适用。

那如果数据中除了特征 T 之外，其他特征也有缺失值怎么办？答案是遍历所有的特征，从缺失值最少的开始进行填补（因为填补缺失值最少的特征所需要的准确信息最少）。填补一个特征时，先将其他特征的缺失值用 0 代替，每完成一次回归预测，就将预测值放到原本的特征矩阵中，再继续填补下一个特征。每一次填补完毕，有缺失值的特征会减少一个，所以每次循环后，需要用 0 来填补的特征就越来越少。当进行到最后一个特征时（这个特征应该是所有特征中缺失值最多的），已经没有任何其他特征需要用 0 来进行填补了，而我们已经使用回归为其他特征填补了大量有效信息，可以用来填补缺失最多的特征。遍历所有的特征后，数据就完整，不再有缺失值了。

具体代码如下所示：

```
#导入包
import numpy as np
from sklearn.impute import SimpleImputer
from sklearn.ensemble import RandomForestRegressor
```

```
#复制特征数据集用来填补，命名为 data_reg
data_reg = data.iloc[:,0:-1].copy()

#找出数据集中，缺失值从小到大排列的特征顺序，即索引的顺序。
sortindex = np.argsort(data_reg.isnull().sum(axis=0)).values
y_full = data.iloc[:,-1].copy()

#前 8 个数据没有缺失值，因此从第 9 列循环
for i in sortindex[8::]:
    #构建我们的新特征矩阵和新标签
    df = data_reg
    # fillc 为新标签
    fillc = df.iloc[:,i]
    # pd.concat( )沿着指定的轴将多个 DataFrame 或者 series 拼接到一起
    df=pd.concat([df.iloc[:,df.columns!= i],pd.DataFrame(y_full)],axis=1)
    #在新特征矩阵中，对含有缺失值的列，以 0 进行填补
    df_0=SimpleImputer(missing_values=np.nan,strategy='constant',fill_value=0).fit_transform(df)

    #找出我们的训练集和测试集
    #是被选中要填充的特征中（现在是标签）存在的那些值，非空值
    Ytrain= fillc[fillc.notnull()]
    #是被选中要填充的特征中（现在是标签）不存在的那些值，空值
    Ytest = fillc[fillc.isnull()]
    Xtrain = df_0[Ytrain.index,:]
    Xtest = df_0[Ytest.index,:]
    #用随机森林来填补缺失值
    rfc = RandomForestRegressor(n_estimators=100)
    rfc = rfc.fit(Xtrain, Ytrain)
    Ypredict = rfc.predict(Xtest)
    #将填补好的特征返回到我们的原始的特征矩阵中
    data_reg.loc[data_reg.iloc[:,i].isnull(), i] = Ypredict
```

注意 sort 和 argsort 的区别。

sort：返回的是对数据进行从小到大的排序，失去了索引。

argsort：返回的是从小到大排列的顺序所对应的索引。

程序运行之后，通过 data_reg.isnull( ).sum( )语句看出，数据集已经不存在缺失值。

2）相关性分析

相关性分析描述两个变量之间的线性程度，一般采用皮尔逊相关系数计算，得到输入参数与目标参数之间的相关性。公式定义形式如下：

$$\rho_{X,Y} = \frac{\sum XY - \frac{\sum X \sum Y}{N}}{\sqrt{\left(\sum X^2 - \frac{(\sum X)^2}{N}\right)\left(\sum Y^2 - \frac{(\sum Y)^2}{N}\right)}} \quad (3\text{-}2)$$

式中，$\rho_{X,Y}$ 是两变量的皮尔逊相关系数；X、Y 是两个变量；N 是数据样本的数量。

采用编程语言计算皮尔逊相关系数，并绘制热力图，具体代码如下：

```python
#导入包
import matplotlib.pyplot as plt
# seaborn 绘图库
import seaborn as sns
import seaborn

#计算各变量之间的相关系数
corr = data.corr()

#画热力图
ax = plt.subplots(figsize=(20,20))
ax = sns.heatmap(corr, vmax=.5, square=True, annot=True)
# heatmap 热力图，annot=True 表示显示系数

#设置刻度字体大小
plt.xticks(fontsize=11)
plt.yticks(fontsize=11)
plt.savefig('1.jpg',dpi=120)
```

相关性分析中，经常用到 data.corr() 函数，data.corr() 表示了 data 中的两个变量之间的相关性，取值范围为[–1,1]，取值接近–1，表示反相关，取值接近 1，表正相关，取值接近 0 表示无关。

计算结果见图 3.36，从图中可以看出，天然裂缝发育程度、总射孔数、有机碳含量与压后产能相关性较高，其余指标线性相关性较弱。即各项指标与压后产能之间存在某种非线性关系。因此 BP 神经网络模型比较适合对可压性进行评价。

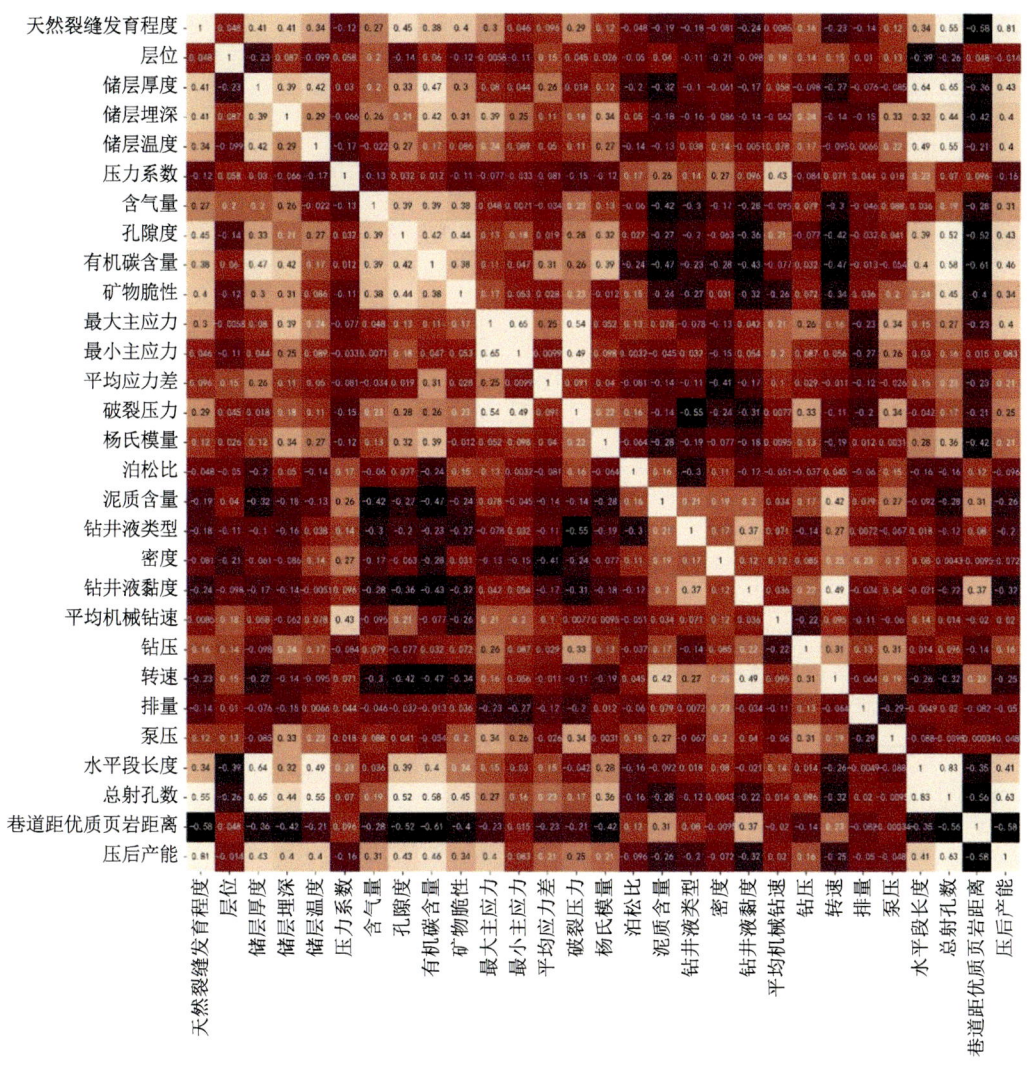

图 3.36 皮尔逊相关系数热力图

3)标准化

由于初始数据具有不同的量纲,需要对数据进行处理使其转换为无量纲数。主成分分析是根据方差来建立新坐标系的,在主成分分析方法中,大多数采用标准化进行数据预处理,因此,本节采用标准化对数据进行预处理。

数据标准化(standardization,又称 Z-score normalization):当数据(X)按均值(μ)中心化后,再按标准差(σ)缩放,数据就会服从为均值为 0、方差为 1 的正态分布(即标准正态分布),而这个过程,就称为数据标准化,公式如下:

$$X^* = \frac{X - \mu}{\sigma} \tag{3-3}$$

具体代码如下:

```
from sklearn.preprocessing import StandardScaler
#实例化
scaler = StandardScaler()
data_reg=scaler.fit_transform(data_reg)

#查看均值的属性 mean_
scaler.mean_

#查看方差的属性 var_
scaler.var_
```

3. 模型建立

1）标签值处理

根据现场可压性的评价方法，人们常常采用可压性好与差来进行评价，因此，我们需要根据压后产能大小进行分类，即从回归问题变为分类问题。这里，根据标签数值的特点，我们主要采用 K 均值聚类对样本进行聚类分析，主要分为 3 类，分别从大到小定义为Ⅰ类井、Ⅱ类井和Ⅲ类井，对应可压性好、一般和差，具体代码和结果（表 3.11 和图 3.37）如下。

```
#导入包
from sklearn.cluster import KMeans
#定义分类个数为3
n_clusters = 3

#进行聚类
cluster = KMeans(n_clusters=n_clusters,random_state=0).fit(y_full.values.reshape(-1, 1))

#输出分类的标签值
cluster.labels_

#令 y_full 等于分类后的标签(0, 1, 2)
y_full_1=cluster.labels_
```

表 3.11 可压性与压后产能对应关系

聚类分类（无因次）	可压性（无因次）	压后产能/（m^3/d）
Ⅰ类井	好	>25.60
Ⅱ类井	一般	[15.00，25.60]
Ⅲ类井	差	<15.00

图 3.37 可压性可视化分类图

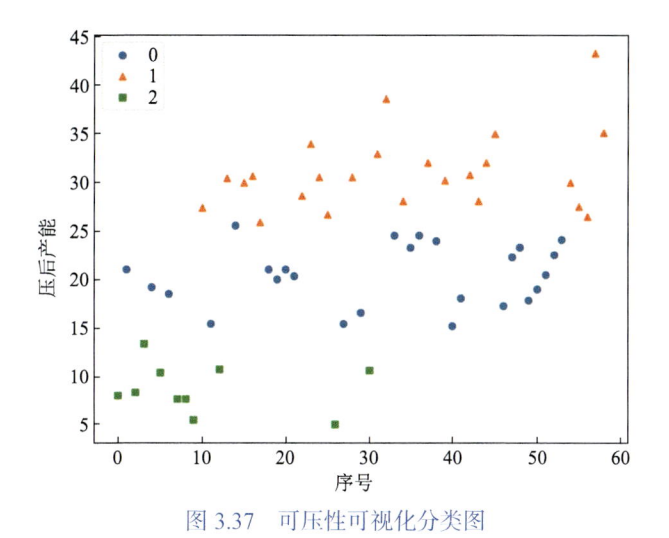

2）划分数据集

采用 train_test_split 语句将数据划分为训练集和测试集，30%为测试集，70%为训练集，具体代码如下：

```
from sklearn.model_selection import train_test_split as TTS
Xtrain,Xtest,Ytrain,Ytest = TTS(data_reg,y_full,test_size=0.3,random_state=20)
```

4. 神经网络建立

这里采用 BP 神经网络对可压性进行评价，BP 神经网络模型的建立一般分为三个步骤：①构建网络结构；②进行前向传播，计算损失；③反向传播计算梯度，更新权重。

为了简化模型，采用 2 个隐藏层的神经网络进行参数预测，设置隐藏层神经元个数分别为 32 和 8，具体代码和网络结构（图 3.38）如下。

```
#导入包
import torch
import torch.nn as nn
from torch.nn import functional as F
from torch.autograd import Variable
from torch.nn.init import xavier_uniform as xavier
from IPython.core.interactiveshell import InteractiveShell
import os
import torch.utils.data as Data
from sklearn.metrics import mean_squared_error, mean_absolute_error

#将数据转化为张量
Xtrain_ = torch.from_numpy(Xtrain.astype(np.float32))
```

```python
Xtest_=torch.from_numpy(Xtest.astype(np.float32))
_Ytrain_=torch.from_numpy(Ytrain).type(torch.LongTensor)
Ytest_=torch.from_numpy(Ytest).type(torch.LongTensor)

#将训练数据处理为数据加载器
train_data = Data.TensorDataset(Xtrain_, _Ytrain_)
test_data = Data.TensorDataset(Xtest_, Ytest_)
train_loader = Data.DataLoader(dataset=train_data, batch_size =10, shuffle = True,
num_workers = 0)

class Net(torch.nn.Module):

    #定义网络结构
    def __init__(self):
        super(Net,self).__init__()
        #隐藏层1
        self.hidden_1=torch.nn.Linear(28,32)
        #隐藏层2
        self.hidden_2=torch.nn.Linear(32,8)
        #输出层
        self.out=torch.nn.Linear(8,3)

    #前向传播
    def forward(self,x):
        # relu 为激活函数，使模型变成非线性关系
        x=F.relu(self.hidden_1(x))
        x=F.relu(self.hidden_2(x))
        x=self.out(x)
        return x

#设置 Linear 层的权重和偏置
def weights_init(m):
    if type(m)==nn.Linear:
        nn.init.normal_(m.weight)
        nn.init.normal_(m.bias)

net = Net()
```

```python
#net = Net(n_feature=28,n_hidden_1=32,n_hidden_2=8,n_output=3)
print(net)

#模型优化器
optimizer=torch.optim.Adam(net.parameters(),lr=0.01,weight_decay=0.1)

#定义损失函数
loss_func=torch.nn.CrossEntropyLoss() #分类时使用

train_loss_all=[]
print("开始训练")

for epoch in range(500):
    train_loss = 0
    train_num = 0
    for step, (b_x, b_y) in enumerate(train_loader):
        output = net(b_x) # MLP（multi-layer perceptron，又称多层感知机）在训练 batch（批处理）上的输出
        loss = loss_func(output, b_y) #均方根损失函数
        optimizer.zero_grad() #每次迭代梯度初始化为 0
        loss.backward() #反向传播，计算梯度
        optimizer.step() #使用梯度进行优化
        train_loss += loss.item() * b_x.size(0)
        train_num += b_x.size(0)
        train_loss_all.append(train_loss / train_num)
        train_loss_all
#可视化损失函数的变化情况
plt.figure(figsize = (8, 6))
plt.plot(train_loss_all, 'ro-', label = '训练集误差')
plt.legend()
plt.xlabel('epoch')
plt.ylabel('误差')
plt.show()
y_pre = net(Xtest_)
print("y_pre:",y_pre)
print("Ytest_:",Ytest_)
#y_pre = y_pre.data.numpy()
```

```
y_pre_indices=torch.max(y_pre,1).indices
mse = mean_squared_error(Ytest_, y_pre_indices)
print('在测试集上的均方误差为:', mse)
```

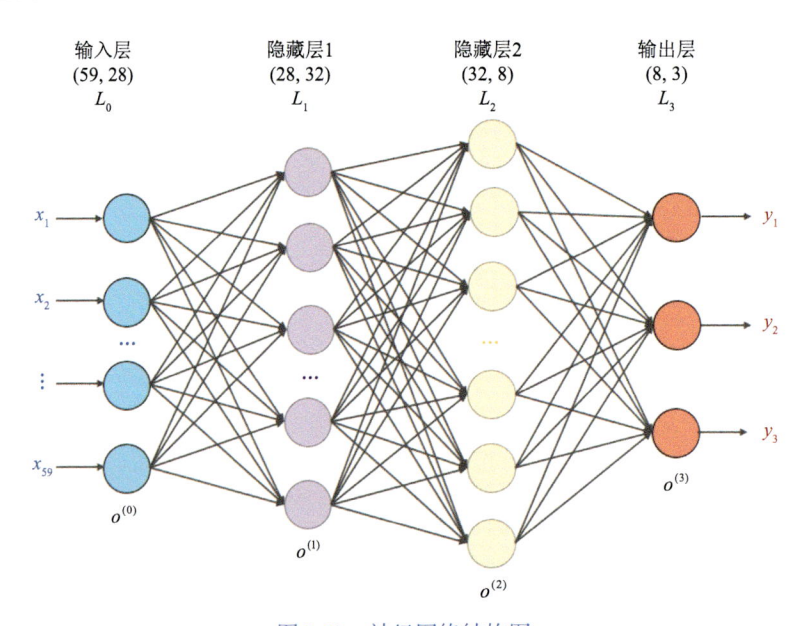

图 3.38　神经网络结构图

从模型准确率结果（图 3.39）中可以看出，当模型在训练集的准确率接近 100% 时，其在测试集上的准确率为 82 %。

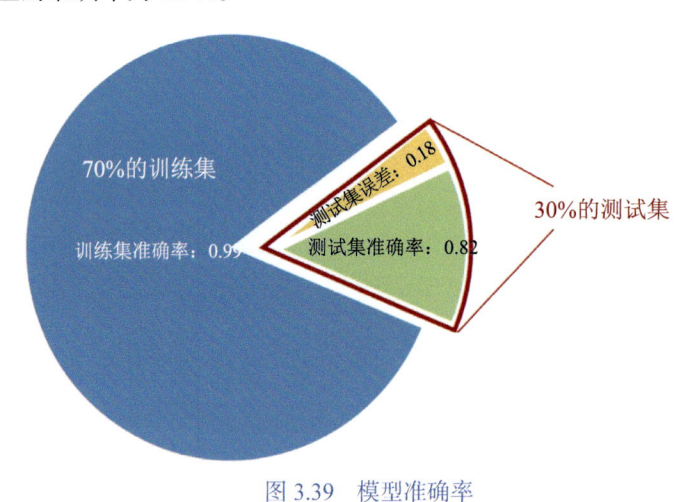

图 3.39　模型准确率

3.8　压裂设计优化

压裂是油气井增产、水井增注的一项重要技术措施。当地面高压泵组将液体以大大超过地层吸收能力的排量注入到井中时，在井底附近憋起超过井壁附近地层的最小地应力及岩石抗张强度的压力后，即在地层中形成裂缝。随着带有支撑剂的液体注入缝中，裂缝逐渐向前延伸，这样，在地层中形成了具有一定长度、宽度及高度的填砂裂缝。压裂形成的裂缝具有很高的导流能力，使油气能够畅流入井，从而起到了增产增注的作用。

大型水力压裂可以在低渗透油藏内形成深穿透、高导流能力的裂缝，使原来没有工业价值的油田成为具有一定产能的油气田，其意义远远超过一口井的增产增注作用。

在地层中造缝时，井底附近的地应力及其分布、岩石的力学性质、压裂液的渗流性质及注入方式是控制裂缝几何形态的主要因素。因此，压裂效果受到多方面因素的综合影响，是个复杂的过程。

3.8.1 常规压裂参数优化方法

目前国内外研究压裂参数优化的方法主要分为物理实验研究和数值方法。物理实验研究中，黄荣樽[44]进行了大型页岩三轴压裂实验，分析了体积压裂中压裂液注入量和裂缝形态的关系；Medlin 和 Masse[45]验证了水力裂缝在低围压的情况下，容易被天然裂缝捕捉；Daneshy[46]验证了页岩层理面胶结强度对水力裂缝与天然裂缝之间关系的影响；Keshavarzi 和 Mohammadi[47]提出，水力裂缝与天然裂缝间的角度对裂缝形态具有较大影响。

数值方法来模拟水力压裂的关键难点和重点是通过数学模型准确描述应力在水压作用下的力学反应。随着软件的更新和计算水平的不断提高，水力压裂相关的理论与数值模拟研究也从经典的 PKN、平面应变模型、硬币模型等发展到目前的基于 ABAQUS、ANSYS 等数值软件的扩展有限元法（XFEM）、Cohesive 等模型。Fu 等[48]建立流体-构造力学显式耦合理论模型，对裂缝型油藏进行水力压裂模拟；Meyer 和 Bazan[49]基于离散裂缝网络模型开发了 MShale 软件，用于研究水力裂缝扩展问题；雷群等[50]从地层应力与压裂压力的关系角度研究了低孔低渗介质中水力裂缝形成机理；曾青冬[51]利用位移不连续方法(DDM)对水力裂缝扩展进行了影响因素分析；李连崇等[52]基于弹性损伤原理，对岩石材料水力劈裂的损伤过程进行模拟，对裂缝扩展机制进行了探索；Taron 等[53]利用有限差分软件 FLAC3D，以节理张开度为切入点，研究了地热岩的温度-水流-应力-化学（THMC）耦合性质。二维模型的优势是理论基础较成熟，设定的参数较少，计算方便，但是该模型成立的前提是假设裂缝高度是一定的，与实际矿场相比存在不符的情况。在二维模型的基础上，研究人员分别提出了更符合实际油藏渗流特点的三维裂缝模型和拟三维裂缝模型。这两个模型由于考虑储层非均质性、天然裂缝发育情况、气体的非达西渗流等情况，更适合于实际油藏的裂缝模型。除物理实验法和数值模拟法外，净现值（NPV）法也可运用到压裂参数优化中。压裂要获得收益，压裂后所增加的收益要大于压裂成本费用，采用净现值法，建立压裂参数优化的经济模型，得到最经济的与储层相匹配的压裂参数。

3.8.2 基于随机森林算法压裂设计优化

传统的压裂参数设计方法是模拟压裂过程中裂缝的延伸过程，而实际裂缝延伸非常复杂，通过模拟建立的简化模型并不能精确地反映储层压后压裂延伸的真实情况，此外，传统压裂设计没有充分利用现场积累的具有重要价值的大量压裂施工和生产动态数据[54]，而基于大数据的机器学习方法能够很好地分析数据间的内在联系和规律，因此，随着大数据、机器学习、超强算力技术的蓬勃兴起，人们逐渐采用机器学的方法对压裂参数进行设计优化。

1. 数据选择

压裂的设计优化主要思想是建立地质、工程参数与产能的映射关系，采用最优化算法获得最优参数组合。

影响水平井压裂效果的因素众多，根据特点可划分为三类因素，分别为储层的地质特征参数、改造强度参数和泄流范围参数。

地质特征参数：主要包括垂深、孔隙度、渗透率、泊松比、TOC、井口压力等，不同地质特征参数对水平井产能的影响程度不同，需要综合考虑多种地质特征参数对压裂水平井产能的影响。

改造强度参数：主要包括压裂段间距、簇间距、簇射孔数、缝间距等，对储层进行压裂施工改造可以改变储层渗流特征和储层原始物性，影响单井产能和开采效果。

泄流范围参数：主要包括压裂液量、压裂级数、水平井长度、支撑剂量等，改变泄流范围参数能改变储层参与流动的范围，从而影响单井产能。

本节主要将文献[55]中的数据作为我们的模型数据。

特征参数：TOC、有效孔隙度、水平井长度、各簇间距、井口压力、压裂液量、压裂段间距、总砂量、支撑剂量、压裂级数、每簇射孔数、缝间距。

标签参数：压后产量。

因为标签参数是压后产能，属于预测回归模型，因此需要采用有监督的机器学习方法进行预测。

2. 数据预处理

1) 缺失值填补

首先通过 data.isnull().sum()代码查看数据集中的数据缺失情况，初始数据总共应有546个数据，数据维度为42行×13列，但缺失了19个数据，缺失数值占总数据量的3.5%，数据的缺失情况如图3.40所示。

从图3.40中可以看出，井口压力和总砂量的缺失值最多（为3个），缝间距和压后产量缺失值最少（无缺失值），鉴于该数据特点，采用均值填补法对数据进行补充，具体代码如下。

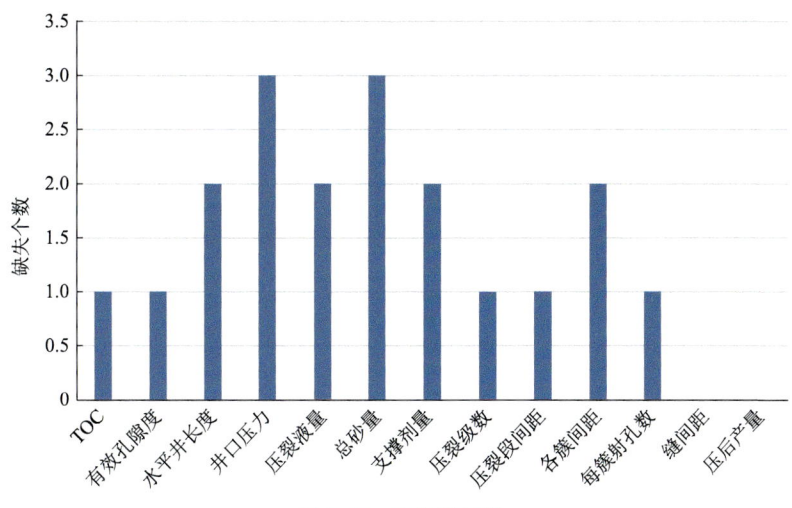

图 3.40　缺失值统计

```
#导入包
from sklearn.impute import SimpleImputer
#实例化
imp_mean = SimpleImputer()
#对含有缺失值的 data 数据集进行均值填补
imp_mean = imp_mean.fit_transform(data)
#将补充完整后的数据集变成 DataFrame 格式，并命名为 data_1，便于查看
data_1=pd.DataFrame(imp_mean)
```

2）标准化

从数据集发现，压裂液量的数量级为万，水平井长度、总砂量等参数的数量级为千，而 TOC、有效孔隙度和每簇射孔数等参数的数量级仅为个位数，数据差异大，量纲不统一。为了简化计算、提高模型的计算效率，有必要对数据进行归一化处理，代码如下。

```
#导入归一化处理的库 MinMaxScaler
from sklearn.preprocessing import MinMaxScaler
#首先进行实例化处理
scaler = MinMaxScaler()
#对数据 data_1 进行 fit,在这里本质是生成 min(data_1)和 max(data_1)
scaler = scaler.fit(data_1)
#利用 transform 接口生成归一化后的数据集
Data= scaler.transform(data_1)
#利用 DataFrame 观察归一化后的数据集 Data
Data=pd.DataFrame(Data)
```

3）相关性分析

在系统发展过程中，若两个因素变化的趋势具有一致性，即同步变化程度较高，则二者关联程度较高；反之，则二者关联程度较低。本节采用灰色关联方法对特征参数和标签参数进行相关性分析。灰色关联法，是以因素之间发展趋势的相似或相异程度，亦即"灰色关联度"，作为衡量因素间关联程度的一种方法。

灰色关联法计算步骤主要分为以下 5 步。

（1）确定子序列和母序列。子序列为特征参数 $X_i^R = \left(x_{1i}^R, x_{2i}^R, \cdots, x_{ni}^R\right), i=1,2,\cdots,p-1$。母序列为标签参数 $X_p^R = \left(x_{1p}^R, x_{2p}^R, \cdots, x_{np}^R\right)$。

（2）对序列进行预处理。系统中各因素的物理意义不同，导致数据的量纲也不一定相同，不便于比较，或在比较时难以得到正确的结论。因此在进行灰色关联度分析时，一般都要进行无量纲化的数据预处理。

（3）计算各个子序列与母序列的关联系数。计算各个子序列和母序列对应元素的差值的绝对值：

$$\left|X_{kp}^R - X_{ki}^R\right|, \ k=1,2,\cdots,n;\ i=1,2,\cdots,p-1 \tag{3-4}$$

式中，X_{kp}^R 和 X_{ki}^R 分别是第 k 个母序列和子序列。

（4）确定两极最小差 a、两极最大差 b：

$$a = \min_{1\leqslant i\leqslant p-1}\min_{1\leqslant k\leqslant n}\left|X_{kp}^R - X_{ki}^R\right| \tag{3-5}$$

$$b = \max_{1\leqslant i\leqslant p-1}\max_{1\leqslant k\leqslant n}\left|X_{kp}^R - X_{ki}^R\right| \tag{3-6}$$

式中，n 是母序列个数。

将各个子序列的元素代入式（3-7），计算关联度。

$$\zeta_{ki} = \frac{a + \rho \times b}{\left|X_{kp}^R - X_{ki}^R\right| + \rho \times b} \tag{3-7}$$

式中，ρ 是分辨系数，一般取 0.5。

（5）计算各个子序列与母序列的关联度。

$$r_i = \frac{1}{m}\sum_{k=1}^{m}\zeta_{ki} \tag{3-8}$$

式中，m 是子序列和母序列列数总和。

具体代码如下：

```
import pandas as pd

#第一步：确定子序列与母序列
```

```
mo_=Data.iloc[:,-1]
son_=Data.iloc[:,:11]

#定义对序列进行预处理的函数
def process(df1):
    means=df1.iloc[:,:].mean().values
    for i in range(df1.shape[1]):
        df1.iloc[:,i]= df1.iloc[:,i].map(lambda x:x/means[i])
    return df1

#第二步：对序列进行预处理
df1=process(Data)

#计算各个子序列与母序列的关联系数
def caculate_corr(df1):
    #特征参数需要处理
    # 1.计算各个子序列和母序列对应元素的差值的绝对值
    for i in range(12):
        df1.iloc[:,i]=(df1.iloc[:,i]- df1.iloc[:,12]).map(lambda x:abs(x))

    #2.确定两极最小差 a、两极最大差 b
    a=df1.iloc[:,:12].min().min()
    b=df1.iloc[:,:12].max().max()
    df1.iloc[:,:12]=df1.iloc[:,:12].applymap(lambda x:(a+0.5*b)/(x+0.5*b))
    return df1

#第三步：计算各个子序列与母序列的关联度
df1=caculate_corr(df1)
GL=df1.iloc[:,:13].mean().values
print(GL)
```

输出结果如表 3.12 所示。

表 3.12 关联度表

特征参数	关联度
TOC	0.489
有效孔隙度	0.514
水平井长度	0.497

续表

特征参数	关联度
井口压力	0.523
压裂液量	0.526
总砂量	0.519
支撑剂量	0.503
压裂级数	0.505
压裂段间距	0.519
各簇间距	0.514
每簇射孔数	0.513
缝间距	0.496

从输出结果中可以看出，特征参数压裂液量和标签参数关联度最高，为0.526，TOC与标签参数的关联度最低，为0.489，关联度从大到小的排序为：压裂液量>井口压力>压裂段间距=总砂量>有效孔隙度=各簇间距>每簇射孔数>压裂级数>支撑剂量>水平井长度>缝间距>TOC。

3. 模型建立

1）PCA 降维

从数据结构可以看到，特征参数总数据量为42组，包含12个特征，相较样本量来说，维度太高，过拟合的情况可能存在，因此有必要进行降维。参考3.2.1节PCA代码，得到PCA的降维曲线，如图3.41所示。

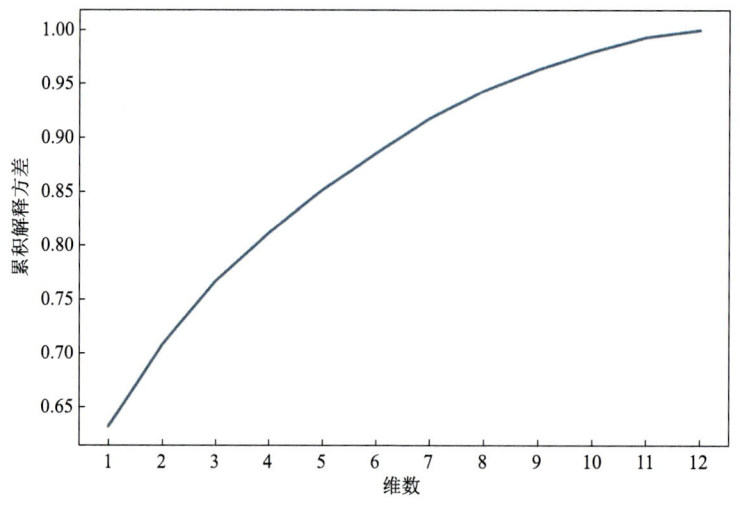

图3.41　压裂设计PCA降维曲线

从 PCA 降维曲线可以看出，当特征维数压缩到 9 时，包含总信息 90%以上的信息量，因此将特征数据压缩到 9 维。

2）划分数据集

采用 train_test_split 语句将数据集划分为训练集和测试集，30%为测试集，70%为训练集，具体代码如下：

```
from sklearn.model_selection import train_test_split as TTS
#X_dr 为降维后的特征参数集合, _data_y 为标签参数。
Xtrain,Xtest,Ytrain,Ytest = TTS(X_dr,_data_y,test_size=0.3,random_state=420)
```

4. 随机森林模型建立

根据数据维度和模型特点，应采取监督学习的回归模型算法。随机森林是非常具有代表性的 Bagging 集成算法，它的所有基评估器都是决策树，既可以做分类问题，又可以做回归问题，因此，本节选择随机森林算法。具体代码如下：

```
from sklearn.ensemble import RandomForestRegressor
rfc = RandomForestRegressor(random_state=420)
rfc = rfc.fit(Xtrain,Ytrain)
score_r = rfc.score(Xtest,Ytest)
```

该条件下，模型的准确率为 95.9%，为了进一步提高模型的准确率，可调整模型的超参数，这里以 n_estimators 为例进行调参介绍。一般采用学习曲线和网格搜索方法对超参数进行优选，我们以学习曲线为例进行介绍，具体代码和结果（图 3.42）如下：

```
# superpa 用于储存不同 n_estimators 下模型准确率
superpa = []
for i in range(200):
    rfc = RandomForestRegressor(n_estimators=i+1,random_state=420)
    rfc = rfc.fit(Xtrain,Ytrain)
    score_r = rfc.score(Xtest,Ytest)
    superpa.append(score_r)
print(max(superpa),superpa.index(max(superpa)))
#可视化
#设置横坐标的标题
plt.xlabel("n_estimators")
#设置纵坐标的标题
plt.ylabel("准确率")
#设置字体
plt.rcParams["font.sans-serif"]=["SimHei"]
```

```
plt.plot(range(1,201),superpa)
plt.show()
```

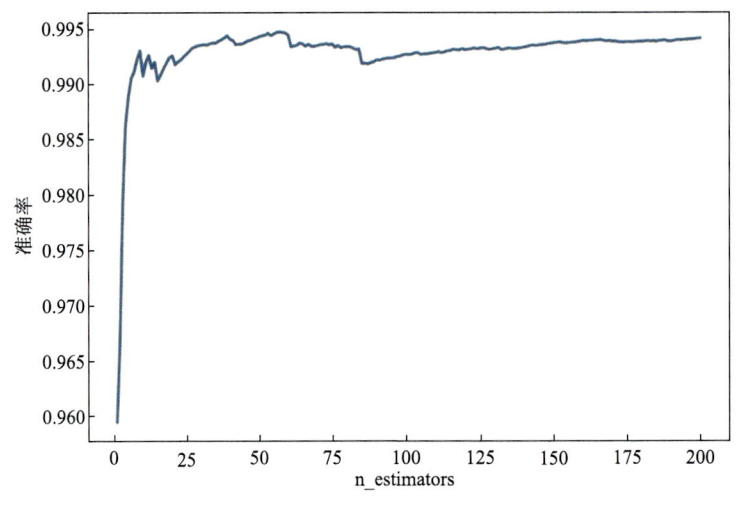

图 3.42　不同 n_estimators 下模型准确率曲线

从图 3.42 中可以看出，当 n_estimators=189 时，模型的准确率最高，为 96.2%。

3.9　油井产量预测

产量预测有助于系统监测、油井优化策略规划和储量估算。在油田开发过程中，随着注水和底层压力变化，产油会发生改变。储层特性，包括孔隙度、渗透率、压缩性、流体饱和度和其他油井作业参数，对石油产量有重大影响。因此，由于储层的复杂性和不确定的地下条件，准确预测未来的石油产量非常具有挑战性[56]。

3.9.1　常规油藏产能预测方法

在产量及最终可采储量预测中，油藏数值模拟是油田产量预测最常用的方法，但其准确性依赖于高质量的历史拟合和准确的地质建模。历史拟合耗时长，工作量大，同时前期建模过程需要大量地质资料、流体物性资料和动态开发资料。以经验模型为基础的产量递减分析方法具有操作简单、快速且只需要气井生产数据即可进行预测的优势，在油井产量预测及分析中应用最为广泛。现有的经验模型主要包括：Arps 递减分析方法、幂指数递减分析方法、扩展指数递减分析方法、Duong 递减分析方法[57]。Arps 在 1945 年针对具有较长生产时间且井底流动压力恒定或近似恒定的气井产量分析提出了 Arps 递减模型。利用产量（或累计产量）与时间的关系，该模型将油气井产量递减归纳为 3 种类型：指数递减、调和递减和双曲递减。Arps 递减分析方法简单便捷且只需要生产数据（无须储层参数、钻完井参数）即可预测气井未来产量及最终可采储量，该方法不仅在油气井产量分析中被广泛应用，后续多种递减分析模型也都以 Arps 递减模型为基础。Arps 递减模型需要满足以下条件：①油气井具有足够长的生产时间；②递减分析仅适用于衰竭式开发，只能对井底流动压力恒定或近似恒定条件下的生产数据进行分析，且要求生产数据连续稳定避免长时间关井；③生产数据需除去不稳定流阶段的产量数据，分析对象仅限于边界主导流阶段气井生产数据；④对于存在压力供给的油气藏，递减分析结果仅代表目前流动状态持续的时间段。其基本模型为

$$q(t) = \frac{q_i}{(1+bD_i t)^{1/b}} \qquad (3-9)$$

式中，$q(t)$ 是不同时刻的气井产气量，m^3/d；q_i 是初始产气量，m^3/d；b 是产量递减指数；D_i 是初始递减率，d^{-1}；t 是生产时间，d。

以 Arps 递减模型为基础，Ilk 等[58,59]认为油气藏多层效应等多种因素会导致产量递减指数 b 发生变化，并在 2008 年提出用一个衰减幂指数函数表征气井不稳定流阶段、过渡流阶段和边界主导流阶段的递减率。幂指数递减模型认为 Arps 递减模型中的递减率随时间呈幂指数变化规律。在气井生产初期，t^n 项为标准时间，控制气井在不稳定流和过渡流阶段的产量递减特征。与 Arps 递减模型相比，幂指数递减模型拓宽了生产数据的分析范围（不稳定流、过渡流和边界主导流阶段的生产数据）。幂指数递减模型是 Arps 递减模型的扩展，其同样只能对井底流动压力恒定或近似恒定条件下的生产数据进行分析，且要求生产数据连续稳定避免长时间关井。其基本模型为

$$D = D_\infty + D_1 t^{-(1-n)} \qquad (3-10)$$

$$q(t) = \hat{q}_i \exp[-D_\infty t - \hat{D}_i t^n] \qquad (3-11)$$

$$\hat{D}_i = \frac{D_1}{n} \qquad (3-12)$$

式中，D 是 Arps 递减模型中的递减率，d^{-1}；D_∞ 是无穷大时间对应的递减率，d^{-1}；D_1 是第一个时间周期对应的递减率，d^{-1}；n 是时间指数；$q(t)$ 是时间 t 内的产气量；$\hat{q}_i$ 是初始产气量，该参数区别于 Arps 递减模型中的初始产气量，m^3/d；$\hat{D}_i$ 是幂指数递减模型定义的递减率，d^{-1}。

Valkó 和 Lee[60]在 2010 年提出了扩展指数递减模型，该模型主要用于对均匀定期采集的生产数据进行产量递减分析，模型中以采集生产数据的周期来衡量时间。与 Arps 递减模型相比，扩展指数递减模型也完全基于经验公式，该模型的基础是一个非自治微分方程。扩展指数递减模型在 Arps 递减模型基础上修改了基本方程的理论形式。扩展指数递减模型实际上是幂指数递减模型的特殊形式。幂指数递减模型中，引入 D_∞ 项是用于控制气井在无穷大时间段（边界主导流阶段）的产量递减特征。在不稳定流和过渡流阶段的产量递减特征主要受 t 和 n 项控制。由此可知，扩展指数递减模型并未考虑时间无

穷大阶段（边界主导流阶段）的产量递减特征，该模型仅适用于对气井在不稳定流和过渡流阶段的生产数据进行递减分析。其基本模型为

$$q(t_{\text{SEPD}}) = q_i \exp\left[-\left(\frac{t_{\text{SEPD}}}{\tau}\right)^n\right] \quad (3\text{-}13)$$

式中，$q(t_{\text{SEPD}})$ 是不同周期数量对应的气井产气量，m^3/d；q_i 是扩展指数递减模型定义的最大（或初始）产气量，m^3/d；t_{SEPD} 是周期数量（如月产量此参数即表示月数）；τ 是扩展指数递减模型参数（周期特征数）。

Duong[61]以多数页岩气井长期处于线性流阶段为前提给出了一种产量递减模型。该方法认为页岩气井中裂缝主导流往往持续较长时间并占据主导地位，气井很少能够到达晚期稳定流阶段。在井底流动压力恒定的条件下，产量（累计产量）与时间的双对数曲线是一条斜率为 1 的直线。由于实际现场的操作条件达不到理想状态，数据的相近性以及流动状态的改变会导致实际数据的斜率往往大于 1（Arps 递减模型应用于页岩气井产量递减分析时，拟合得到的产量递减指数 $b>1$）。页岩气井裂缝线性流可持续数年，唯一的区别就是不稳定线性流持续时间的长短。其基本模型为

$$\frac{q(t)}{G_p} = at^{-m} \quad (3\text{-}14)$$

$$q(t) = q_1 t^{-m} e^{\left[\frac{a}{1-m}(t^{1-m}-1)\right]} \quad (3\text{-}15)$$

式中，G_p 是累计产气量，m^3；a 是双对数曲线截距，d^{-1}；m 是双对数曲线斜率；q_1 是气井第一天产气量，m^3/d。

3.9.2 基于 LSTM 算法预测油藏产油率

传统的油气藏产量预测方法主要是基于经验公式和解析模型进行预测，其结果受到多种因素的影响，如油气藏地质条件、油井开发方式和油田管理水平等，容易出现较大误差。而机器学习模型可以通过对大量数据进行学习，自动发现数据中的模式和规律，从而对未知数据进行预测。相比传统方法，机器学习模型具有更高的效率、更准确的预测能力、更灵活的建模方法，并易于更新和优化。

目前常见的预测油藏产能的机器学习模型有多元回归模型、支持向量机模型、人工神经网络模型和基于深度学习的 LSTM 模型等。相比于其他机器学习模型，利用 LSTM 机器学习模型预测油气藏产能的优势在于其能够捕捉数据的时序性和长期依赖性，具有更好的预测能力[62]。LSTM 模型能够处理时间序列数据，通过对历史数据的学习和预测未来数据，可以更准确地预测油气藏产能变化趋势，帮助油田工程师做出更科学的决策。此外，LSTM 模型可以自动提取特征，无须人为干预，从而提高了模型的自动化程度。以下为采用 LSTM 方法预测油气藏产能的代码[63]。

首先导入必要的包：

```
import pandas as pd #导入 pandas 库，用于数据处理
import numpy as np #导入 numpy 库，用于数值计算
import matplotlib.pyplot as plt #导入 matplotlib 库，用于数据可视化
import seaborn as sns #导入 seaborn 库，用于数据可视化
import tensorflow as tf #导入 tensorflow 库，用于机器学习
from tensorflow import Keras #导入 Keras 库，用于构建神经网络模型
import warnings #导入 warnings 库，用于忽略警告信息
warnings.filterwarnings('ignore')
```

1. 数据选择

这个项目使用的数据集包含了超过 5000 个历史油产数据点。然而，其他相关特征，如井口压力数据，也可以添加进来以提高模型的准确性。首先导入数据：

```
df = pd.read_excel('oil_production_data.xlsx') #导入数据，进行可视化
df.head()
```

对数据进行可视化，结果如图 3.43 所示：

```
plt.figure(figsize=(16,8))
plt.plot(df['oil (bbl/day)'], 'k:', markersize=5, lw=3) plt.axis([0, 5036, None, None])
plt.title('原油产量/(桶/天)', fontsize=16, weight='bold') plt.xlabel('天数', fontsize=14)
plt.ylabel('原油产量/(桶/天)', fontsize=14) plt.show()
```

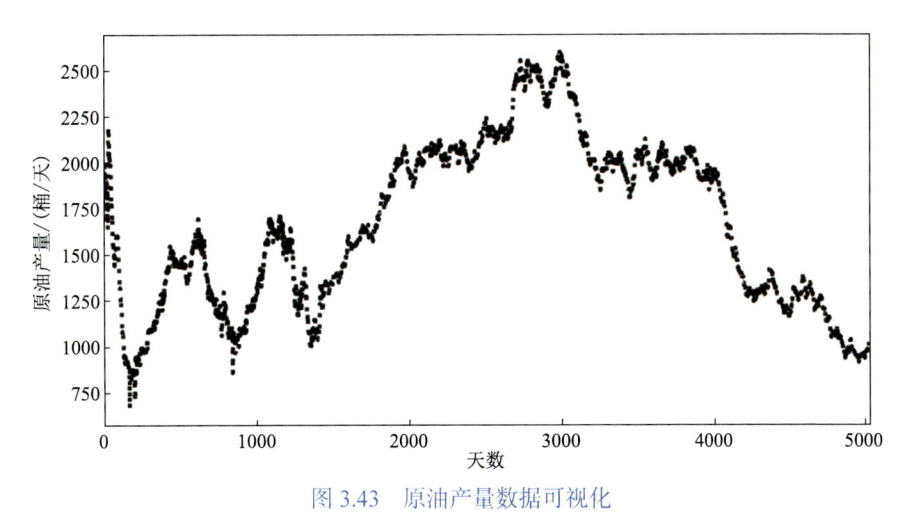

图 3.43 原油产量数据可视化

2. 数据预处理

在训练模型之前，我们需要经过几个步骤。首先，我们需要将数据集分成训练集和测试集。因为我们有一个时间序列数据，所以没有必要打乱数据，而且趋势和模式是重

要的，打乱数据会破坏模型在训练时可能注意到的模式。我们的数据集有 5036 个实例，即天数，因此最后的 500 个数据点将用作测试集，而其余数据将用作训练集。

```
#将训练集和测试集分割，分别赋值给 X_train 和 X_test
X_train, X_test = df[:-500].values.tolist(), df[-500:].values.tolist()
```

1）标准化

在进行任何机器学习项目时，缩放（scaling）可能是数据预处理中最重要的步骤之一。缩放通过将所有数据转换为相同范围内的值来工作。这有助于在训练模型时减少大量数据的影响。

我们将对数据进行标准化（standardization）。标准化通过减去每个变量的平均值并除以标准差来完成。

```
#数据标准化
from sklearn.preprocessing import StandardScaler scaler = StandardScaler()
X_train_scaled = scaler.fit_transform(X_train) X_test_scaled = scaler.transform(X_test)
```

接下来的步骤是创建一个函数将我们的数据集分为输入和输出。该函数将使用特定的窗口长度(window_length)将前几次观察的序列作为输入，并将未来的一个值作为输出。

2）定义切分序列函数

在使用 LSTM 模型训练地震数据时，需要将地震数据划分为多个序列，并将这些序列输入到模型中进行训练。切分序列的函数可以将一个大的地震数据集划分为多个小的序列，以便于模型可以更好地处理这些序列。这个函数可以控制每个序列的长度，并可以设置序列之间的重叠部分。这样可以确保每个序列都能够充分地捕捉到地震数据中的特征，同时还可以避免过多的重叠部分导致数据重复。

```
#定义用于切分序列的函数
def split_sequence(sequence, window_length):
    X, y = [], []
    for i in range(len(sequence)):
        end_idx = window_length + i
        if end_idx >= len(sequence):
            break
        seq_x, seq_y = sequence[i:end_idx], sequence[end_idx]
        X.append(seq_x)
        y.append(seq_y)
    return np.array(X), np.array(y)
```

3. 模型建立

1）数据预处理

先前已划分好数据集，这里需要将数据处理成模型所需格式：

```
#将数据处理成模型所需格式
X_train, y_train = split_sequence(X_train_scaled, window_length=60)
X_test, y_test = split_sequence(X_test_scaled, window_length=60)
print(X_train.shape, y_train.shape)
```

2）模型编译与训练

导入 Keras 中的 LSTM 模型并进行训练：

```
#创建和编译模型
Keras.backend.clear_session()
tf.random.set_seed(42)
np.random.seed(42)
lstm_model = Keras.models.Sequential([
    Keras.layers.LSTM(50, activation='selu', input_shape=[None, 1], return_sequences=True),
    Keras.layers.LSTM(50, activation='selu', input_shape=[None, 1], return_sequences=True),
    Keras.layers.Dropout(0.4), # dropout 层
    Keras.layers.LSTM(30, activation='selu', return_sequences=True), #长短时记忆模型
    Keras.layers.LSTM(30, activation='selu', return_sequences=True), #长短时记忆模型
    Keras.layers.Dropout(0.2), # dropout 层
    Keras.layers.LSTM(20, activation='selu'), #长短时记忆模型
    Keras.layers.Dense(1) #全连接层
])
#创建一个回调函数，当验证损失函数连续 10 个期数没有减小时即停止训练
EarlyStopping_cb = Keras.callbacks.EarlyStopping(patience=10)
#编译模型，使用均方误差作为损失函数，adam 作为优化器
lstm_model.compile(loss='mse', optimizer='adam')
#训练模型
lstm_history = lstm_model.fit(X_train, y_train, epochs=200, validation_split=0.2,
                    callbacks=EarlyStopping_cb)
```

预测测试集并反归一化预测结果和目标值，同时对模型进行评估：

```
#预测测试集并反归一化预测结果和目标值
actual_targets = scaler.inverse_transform(y_test)
lstm_predictions = scaler.inverse_transform(lstm_model.predict(X_test, verbose=0))
#评估模型
from sklearn.metrics import mean_absolute_error, mean_squared_error,
mean_absolute_percentage_e lstm_mse = mean_squared_error(actual_targets, lstm_predictions)
lstm_mae = mean_absolute_error(actual_targets, lstm_predictions)
lstm_mape = mean_absolute_percentage_error(actual_targets, lstm_predictions)
```

```
print(f"LSTM MSE: {lstm_mse:,.2f}")
print(f"LSTM MAE: {lstm_mae:,.2f}")
print(f"LSTM MAPE: {lstm_mape:,.2%}")
#创建训练历史数据的 DataFrame
lstm_df = pd.DataFrame(lstm_history.history) lstm_df.head()
```

返回的模型均方误差、平均绝对误差及平均绝对百分比误差分别为 853.55、23.42、2.11%。

完成后,通过以下代码绘制学习曲线。其目的是帮助我们了解训练模型的过程中模型的表现如何随着训练数据量和训练次数的增加而变化。通过学习曲线,我们也可以判断模型是否出现欠拟合或过拟合,从而调整模型的参数和结构,提高模型的泛化能力。学习曲线如图 3.44 所示。

```
#学习曲线的绘制
plt.figure(figsize=(14,8))
plt.plot(np.arange(len(lstm_df)-1), lstm_df['loss'][1:], label='train_loss', color='#0E026B')
plt.plot(np.arange(len(lstm_df)-1), lstm_df['val_loss'][:-1], label='validation_loss', color='#F')
plt.title('LSTM 模型学习曲线', fontfamily='monospace', fontsize=25, weight='bold')
plt.xlabel('期数', style='italic', fontsize=25)
plt.ylabel('均方误差损失', style='italic', fontsize=25)
plt.ylim([0,0.04])
plt.xticks(fontsize=20)
plt.yticks(fontsize=20)
plt.legend(fontsize=20)
plt.show()
```

图 3.44　LSTM 模型学习曲线

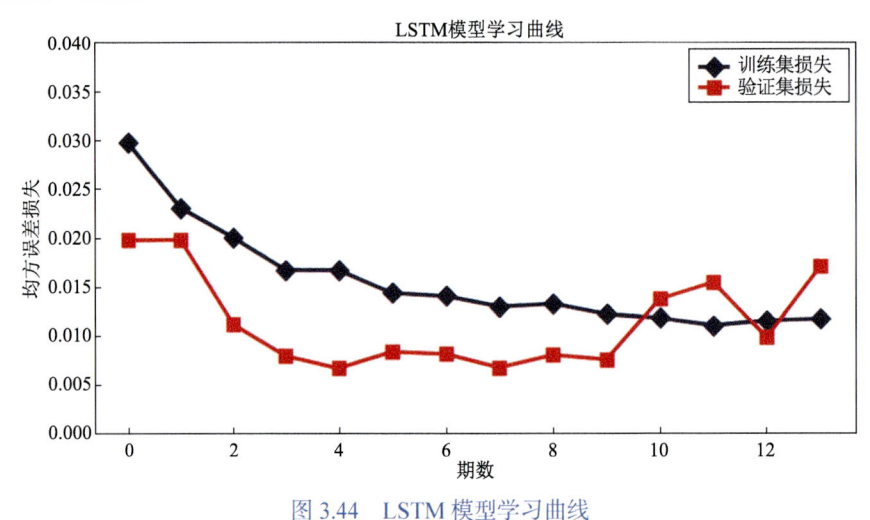

最后，将结果可视化并与真实值对比以反映预测的精确性，最终结果如图 3.45 所示。

```
#预测值与真实值对比
plt.figure(figsize=(14,8))
plt.plot(lstm_predictions, label='LSTM 模型预测值', lw=3)
plt.plot(actual_targets, label='真实值', lw=3)
plt.title("LSTM 模型预测值", fontfamily='monospace', fontsize=20, weight='bold', color='k')
plt.ylabel('原油产量/（桶/天）', fontsize=25)
plt.xlabel('天数', fontsize=25)
plt.legend(fontsize=20)
plt.xticks(fontsize=20)
plt.yticks(fontsize=20)
plt.show()
```

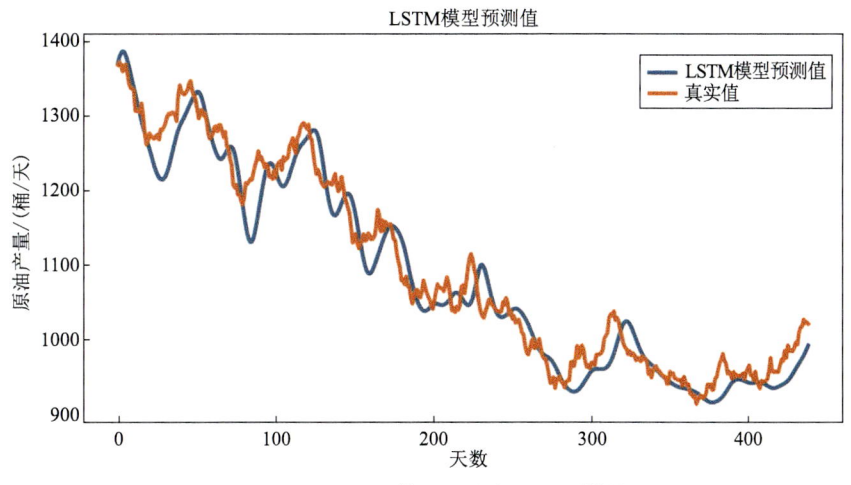

图 3.45　LSTM 模型原油产量预测结果

课 后 习 题

1. 在 3.2 节中，采用模拟数据的预测效果很差，尝试调整 LSTM 超参数或选用其他优化器以提高预测准确率。

2. 针对 3.2 节，尝试调用卷积神经网络进行模拟数据的训练，对比两种模型的预测结果。

3. 3.2 节反演真实数据的波阻抗时存在多种物理模型，尝试利用物理数据模型双驱动的方法达到更好的反演效果。

4. 3.3 节中，采用无监督学习的方法对模拟数据进行了分类，请尝试通过调用支持向量机模型进行训练，并对比分析两者的结果。

5. 在 3.3 节中，尝试分析真实数据中校正的电磁波传输时间（CTEM）、密度声波速度（DSOZ）、有效孔隙度（ED）、电导率（ECGR）与岩性的关联性，并基于这四种测井曲线预测岩性。

6. 在3.3节中，尝试采用不同的方法评价真实数据中 K 均值聚类最佳簇数，如簇内平方和方法。

7. 在3.4节，通过模拟数据的均方误差评价随机森林模型的训练结果，请调整随机森林超参数以优化均方误差的值，改善模型的训练效果。

8. 针对3.4节，尝试通过其他方法搜索真实数据训练时的超参数，如网格搜索或贝叶斯优化验证最佳超参数。

9. 在3.4节里，尝试采用不同机器学习方法如神经网络或支持向量机预测钻速。

10. 针对3.5节，尝试采用支持向量机方法进行渗透率的预测，调整参数，使模型误差小于20%。

11. 在3.5节，尝试采用不同的核函数进行孔隙度的预测，并对其超参数进行确定。

12. 在3.6节中，尝试采用XGBoost模型预测泊松比、内聚力、内摩擦角、密度、抗拉强度、断裂韧性等参数，并确定合适的超参数。

13. 针对3.7节，尝试在神经元个数为64、16时预测可压性。

14. 在3.7节中，尝试添加不同数量的隐藏层，观察怎样设置效果最好。

15. 在3.7节，尝试采用不同的激活函数，比较哪个效果最好。

16. 针对3.8节，尝试采用学习曲线对 max_depth、random_state 等超参数进行优化，分析这些参数是如何影响模型的。

17. 3.8节里，尝试采用"0"或"众数"对数据进行填补，并获得模型的准确率。

18. 针对3.9节，尝试利用其他的优化器（Adadelta优化器或SGD）进行预测，对比预测结果。

19. 3.9节中，尝试引用统计方法以提高模型预测准确率。

参 考 文 献

[1] Canton H. International energy agency—iea[C]//The Europa Directory of International Organizations 2021, Routledge, 2021.

[2] Temizel C, Canbaz C H, Palabiyik Y, et al. A thorough review of machine learning applications in oil and gas industry[C]//SPE/IATMI Asia Pacific Oil & Gas Conference and Exhibition, Virtual, 2021.

[3] Sircar A, Yadav K, Rayavarapu K, et al. Application of machine learning and artificial intelligence in oil and gas industry[J]. Petroleum Research, 2021, 6(4): 379-391.

[4] 佘诗刚, 林鹏. 中国岩石工程若干进展与挑战[J]. 岩石力学与工程学报, 2014, 33(3):25.

[5] 张晓晖, 王辉. 可持续发展下的工程建设与地质环境相互关系研究[J]. 地球科学进展, 1998, 13(5): 495.

[6] 卢占武, 韩立国. 波阻抗反演技术研究进展[J]. 世界地质, 2002, 21(4): 372-377.

[7] 何委徽, 王家林, 于鹏. 地球物理联合反演研究的现状与趋势分析[J]. 地球物理学进展, 2009, 24(2): 530-540.

[8] 卞爱飞, 於文辉, 周华伟. 频率域全波形反演方法研究进展[J]. 地球物理学进展, 2010, 25(3): 982-993.

[9] 左超, 冯世杰, 张翔宇, 等. 深度学习下的计算成像: 现状, 挑战与未来[J]. 光学学报, 2020, 40(1): 0111003.

[10] 王俊, 曹俊兴, 赵爽, 等. 基于深度混合神经网络的横波速度反演预测方法[J]. 中国科学:地球科学, 2010, 40: 1608.

[11] 贾凌霄, 王彦春, 菅笑飞, 等. 叠后地震反演面临的问题与进展[J]. 地球物理学进展, 2016, 31(5): 2108-2115.

[12] 王泽峰, 李勇根, 许辉群, 等. 基于深度学习的三种地震波阻抗反演方法比较[J]. 石油地球物理勘

探, 2022, 57(6): 1296-1303.
- [13] 王西文, 石兰亭, 雍学善, 等. 地震波阻抗反演方法研究[J]. 岩性油气藏, 2007, 19(3): 80-88.
- [14] Zhang J, Sun H, Yuan W T, et al. Post-stack impedance inversion based on spatio-temporal neural network[J]. IEEE Geoscience and Remote Sensing Letters, 2022, 19: 1-5.
- [15] Guo R, Zhang J J, Liu D, et al. Application of bi-directional long short-term memory recurrent neural network for seismic impedance inversion[C]//81st EAGE Conference and Exhibition 2019, London, 2019.
- [16] Marques C R, dos Santos V G, Lunelli R, et al. Analysis of deep learning neural networks for seismic impedance inversion: A benchmark study[J]. Energies, 2022, 15(20): 7452.
- [17] 付光明, 严加永, 张昆, 等. 岩性识别技术现状与进展[J]. 地球物理学进展, 2017, 32(1): 26-40.
- [18] 徐旭辉, 申宝剑, 李志明, 等. 页岩气实验地质评价技术研究现状及展望[J]. 油气藏评价与开发, 2020, 10(1): 1-8.
- [19] Sun Y Q, Chen J P, Yan P B, et al. Lithology identification of uranium-bearing sand bodies using logging data based on a BP neural network[J]. Minerals, 2022, 12(5): 546.
- [20] 赵显令, 王贵文, 周正龙, 等. 地球物理测井岩性解释方法综述[J]. 地球物理学进展, 2015(3): 1278-1287.
- [21] 韩博华, 王飞, 刘倩茹, 等. 测井储层分类评价方法研究进展综述[J]. 地球物理学进展, 2021, 36(5): 1966-1974.
- [22] 王宗俊, 董洪超, 范廷恩, 等. 基于无监督学习的测井岩相分析技术及其应用[J]. 石油物探, 2021, 60(3): 403-413.
- [23] 朱益飞. 钻井工程技术: 油气勘探开发的龙头[J]. 中国石化, 2011(10): 31-32.
- [24] 匡立春, 刘合, 任义丽, 等. 人工智能在石油勘探开发领域的应用现状与发展趋势[J]. 石油勘探与开发, 2021, 48(1): 1-11.
- [25] 王敏生, 光新军, 耿黎东. 人工智能在钻井工程中的应用现状与发展建议[J]. 石油钻采工艺, 2021, 43(4): 420-427.
- [26] 黄小龙, 刘东涛, 宋吉明, 等. 基于大数据及人工智能的钻速实时优化技术[J]. 石油钻采工艺, 2021, 43(4): 442-448.
- [27] Chiranth H, Hugh D, Harry M, et al. Analysis of rate of penetration (ROP) prediction in drilling using physics-based and data-driven models [J]. Journal of Petroleum Science and Engineering, 2017, 159,295-306.
- [28] 杨斌, 匡立春, 施泽进, 等. 一种基于核学习的储集层渗透率预测新方法[J]. 物探化探计算技术, 2005(2): 92,119-123.
- [29] 张彦周. 基于支持向量机的测井曲线预测储层参数方法[D]. 西安: 西安科技大学, 2006.
- [30] 王雷. 支持向量机预测煤储层渗透性[D]. 青岛: 中国石油大学, 2011.
- [31] 魏佳明. 机器学习在储层参数预测中的应用研究[D]. 西安: 西安石油大学, 2019.
- [32] 史长林, 魏莉, 张剑, 等. 基于机器学习的储层预测方法[J]. 油气地质与采收率, 2022, 29: 90-97.
- [33] 于文彬. 基于偏最小二乘及最小二乘支持向量机算法在储层参数预测上的应用[D]. 长春: 吉林大学, 2011.
- [34] 马新仿, 李宁, 尹丛彬, 等. 页岩水力裂缝扩展形态与声发射解释——以四川盆地志留系龙马溪组页岩为例[J]. 石油勘探与开发, 2017, 44: 974-981.
- [35] 考佳玮, 金衍, 付卫能, 等. 深层页岩在高水平应力差作用下压裂裂缝形态实验研究[J]. 岩石力学与工程学报, 2018, 37: 1332-1339.
- [36] 赵金洲, 许文俊, 李勇明, 等. 页岩气储层可压性评价新方法[J]. 天然气地球科学, 2015, 26: 1165-1172.

[37] 张瑛堃. 川南龙马溪组页岩可压性评价及压裂裂缝扩展地质控因 [D]. 徐州: 中国矿业大学, 2022.

[38] Rickman R, Mullen M, Petre E, et al. A practical use of shale petrophysics for stimulation design optimization: All Shale Plays Are Not Clones of the Barnett Shale [C]// SPE Annual Technical Conference and Exhibition, Denver, 2008.

[39] Jarvie D M, Hill R J, Ruble T E, et al. Unconventional shale-gas systems: The Mississippian Barnett Shale of north-central Texas as one model for thermogenic shale-gas assessment [J]. AAPG Bulletin, 2007, 91: 475-499.

[40] Wang F P, Gale J F W. Screening criteria for shale-gas systems [J]. GCAGS Trans, 2009,59: 779-793.

[41] 陈吉, 肖贤明. 南方古生界 3 套富有机质页岩矿物组成与脆性分析[J]. 煤炭学报, 2013, 38: 822-826.

[42] Rybacki E, Meier T, Dresen G. What controls the mechanical properties of shale rocks? - Part Ⅱ: Brittleness [J]. Journal of Petroleum Science & Engineering, 2016, 144:39-58.

[43] 殷胜. 长宁地区页岩储层的可压性研究[M]. 北京: 中国石油大学, 2019.

[44] 黄荣樽. 水力压裂裂缝的起裂和扩展[J]. 石油勘探与开发, 1981(5): 65-77.

[45] Medlin W L, Masse L. Laboratory experiments in fracture propagation[J]. Society of Petroleum Eegineers Journal, 1984, 36: 495-502.

[46] Daneshy A. Hydraulic fracture propagation in presence of planes of weakness [J]. Journal of Petroleum Technology, 1974, 26: 304.

[47] Keshavarzi R, Mohammadi S. A New approach for numerical modeling of hydraulic fracture propagation in naturally fractured reservoirs[C]// SPE/EAGE European Unconventional Resources Conference and Exhibition, Vienna, 2012.

[48] Fu P, Johnson S M, Carrigan C R. An explicitly coupled hydro-geomechanical model for simulating hydraulic fracturing in arbitrary discrete fracture networks[J]. International Journal for Numerical and Analytical Methods in Geomechanics, 2013,37（14）: 2278-2300.

[49] Meyer B, Bazan L. A discrete fracture network model for hydraulically induced fractures-theory, parametric and case studies[C]// SPE Hydraulic Fracturing Technology Conference 140514, The Woodlands, 2011.

[50] 雷群, 胥云, 蒋廷学, 等. 用于提高低-特低渗透油气藏改造效果的缝网压裂技术[J]. 石油学报, 2009, 30(2): 237-241.

[51] 曾青冬. 页岩致密储层压裂裂缝扩展数值模拟研究[D]. 青岛: 中国石油大学, 2016.

[52] 李连崇, 唐春安, 杨天鸿, 等. FSD 耦合模型在多孔水压致裂试验中的应用[J]. 岩石力学与工程学报, 2004(19): 3240-3244.

[53] Taron J, Elsworth D, Min K B. Numerical simulation of thermal-hydrologic-mechanical-chemical processes indeformable, fractured porous media[J]. International Journal of Rock Mechanics and Mining Science, 2009, 46: 842-854.

[54] 檀朝东, 贺甲元, 周彤, 等. 基于 PCA-BNN 的页岩气压裂施工参数优化[J]. 西南石油大学学报（自然科学版）, 2020, 42(6): 56-62.

[55] 凌童. 页岩油水平井压裂优化研究[D]. 大庆: 东北石油大学, 2022.

[56] 陈祖华, 郑永旺. 油藏产能评价及开发方式优化设计[J]. 西南石油大学学报（自然科学版）, 2012, 34(2): 111.

[57] 于荣泽, 姜巍, 张晓伟, 等. 页岩气藏经验产量递减分析方法研究现状[J]. 中国石油勘探, 2018, 23(1): 109-116.

[58] Ilk D, Perego A D, Rushing J A, et al. Integrating multiple production analysis techniques to assess tight

[59] Ilk D, Rushing J A, Perego A D, et al. Exponential vs. hyperbolic decline in tight gas sands—understanding the origin and implications for reserve estimates using Arps' decline curves[C]//SPE Annual Technical Conference and Exhibition, OnePetro, 2008.

gas sand reserves: Defining a new paradigm for industry best practices[C]//CIPC/SPE gas technology symposium 2008 joint conference, Calgary, 2008.

[60] Valkó P P, Lee W J. A better way to forecast production from unconventional gas wells[C]//SPE Annual Technical Conference and Exhibition, OnePetro, 2010.

[61] Duong A N. Rate-decline analysis for fracture-dominated shale reservoirs: Part 2[C]//SPE/CSUR Unconventional Resources Conference-Canada, OnePetro, 2014.

[62] 谷建伟, 周梅, 李志涛, 等. 基于数据挖掘的长短期记忆网络模型油井产量预测方法[J]. 特种油气藏, 2019, 26(2): 77.

[63] Jeremyugo C J. Oil production forecasting using LSTM, GRU and CONV-LSTM models [EB/OL]. [2023-05-23]. https://github.com/Jeremyugo/Oil-production-forecasting-using-LSTM-GRU-and-CONV-LSTM-seq2vec-seq2seq-models-.

第 4 章　机器学习在智能矿山开采中的应用

4.1　引　　言

人工智能技术的迅猛发展给矿山企业带来历史性革新，使矿山安全和生产技术跨越式发展，由以往的传统型、经验型向自动化、系统化、多元化、智慧化发展，应用先进的信息技术将矿山现有的设计、管理、生产、经营等各系统集成，实现整个矿山系统的信息集成与共享，各部门协同作业，保证矿山生产安全[1]。

矿山系统是一个动态的、复杂的、开放的综合集成系统，各部门之间的数据信息需要互通共享。对于这个系统，只有及时、准确地集成各个系统的生产运行信息数据，并使各子系统相互协同、优化，才能科学地做出决策，发挥智慧矿山运维管理系统的最大能力和最佳效益。智慧矿山研究首先要掌握矿山实体的基本特征，针对矿山的基本特征来设计智慧矿山总体解决方案[2]。

智慧矿山的结构框架首先应当实现信息数据的高效收集与处理，随后需要覆盖采矿行业的不同功能、智能，如组织管理、生产运营以及灾害预防等。目前，机器学习在矿山中主要应用于边坡稳定性分析、岩爆预测、煤岩破坏状态预警、矿柱稳定性分析和矿产资源评价等多个方面[3]。

4.2　边坡稳定性分析

4.2.1　常规边坡稳定性分析方法

排土场边坡是露天矿的一个重要组成部分，由破碎的覆盖层岩石材料组成，如图 4.1 所示。但随着作业深度的不断增加，排土场的陡度也增加，对工作环境造成了不稳定性威胁，可能导致矿山在人员、机械和材料方面的巨大损失。2023 年 2 月 22 日 13 时许，内蒙古自治区阿拉善盟李井滩生态移民示范区内蒙古新井煤业有限公司矿区发生排土场边坡大面积坍塌，造成多名作业人员和车辆被掩埋，截至 2023 年 2 月 23 日，已经救出 12 人，其中 6 人生还，6 人死亡，47 人失联[4]。

因此，排土场边坡稳定性分析是非常重要的，有助于实现最有利的排土场边坡剖面设计。排土场边坡稳定性分析方法大多采用安全系数 F_S 作为评估边坡稳定性的指标[5]。

图 4.1 排土场边坡示意

在边坡稳定性分析中，极限平衡法是岩土工程领域中应用最早、经验积累最多的一种方法，并且应用广泛。极限平衡法的优点是抓住了影响边坡稳定性的主要因素，原理简单，概念清晰，因此，极限平衡法是一种成功的分析方法。边坡稳定性分析极限平衡法有多种计算方法，如瑞典条分法、传递系数法、Bishop 法、Sarma 法等。不同的计算方法，其力学机理与适应条件均有所不同，见表 4.1[6]。

表 4.1 边坡稳定性分析法

方法	应用条件
瑞典条分法（1927 年）	圆弧滑面。定转动中心，条块间作用合力平行于滑面
Bishop 法（1955 年）	非圆弧画面。拟合圆弧于转心，条块间作用力水平，条间切向力 X 为零
Spencer 法（1967 年）	圆弧滑面，或拟合中心圆弧
Morgenstern-Price 法（1965 年）	圆弧或非圆弧滑面
传递系数法	圆弧或非圆弧滑面
楔体分析法（1974 年）	楔形滑面，各滑面均为平面。以各滑面总抗滑力和楔体总下滑力确定稳定系数
Sarma 法（1979 年）	非圆弧滑面或楔形滑面等复杂滑面。认为除平面和圆弧面外，滑体必先破裂成相互错动的块体才能滑动

注：括号里的年份表示方法提出的时间。

此外，数值分析法也是边坡稳定性分析中常见的使用方法，将边坡的物理模型转化为计算机模型，采用数值方法进行分析，该方法适用于边坡的复杂结构和荷载情况。同时，等效连续梁法和变形法依据实际情况的不同亦可以适当选用。

4.2.2 基于随机森林算法的边坡稳定性分析

随着计算机技术的发展，机器学习技术被用于解决边坡稳定性分析问题，如支持向量机、决策树、神经网络方法和集成学习方法在边坡稳定性分析中都展示了出色的效果。需要注意的是，机器学习模型需要有足够的训练数据和高质量的数据特征，才能获得高准确性的结果。在进行边坡稳定性分析之前，需要收集和整理大量的地质、水文和气象数据，并对数据进行预处理和特征选择。

1. 数据选择

选取的样本边坡共 45 个，数据主要来源于中国地质调查局成都地质调查中心以及安徽省地勘局第一水文工程地质勘查院部分项目。

2. 数据预处理

样本主要为土质边坡，分布于西南以及中部山区，其中 40 个样本为训练数据，5 个样本为测试数据。边坡稳定性主要影响因素有边坡的岩土体力学参数和几何参数，如内摩擦角、黏聚力、泊松比、容重、高度和坡角等，利用皮尔逊相关系数计算方法可以获得影响因素与边坡稳定性系数之间的敏感程度，筛选出敏感度高的影响因素作为训练数据[7]。皮尔逊相关系数计算公式及代码实现如下所示：

$$\rho_{XY} = \frac{\text{Cov}(X,Y)}{\sigma_X \sigma_Y} = \frac{\sum_{i=1}^{n} \frac{(X_i - E(X))}{\sigma_X} \frac{(Y_i - E(Y))}{\sigma_Y}}{n} \quad (4\text{-}1)$$

式中，σ_X 和 σ_Y 是标准差；$\text{Cov}(X,Y)$ 是协方差；n 是样本数；X 是特征；Y 是目标值；E 是平均值。

直接按式（4-1）编写皮尔逊相关系数计算代码，代码如下：

```python
import numpy as np #导入numpy库
x=np.array([1,3,5])
y=np.array([1,3,4]) #导入数据
n=len(x)
sum_xy= np.sum(np.sum(x*y))
sum_x=np.sum(np.sum(x))
sum_y=np.sum(np.sum(y))
sum_x2=np.sum(np.sum(x*x))
sum_y2=np.sum(np.sum(y*y))
pc=(n*sum_xy-sum_x*sum_y)/np.sgrt((n*sum_x2-sum_x*sum_x)*(n*sum_y2-sum_y*sum_y))
#皮尔逊计算公式
print(pc) #输出结果
```

还可以调用 numpy 中的函数包进行编写，此方法相较于用公式编写更为简便，代码如下：

```python
import numpy as np #导入numpy库
x=np.array([1,3,5])
y=np.array([1,3,4]) #导入数据
pc=np.corrcoef(x,y) #直接调用皮尔逊计算函数
print(pc)
```

对边坡数据的相关性进行可视化，代码如下：

```python
import pandas as pd
import numpy as np
import matplotlib.pyplot as plt
import seaborn as sns
import warnings
warnings.filterwarnings("ignore") #过滤掉警告的意思
import seaborn
#读取数据
data = pd.read_excel('稳定性数据.xlsx')
#图片显示中文
plt.rcParams['font.sans-serif']=['SimHei']
plt.rcParams['axes.unicode_minus'] =False #unicode 编码
#计算各变量之间的相关系数
corr = data.corr()
ax = plt.subplots(figsize=(8, 8))#调整画布大小
ax = sns.heatmap(corr, vmax=.5, square=True, annot=True)#画热力图    annot=True 表示显示系数
#设置刻度字体大小
plt.xticks(fontsize=11)
plt.yticks(fontsize=11)
plt.savefig('XGBbo1.jpg', dpi=500)
#画出稳定性系数与各因素之间的散点图
```

代码输出如图 4.2 所示。

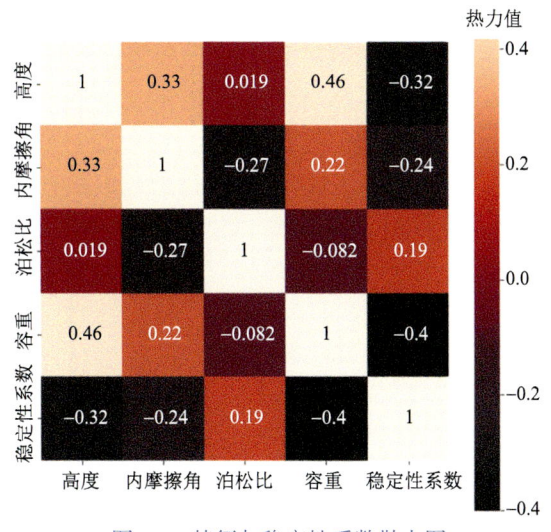

图 4.2　特征与稳定性系数散点图

3. 模型建立

对于露天矿山而言，岩石裸露在地表外，岩石样本的采集相对容易，可以得到的数据相对较多，在这里推荐使用随机森林算法，随机森林算法可以处理高维度大样本数据，无须进行降维工作和特征工程，同时随机森林算法可以在高维度样本中自行判断不同特征之间的相互影响，是一个全自动的机器学习算法[8]。计算流程见表4.2。

表 4.2 随机森林算法计算流程

计算流程
输入：训练集 D。 输出：回归树 $f(x)$。 在训练集所在的输入空间中，递归地将每个区域划分为两个子区域并决定每个子区域的输出值，构建二叉决策树： ①选择最优切分变量 j 与切分点 s，求解： $$\min_{j,s}\left[\min_{c_1}\sum_{x\in R_1(j,s)}(y_i-c_1)^2 + \min_{c_2}\sum_{x\in R_2(j,s)}(y_i-c_2)^2\right]$$ 式中，c_1 和 c_2 为两个子区域。遍历变量 j，对固定的切分变量 j 扫描切分点 s，选择上式达到最小值的 (j, s)。 ②用选定的 (j, s) 划分区域并决定相应的输出值： $$R_1(j,s)=\left\{x\mid x^{(j)}\leqslant s\right\},\quad R_2(j,s)=\left\{x\mid x^{(j)}>s\right\}$$ ③继续对两个子区域调用步骤①。 ④将输入空间划分为 M 个区域 $R_1,R_2,\cdots,R_M$，产生回归树： $$f(x)=\sum_{m=1}^{M}\hat{c}_m I(x\in R_m)$$

随机森林代码如下：

```
# from sklearn.datasets import load_diabetes
# from sklearn.model_selection import train_test_split
# from sklearn.ensemble import ExtraTreesRegressor
# x, y = load_diabetes(return_x_y=True)
# x_train, x_test, y_train, y_test = train_test_split(x, y, random_state = 0)
# reg = ExtraTreesRegressor(n_estimators=100, random_state=0).fit(x_train, y_train)
# res = reg.score(x_test, y_test)
# print("res:", res)
from sklearn.model_selection import train_test_split
from sklearn.preprocessing import StandardScaler
from sklearn.ensemble import RandomForestRegressor, ExtraTreesRegressor, GradientBoostingRegressor
from sklearn.metrics import r2_score, mean_squared_error, mean_absolute_error
import numpy as np
```

```python
'''
随机森林回归
极端随机森林回归
梯度提升回归

通常集成模型能够取得非常好的表现
'''

# 1 准备数据
#读取数据
df = pd.read_excel('稳定性数据.xlsx')
# 2 查看数据描述

x = data.iloc[:,:4]
y = data.iloc[:,-1]
#随机采样25%作为测试数据,75%作为训练数据
x_train, x_test, y_train, y_test = train_test_split(x, y, test_size=0.1, random_state=33)
print("x_train.shape:", x_train.shape)
print("x_test.shape:", x_test.shape)
print("y_train.shape:", y_train.shape)
print("y_test.shape:", y_test.shape)
# 3 对训练数据和测试数据进行标准化处理
ss_x = StandardScaler()
x_train = ss_x.fit_transform(x_train)
x_test = ss_x.transform(x_test)

ss_y = StandardScaler()
# 4 对三种集成回归模型进行训练和预测
#随机森林回归
rfr = RandomForestRegressor()
#训练
rfr.fit (x_train, y_train)
#预测 保存预测结果
rfr_y_predict = rfr.predict(x_test)

#极端随机森林回归
```

```
etr = ExtraTreesRegressor()
#训练
etr.fit (x_train, y_train)
#预测 保存预测结果
etr_y_predict = rfr.predict(x_test)

#梯度提升回归
gbr = GradientBoostingRegressor()
#训练
gbr.fit (x_train, y_train)
#预测 保存预测结果
gbr_y_predict = rfr.predict(x_test)

# 5 模型评估
#随机森林回归模型评估
print("随机森林回归的默认评估值为：", rfr.score(x_test, y_test))
print("随机森林回归的 R_squared 值为：", r2_score(y_test, rfr_y_predict))
#极端随机森林回归模型评估
print("极端随机森林回归的默认评估值为：", etr.score(x_test, y_test))
print("极端随机森林回归的 R_squared 值为：", r2_score(y_test, etr_y_predict))
#梯度提升回归模型评估
print("梯度提升回归回归的默认评估值为：", gbr.score(x_test, y_test))
print("梯度提升回归回归的 R_squared 值为：", r2_score(y_test, gbr_y_predict))
#结果展示

'''
随机森林回归的默认评估值为：    0.8600626023855121
随机森林回归的 R_squared 值为：   0.8600626023855121
极端随机森林回归的默认评估值为：   0.583541116542946
极端随机森林回归的 R_squared 值为：   0.8600626023855121
梯度提升回归回归的默认评估值为：   0.61365318206355
梯度提升回归回归的 R_squared 值为：   0.8600626023855121
'''
```

利用该模型同时对测试集中 5 个样本边坡进行预测，预测值与真实值的比较如图 4.3 所示。从预测值与真实值比较结果来看，二者误差很小，准确率可以达到 86%，说明模型预测结果的可靠度较高。

图 4.3　预测结果图

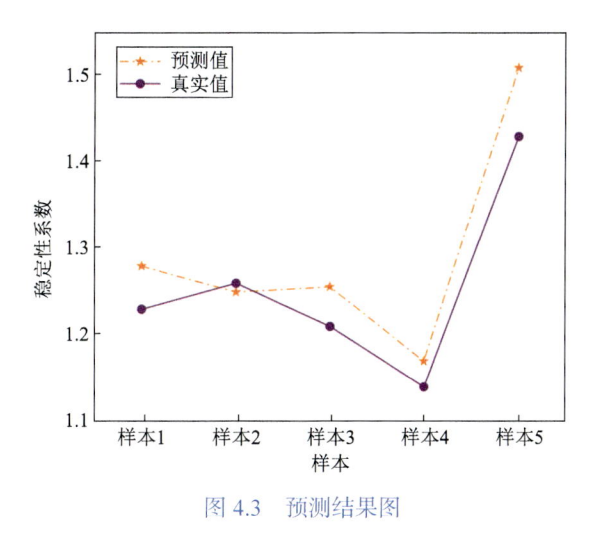

4.3　岩爆预测

4.3.1　常规岩爆预测方法

岩爆是指岩石在地下压力作用下瞬间断裂并释放出大量能量的现象，如图 4.4 所示。岩爆不仅会造成矿山生产中的严重事故，还会对人员和设备造成极大危害。因此，岩爆预测和防范具有极其重要的意义。

岩爆预测对于矿山的经济和社会发展也具有重要意义。矿山是许多国家的重要经济支柱，但同时也是危险的工作场所。岩爆事故的发生会严重影响矿山的经济效益，造成人员伤亡、设备损坏等后果。岩爆预测可以帮助矿山减少安全事故，提高生产效率和经济效益，从而推动矿山和当地社会的可持续发展[9]。

图 4.4　施工现场岩爆图片

目前，关于岩爆预测方法的研究可总结为三类：第一类是基于岩爆机理的岩爆判据方法，如 Russense 判据和 Barton 判据等；第二类是基于现场实测的岩爆预测方法，如微震法和声发射法等；第三类是基于岩爆影响因素的岩爆综合预测方法。第三类方法相对全面，能够较好地指导工程实践，是目前岩爆预测研究的重点。第三类方法又可细分为两类：①基于岩爆指标判据的预测方法，主要有模糊综合评判模型、物元可拓模型、理想点模型和云模型等；②基于岩爆工程实例数据的预测方法，主要有决策树模型、支持向量机模型、神经网络模型和贝叶斯判别模型等。

上述岩爆预测的判据和方法均从不同角度取得了一定的效果，极大地推动了岩爆预测研究的发展。然而岩爆受众多因素影响，至今没有明确的机理解释，各类预测方法自身仍有不足之处，具体如下：①岩爆预测是一个复杂的非线性问题，没有一个数学或者力学理论可以准确描述；②基于岩爆指标判据的预测方法的关键问题是指标权重的确定，如何降低人为因素影响，对最终预测结果至关重要；③基于岩爆工程实例数据的预测方法具有普遍意义，遇到具体问题需要适当调整参数，模型复杂与否直接影响调参的难易程度。因此，不断地改进现有方法，或者探索引入新方法，对于岩爆研究意义重大，不仅可以提高岩爆预测的准确性，还可为地下工程的安全防护、合理施工提供科学依据[10]。

4.3.2 基于神经网络的岩爆预测方法

目前，基于数据驱动的机器学习技术，特别是深度学习技术，在图像分类、语音识别和自然语言理解等领域取得了巨大的进展，是人工智能研究的热点。本节引入机器学习相关技术，基于岩爆工程实例数据库，建立并分析了岩爆烈度分级预测模型。

1. 数据选择

随着各类地下岩土工程向深部发展，埋深增加，地应力增高，岩体赋存的环境更加复杂，开挖或开采扰动诱发的岩爆灾害越来越严重，大量的岩爆数据不断产生。因此，有必要及时搜集、整理已发生的岩爆的数据，并建立岩爆工程案例数据库，研究数据之间的相关关系和定量表征。

岩爆评价指标的选取是岩爆预测的重要步骤，科学合理地确定评价指标尤为重要。所选岩爆评价指标应是以往实例有记载且现实中容易获得参数值的指标。本节通过对秦岭隧道、桑珠岭隧道、巴玉隧道、冬瓜山铜矿和阿舍勒铜矿等26个岩爆工程实例的分析，在现有研究的基础上，综合考虑岩爆的影响因素、特点和内外因条件，选取洞壁围岩最大切向应力σ_θ、岩石单轴抗压强度σ_c、岩石单轴抗拉强度σ_t和岩石弹性能量指数W_{et}作为岩爆评价指标[11]。

迄今为止，岩爆烈度尚无统一标准，国内外学者均对岩爆烈度划分开展过研究工作。Russeness的岩爆烈度分级方案在国外很有影响。在二郎山隧道和锦屏二级水电站辅助洞岩爆研究的基础上，李天斌等提出了岩爆烈度分级方案，将岩爆分为4级。在上述研究的基础上，参照其他岩爆预测研究，本节考虑岩爆发生的强弱程度和主要影响因素，将岩爆烈度划分为4级，即Ⅰ级（无岩爆）、Ⅱ级（轻微岩爆）、Ⅲ级（中级岩爆）和Ⅳ级（强烈岩爆）。将各级岩爆按照均匀分布原则在[0, 1]范围内划分区间，即以0.00~0.25表示无岩爆，0.25~0.50表示轻微岩爆，0.50~0.75表示中级岩爆，0.75~1.00表示强烈岩爆。

根据所选取的岩爆评价指标和岩爆烈度等级，运用文献调研法建立了一个包含 26 组岩爆工程实例的数据集，作为岩爆烈度分级预测的样本数据，为后面的研究提供基础[12]，见表 4.3。

表 4.3　岩爆工程实例数据库（部分数据）

序号	σ_θ/MPa	σ_c/MPa	σ_t/MPa	W_{et}/MPa	岩爆等级
1	48.8	180	8.3	5	III
2	75.0	180	8.3	5	III
3	62.5	175	7.3	5	III
4	50	130	6	5	III
5	80	180	6.7	5.5	II
6	57	180	8.3	5	III
7	60	200	9.8	5	II

2. 模型建立

近年来，深度学习技术受到广泛关注，在图像分类、语言识别和自然语言理解等领域都取得了突破性的进展。深度神经网络（deep neural network，DNN）作为一种深度学习模型，网络深度更深，非线性学习能力更强，完全由数据驱动，彻底避开了指标权重的人为确定，避免了人为因素影响。针对特定的问题，任何一种技术都要做适当的调整或者优化，才能得到最佳的解决方案，深度学习的发展日新月异，可用于深度学习的优化和训练方法层出不穷。本节根据岩爆预测问题的特点，在正则化和参数更新方面进行了优化[13]。

（1）正则化。本节建立的岩爆预测数据库虽然是目前包含岩爆工程实例最多的，但是仍然十分有限，为了防止 DNN 模型在训练过程中发生过拟合现象，采用 Dropout 方法对模型进行正则化，以提高 DNN 的泛化能力。

（2）权重更新。本节选择容易实现、计算高效的 Adam 算法，同时，为了避免产生较大的测试误差，融入动量思想，对其进行改进，引入更稳定、收敛速度更快的改进 Adam 算法。

（3）模型建立。将 Dropout 方法和改进的 Adam 算法用于深度神经网络优化，构建了基于 Dropout 和改进 Adam 的深度神经网络(DA-DNN)的岩爆烈度分级预测模型。基于 DA-DNN 的岩爆烈度分级预测模型构建的步骤为：①将 301 组岩爆工程实例数据作为岩爆预测的样本数据，按照 8∶2 划分为训练集和测试集；②设置 σ_θ、σ_c、σ_t、W_{et} 为输入层 4 个神经元，设置"0""1""2""3"为输出层 4 个神经元，隐藏层设置为 3 层，神经元节点数分别为 4、6、4，选取交叉熵误差为损失函数，ReLU 函数为隐藏层激活函数，softmax 函数为输出层激活函数；③将 Dropout 方法与改进的 Adam 算法应用于 DNN 模型训练；④基于 DA-DNN 的岩爆烈度分级预测模型最终训练完成后，输入 26 组预测样本测试其预测准确率。

（4）模型参数。基于 DA-DNN 的岩爆烈度分级预测模型的主要参数见表 4.4。

表 4.4 模型参数

序号	参数名称	参数取值
1	Dropout 丢失比率	$P=0.5$
2	初始学习率	$\eta = 0.01$
3	动量系数	$\lambda = 0.95$
4	一、二阶矩估计的指数衰减率	$\beta_1 = 0.9$、$\beta_2 = 0.999$
5	用于数值稳定的常数	$\delta = 1 \times 10^{-8}$
6	误差目标取值	0.0001
7	批大小取值	Batch_size=10
8	训练次数取值	Epoch=3000

神经网络代码如下：

```python
import numpy as np
import pandas as pd
from sklearn.preprocessing import StandardScaler
from sklearn.model_selection import train_test_split
from sklearn.metrics import mean_squared_error, mean_absolute_error
from sklearn.datasets import fetch_california_housing
import torch
import torch.nn as nn
import torch.nn.functional as F
from torch.optim import SGD
import torch.utils.data as Data
import matplotlib.pyplot as plt
import seaborn as sns
#导入数据
data = pd.read_excel('岩爆数据.xlsx')
X = data.iloc[:,:4]
y = data.iloc[:,-1]
X_train, X_test, y_train, y_test = train_test_split(X,y,test_size=0.2,random_state=200)
#数据标准化处理
scale = StandardScaler()
X_train_s = scale.fit_transform(X_train)
```

```
X_test_s = scale.transform(X_test)
#将训练数据转为数据表
housedatadf = pd.DataFrame(data=X_train_s)
housedatadf['target'] = y_train
housedatadf
#将数据集转为张量
X_train_t = torch.from_numpy(X_train_s.astype(np.float32))
y_train_t = torch.from_numpy(np.array(y_train,dtype=np.float32))
X_test_t = torch.from_numpy(X_test_s.astype(np.float32))
y_test_t = torch.from_numpy(np.array(y_test,dtype=np.float32))
#将训练数据处理为数据加载器
train_data = Data.TensorDataset(X_train_t, y_train_t)
test_data = Data.TensorDataset(X_test_t, y_test_t)
train_loader = Data.DataLoader(dataset = train_data, batch_size = 10,
shuffle = True, num_workers = 0)
testnet=MLPregression()
#搭建全连接神经网络回归
class MLPregression(nn.Module):
    def __init__(self):
        super(MLPregression, self).__init__()
        #第一个隐藏层
        self.hidden1 = nn.Linear(in_features=4, out_features=4, bias=True)
        #第二个隐藏层
        self.hidden2 = nn.Linear(4, 6)
        #第三个隐藏层
        self.hidden3 = nn.Linear(6, 4)
        #回归预测层
        self.predict = nn.Linear(4, 1)
    #定义网络前向传播路径
    def forward(self, x):
        x = F.relu(self.hidden1(x))
        x = F.relu(self.hidden2(x))
        x = F.relu(self.hidden3(x))
        output = self.predict(x)
    #输出一个一维向量
    return output
#定义优化器
```

```python
optimizer = torch.optim.SGD(testnet.parameters(), lr = 0.01)
loss_func = nn.MSELoss() #均方根误差损失函数
train_loss_all = []
#对模型迭代训练，总共 epoch 轮
for epoch in range(3000):
    train_loss = 0
    train_num = 0
    #对训练数据的加载器进行迭代计算
    for step, (b_x, b_y) in enumerate(train_loader):
        output = testnet(b_x) # MLP 在训练 batch 上的输出
        loss = loss_func(output, b_y) #均方根损失函数
        optimizer.zero_grad() #每次迭代梯度初始化为 0
        loss.backward() #反向传播，计算梯度
        optimizer.step() #使用梯度进行优化
        train_loss += loss.item() * b_x.size(0)
        train_num += b_x.size(0)
        train_loss_all.append(train_loss / train_num)
        train_loss_all
#可视化损失函数的变换情况
plt.figure(figsize = (8, 6))
plt.plot(train_loss_all, 'ro-', label = 'Train loss')
plt.legend()
plt.grid()
plt.xlabel('epoch')
plt.ylabel('Loss')
plt.show()
y_pre = testnet(X_test_t)
y_pre = y_pre.data.numpy()
mae = mean_absolute_error(y_test, y_pre)
print('在测试集上的绝对值误差为:', mae)
mse = mean_squared_error(y_test, y_pre)
print('在测试集上的均方误差为:', mse)
#结果展示
'''
在测试集上的绝对值误差为: 0.14621695280075073
在测试集上的均方误差为: 0.03150274534179047
'''
```

为了验证基于 DA-DNN 的岩爆烈度分级预测模型的有效性和正确性，从 26 组岩爆工程实例数据中随机抽取 5 组作为预测样本，抽取数据特征能代表整个数据集，如表 4.5 所示。结果显示，基于 DA-DNN 的岩爆烈度分级预测模型预测的绝对误差为 0.146，均方误差为 0.0315，测试集预测结果如表 4.5 所示。

表 4.5 工程实例数据预测结果（部分数据）

样本序号	工程名称	基于 DA-DNN 的岩爆烈度分级预测模型	实际岩爆等级
1	天生桥二级水电站引水隧洞	Ⅲ	Ⅲ
2	二滩水电站 2 号支洞	Ⅱ	Ⅱ
3	龙羊峡水电站地下洞室	Ⅰ	Ⅰ
4	鲁布革水电站地下洞室	Ⅰ	Ⅰ
5	渔子溪水电站引水隧洞	Ⅲ	Ⅲ

4.4 煤岩破坏状态预警

4.4.1 常规煤岩破坏状态预警方法

近年来，随着我国浅部煤炭资源日益枯竭，许多煤矿已经进入深部开采阶段，开采规模、强度和深度不断加大，采场结构越来越复杂，煤岩动力灾害的发生频次和破坏程度均呈上升趋势，有效预测煤岩失稳破坏具有重要的工程意义。煤岩破坏模式如图 4.5 所示。

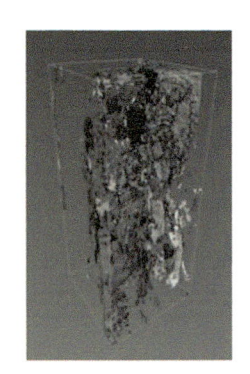

(a) 无冲击倾向性煤岩　　(b) 弱冲击倾向性煤岩　　(c) 强冲击倾向性煤岩

图 4.5 煤岩破坏模式[14]

煤岩破坏状态预警方法可以包括以下几个方面。

（1）监测煤岩的变形和应力变化：通过安装应变计、位移计和应力计等传感器，对煤岩的变形和应力变化进行实时监测。当监测到异常变化时，预警系统应及时发出警报，提示可能存在煤岩破坏的风险。

（2）监测煤岩的声波信号：通过安装声波传感器，对煤岩发出的声波信号进行监测，以便及早发现煤岩破裂的信号。声波传感器可以监测到煤岩内部的裂隙扩展和岩层移动等情况。

（3）分析煤岩的振动信号：通过安装振动传感器，对煤岩的振动信号进行实时监测，以便发现煤岩破裂的征兆。煤岩破坏时，振动信号的频率和振幅都会发生变化。

（4）通过视觉监测煤岩表面的裂纹和变形：通过安装摄像头等设备，对煤岩表面的裂纹和变形进行监测，以便及时发现煤岩破坏的征兆。

（5）利用人工智能技术进行预测和诊断：利用机器学习和深度学习等人工智能技术，对煤岩的监测数据进行分析和处理，建立煤岩破坏的预测和诊断模型，以便预测煤岩破坏的概率和时间，并提前采取措施，保障人员的安全。

4.4.2　基于 LightGBM 算法的煤岩破坏状态预警

声发射监测技术是评价煤岩材料稳定性的一种重要手段，能够有效揭示煤岩受载破坏特征规律，在实验室和工程现场得到了成功的应用，被证明是一种有效的地球物理预警方法。

将语音识别领域的特征提取技术和机器学习方法应用到煤岩破坏声发射分析领域有望得到可喜的结果。本节中同步采集了煤岩单轴压缩过程的声发射全波形数据和应力数据，提取了声发射信号梅尔倒谱系数作为样本特征，并以煤岩的应力状态作为样本标签，利用机器学习方法建立了煤岩破坏状态预测模型，实现了对煤岩危险状态的准确预测[15]。

1. 数据选择

Davis 和 Mermelstein 提出了梅尔倒谱系数(Mel-frequency cepstral coefficient，MFCC)，其是对信号波形的短时能量谱的一种表示，是将波形信号的对数功率谱通过线性余弦变换运算投影至非线性梅尔尺度中所得。梅尔尺度的值和频率（以赫兹为单位）之间的转换关系为

$$\mathrm{Mel}(f) = 2595 \lg(1 + f/700) \qquad (4\text{-}2)$$

式中，f 是频率。

煤岩声发射的 MFCC 求解分为五步。

（1）波形分帧：在非常短的时间内，声发射信号由一次裂纹扩展产生，因此可以视为平稳信号，如图 4.6 所示。将声发射波形分割成等长度的短帧片段。本节实验中声发射采样率为 3MHz，因此将每一帧长度设定为 40ms，对应的窗口长度为 120000（图 4.6），同时为避免帧与帧之间的变化过大，相邻帧之间重叠一段长度，设定为 10 ms，对应的重叠长度为 30000。

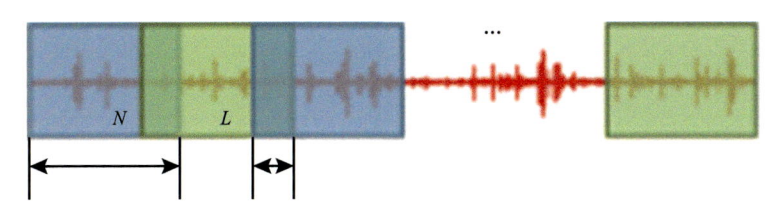

图 4.6 声发射信号分帧示意图

N 为每帧数据的长度，L 为相邻帧之间的重叠长度

（2）加汉明窗：为了增加声发射信号 s 分帧后每一帧与相邻帧之间的连续性，对帧信号进行窗函数处理得到信号 s'，即让波形的每一帧乘以汉明窗，计算公式为

$$s'(n) = s(n)\alpha - (1-\alpha)\cos\frac{2\pi n}{N-1},\ 0 \leqslant n \leqslant N-1 \tag{4-3}$$

式中，$s(n)$ 是信号 s 的第 n 个值；$s'(n)$ 是信号 s' 的第 n 个值；N 是每帧数据的长度；α 是汉明窗系数。

（3）离散傅里叶变换：将声发射信号从时域变换到频域，对分解后的每一帧信号进行傅里叶变换，计算频率域上的每一帧的功率谱，计算公式为

$$X(k) = \sum_{n=0}^{N-1} s'(n) e^{-\mathrm{j}\frac{2\pi}{N}nk},\ 0 \leqslant k \leqslant N-1 \tag{4-4}$$

式中，$X(k)$ 是功率谱 X 的第 k 个值。

（4）滤波并提取对数能量谱：通过梅尔滤波器组滤波，计算每个梅尔滤波器输出能量的对数，得到对数能量，即相应频带的对数功率谱，计算公式如式（4-5）所示。其中，梅尔滤波器组是一系列的三角窗，均匀重叠地排列在梅尔频率轴上。

$$s(m) = \ln\left(\sum_{K=1}^{N-1} |X(K)|^2 H_m(k)\right),\ m = 1,2,\cdots,M \tag{4-5}$$

式中，$s(m)$ 是对数能量 s 的第 m 个值；M 是滤波器总数；H 是滤波器组；$H_m(k)$ 是第 m 个滤波器转换函数的第 k 个值。

（5）离散余弦变换：利用离散余弦变换把频谱变换到时域上，所得结果就是梅尔倒谱系数，计算公式为

$$C(n) = a_n \sum_{m=0}^{M-1} s(m) \cos\left(\frac{n\pi}{M}\left(m+\frac{1}{2}\right)\right),\ n = 0,1,2,\cdots,P-1 \tag{4-6}$$

式中，$C(n)$ 是梅尔倒谱系数的第 n 个系数；P 是梅尔倒谱系数的个数；a_n 是正交系数。

$$a_n = \begin{cases} \dfrac{1}{\sqrt{P}},\ n=0 \\ \sqrt{\dfrac{2}{P}},\ n \neq 0 \end{cases} \tag{4-7}$$

2. 模型建立

机器学习算法,如决策树、随机森林、人工神经网络等,可以实现对样本数据的转换、处理和深度学习,具有较高的准确率且识别速度快。LightGBM(light gradient boosting machine)算法是一种将单边梯度采样和互斥特征捆绑方法相结合的改进梯度提升决策树算法。该算法具有训练效果好、训练速度快、能处理海量数据、不易过拟合等特点。

GBDT 是机器学习中一个长盛不衰的模型,其主要思想是利用弱分类器(决策树)迭代训练以得到最优模型,该模型具有训练效果好、不易过拟合等优点。GBDT 不仅在工业界应用广泛,通常被用于多分类、点击率预测、搜索排序等任务;在各种数据挖掘竞赛中也是致命武器,据统计 Kaggle 上的比赛有一半以上的冠军方案都是基于 GBDT 的。而 LightGBM 是一个实现 GBDT 算法的框架,支持高效率的并行训练,并且具有更快的训练速度、更低的内存消耗、更高的准确率、支持分布式、可以快速处理海量数据等优点[16]。

在 LightGBM 提出之前,最有名的 GBDT 工具就是 XGBoost 了,它是基于预排序方法的决策树算法。这种构建决策树的算法的基本思想是:首先,对所有特征都按照特征的数值进行预排序。其次,在遍历分割点的时候用 O(#data)的代价找到一个特征上的最好分割点。最后,在找到一个特征上的最好分割点后,将数据分裂成左右子节点。但这种方法存在明显的空间消耗大、时间成本高和对 Cache 优化不友好等问题[17]。

LightGBM 算法主要有三种基础模型,分别为基于 Histogram 的决策树算法、带深度限制的 Leaf-wise 算法和单边梯度采样算法。

1)基于 Histogram 的决策树算法

Histogram 算法应该翻译为直方图算法,直方图算法的基本思想是:先把连续的浮点特征值离散化成 k 个整数,同时构造一个宽度为 k 的直方图。在遍历数据的时候,将离散化后的值作为索引在直方图中累积统计量,当遍历一次数据后,直方图累积了需要的统计量,然后根据直方图的离散值,遍历寻找最优的分割点,如图 4.7 所示。

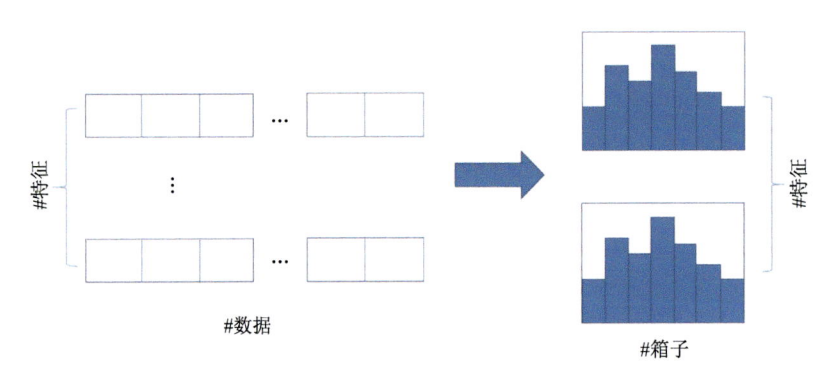

图 4.7 直方图算法基本思想

直方图算法简单理解为:首先确定对于每一个特征需要多少个箱子并为每一个箱子分配一个整数;然后将浮点数的范围均分成若干区间,区间个数与箱子个数相等,将属于该箱子的样本数据更新为箱子的值；最后用直方图表示。看起来很高大上，其实就是直方图统计，将大规模的数据放在了直方图中。

特征离散化具有很多优点，如存储方便、运算更快、鲁棒性强、模型更加稳定等。对于直方图算法来说有以下两个最直接的优点。

（1）内存占用更少：直方图算法不仅不需要额外存储预排序的结果，而且可以只保存特征离散化后的值，而这个值一般用 8 位整型存储就足够了，内存消耗可以降低为原来的 1/8。也就是说 XGBoost 需要用 32 位浮点数去存储特征值，并用 32 位整型去存储索引，而 LightGBM 只需要用 8 位整型去存储直方图，内存相当于减少为原来的 1/8，如图 4.8 所示。

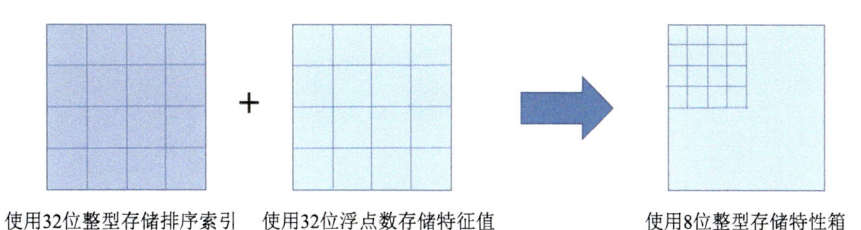

图 4.8 存储直方图示意图

（2）计算代价更小：预排序算法 XGBoost 每遍历一个特征值就需要计算一次分裂的增益，而直方图算法 LightGBM 只需要计算 k 次（k 可以认为是常数）。

当然，Histogram 算法并不是完美的。因为特征被离散化后，找到的并不是很精确的分割点，所以会对结果产生影响。但在不同的数据集上的结果表明，离散化的分割点对最终的精度的影响并不是很大，甚至有时候效果会更好一点。原因是决策树本来就是弱模型，分割点是不是精确并不是太重要；较粗的分割点也有正则化的效果，可以有效地防止过拟合；虽然单棵树的训练误差比精确分割的算法稍大，但在梯度提升（Gradient Boosting）的框架下没有太大的影响[18]。

LightGBM 另外一个优化是 Histogram（直方图）做差加速。一个叶节点的直方图可以由它的父亲节点的直方图与它兄弟节点的直方图做差得到，在速度上可以提升一倍。通常构造直方图时，需要遍历该叶节点上的所有数据，但直方图做差仅需遍历直方图的 k 个桶。在实际构建树的过程中，LightGBM 还可以先计算直方图小的叶节点，然后利用直方图做差来获得直方图大的叶节点，这样就可以用非常微小的代价得到它兄弟节点的直方图，见图 4.9。

图 4.9 算法优化示意图

2）带深度限制的 Leaf-wise 算法

在 Histogram 算法之上，LightGBM 进行进一步的优化。首先它抛弃了大多数 GBDT 工具使用的按层生长（level-wise）的决策树生长策略，而使用了带有深度限制的按叶子生长（leaf-wise）算法。

XGBoost 采用 level-wise 的增长策略，该策略遍历一次数据可以同时分裂同一层的叶子，容易进行多线程优化，也好控制模型复杂度，不容易过拟合。但实际上 level-wise 是一种低效的算法，因为它不加区分地对待同一层的叶子，实际上很多叶子的分裂增益较低，没必要进行搜索和分裂，因此带来了很多没必要的计算开销，见图 4.10。

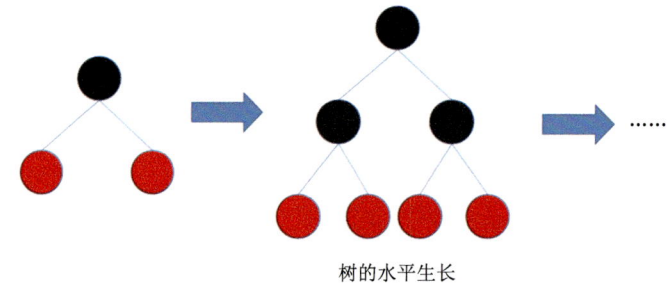

树的水平生长

图 4.10　树分裂示意图

LightGBM 采用 leaf-wise 的增长策略，该策略每次从当前所有叶子中，找到分裂增益最大的一个叶子，然后分裂，如此循环。因此同 level-wise 相比，leaf-wise 的优点是在分裂次数相同的情况下，leaf-wise 可以降低更多的误差，得到更高的精度；leaf-wise 的缺点是可能会长出比较深的决策树，产生过拟合。因此 LightGBM 会在 leaf-wise 之上增加一个最大深度的限制，在保证高效率的同时防止过拟合，见图 4.11。

有叶子节点的树生长

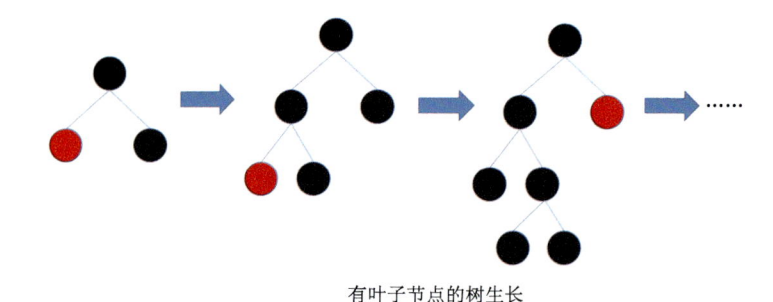

图 4.11　有叶子节点的树生长示意图

3）单边梯度采样算法

单边梯度采样（gradient-based one-side sampling，GOSS）算法从减少样本的角度出发，排除大部分小梯度的样本，仅用剩下的样本计算信息增益，它是一种在减少数据量和保证精度上平衡的算法。

AdaBoost 中，样本权重是数据重要性的指标。然而在 GBDT 中没有原始样本权重，不能应用权重采样。幸运的是，我们观察到 GBDT 中每个数据都有不同的梯度值，对采样十分有用，即梯度小的样本，训练误差也比较小，说明数据已经被模型学习得很好了，直接想法就是丢掉这部分梯度小的数据。然而这样做会改变数据的分布,将会影响训练模型的精确度,为了避免此问题,提出了 GOSS 算法。

GOSS 算法是一个样本的采样算法,目的是丢弃一些对计算信息增益没有帮助的样本,留下有帮助的样本。根据计算信息增益的定义,梯度大的样本对信息增益有更大的影响。因此,GOSS 算法在进行数据采样的时候只保留了梯度较大的数据,但是如果直接将所有梯度较小的数据都丢弃掉势必会影响数据的总体分布。所以,GOSS 算法首先将要进行分裂的特征的所有取值按照绝对值大小降序排序(XGBoost 一样也进行了排序,但是 LightGBM 不用保存排序后的结果),选取绝对值最大的 $a \times 100\%$ 个数据。然后在剩下的较小梯度数据中随机选择 $b \times 100\%$ 个数据。接着将这 $b \times 100\%$ 个数据乘以一个常数 $(1-a)/b$,这样算法就会更关注训练不足的样本,而不会过多改变原数据集的分布。最后使用这 $(a+b) \times 100\%$ 个数据来计算信息增益。表 4.6 是 GOSS 算法的伪代码。

表 4.6　GOSS 具体算法伪代码

算法:GOSS
输入:I,训练数据;d,迭代
输入:a,大梯度数据采样比
输入:b,小梯度数据采样比
输入:loss,损失函数;L,弱学习器
models ←{}, fact ←$(1-a)/b$
top$N$ ←$a\times$len(I), rand$N$ ←$b\times$len(I)
for i = 1 to d do
preds ← models.predict(I)
g← loss(I, preds), w ← {1,1,...}
sorted ← GetSortedIndices(abs(g))
topSet←sorted[1:top$N$]
randSet ← RandomPick(sorted[top$N$:len(I)], rand$N$)
usedSet ← topSet + randSet
w[randSet] × = fact ▷ Assign weight fact to the small gradient data.
newModel ← L(I[usedSet], −g[usedSet],
w[usedSet])models.append(newModel)

本节优选此方法构建煤岩破坏状态预警模型,构建过程如图 4.12 所示。首先,制作声发射样本,将采集的声发射数据分割成长度为 120000 个数据点的 40 ms 的声发射片段,每个声发射片段作为一个样本;其次,提取样本特征,前 12 个梅尔倒谱系数作为样本特征,MFCCn 是第 n 个特征;然后,添加样本标签,定义煤岩当前受力与其峰值载荷的比值为煤岩的应力状态,设置 0.8 为应力状态阈值,若声发射样本对应的应力状态小于 0.8 即为安全,样本标签为 $y=0$,若大于 0.8 即为危险,样本标签为 $y=1$;最后,训练预测模型,使用 LightGBM 算法中 LGBM Classifier 函数构建煤岩破坏状态预测模型。借鉴文献[17]的做法,本节采用机器学习库 sklearn 提供的 GridSearchCV(网格搜索和交叉验证结合法)对 LightGBM 主要参数进行调优,参数设置如表 4.7 所示,其余参数均为默认值。参数调优步骤主要包括:选择较高的 learning_rate 以加快收敛,一般大于 0.1;对决策树基

本参数调优；调整正则化参数以防止过拟合；降低 learning_rate 来提高模型准确率[19]。

利用 Python 语言来建立模型：

```
#1、读取数据
import pandas as pd
df = pd.read_excel('煤破坏状态预警.xlsx')

#2、提取特征变量和目标变量
X = df.drop(columns='是否预警')
Y = df['是否预警']

#3、划分训练集和测试集
from sklearn.model_selection import train_test_split
X_train,X_test,y_train,y_test = train_test_split(X,Y,test_size=0.2,random_state=123)

#4、模型训练和搭建
from lightgbm import LGBMClassifier
model = LGBMClassifier() #分类模型
model.fit (X_train,y_train)

#5、模型预测及评估
y_pred = model.predict(X_test)
a = pd.DataFrame() #创建一个空的 DataFrame
a['预测值'] = list(y_pred)
a['实际值'] = list(y_test)
from sklean.metrics import accuracy_score
score = accuracy_score(y_pred,y_test)
model.score(X_test,y_test) #模型准确率评分
#绘制 ROC 曲线来评估模型预测效果
y_pred_proba = model.predict_proba(X_test)
from sklean.metrics import roc_curve
fpr,tpr,thres = roc_curve(y_test,y_pred_proba[:,1])
import matplotlib.pyplot as plt
plt.plot(fpr,tpr)
plt.show ()
#求 AUC 值
from sklean.metrics import roc_auc_score
score = roc_auc_score(y_test.values,y_pred_proba[:,1])
```

```
features = X.columns#获取特征名称

importances = model.feature_importances_#获取特征重要性
#通过二维表格显示
importances_df = pd,DataFrame()
importances_df['特征名称'] = features
importances_df['特征重要性'] = importances
importances_df.sort_values('特征重要性',ascending=False)

from sklearn.model_selection import GridSearchCV

parameters = {'num_leaves':[10,15,31],'n_estimators':[10,20,30],'learning_rate':[0.05,0.1,0.2]}
model = LGBMCLassifier()
grid_search = GridSearchCV(model,parameters,scoring='roc_auc',cv=5)
grid_search.fit (X_train,y_train) #传入数据
grid_search.best_params_#输出参数的最优值
#结果{'learning-rate': 0.1，'n-estimators': 20，'num-leaves': 15]
```

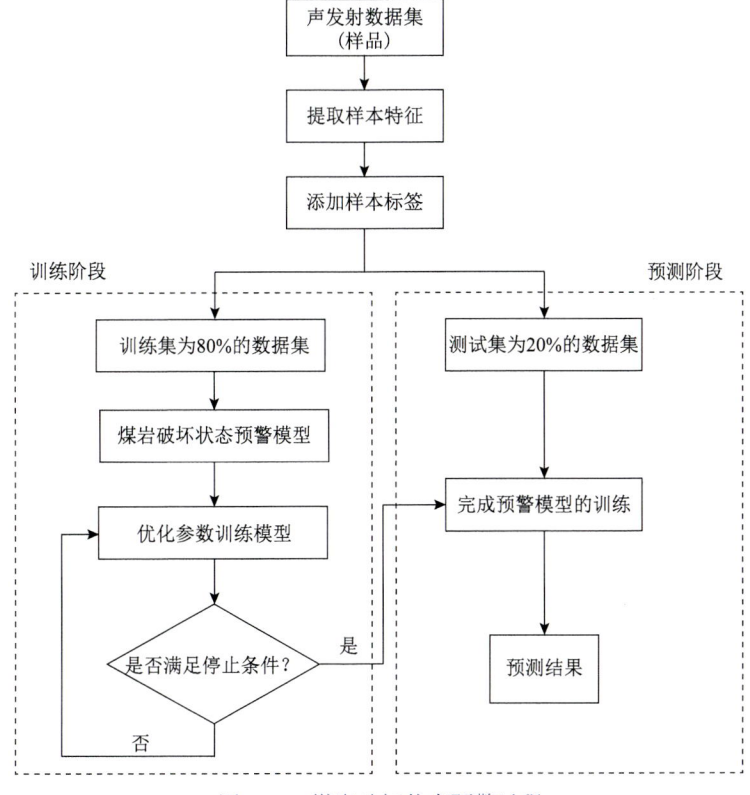

图 4.12 煤岩破坏状态预警过程

表 4.7　模型超参数

参数	值	角色
learning_rate	0.1	控制模型的训练速度
Objective	二进制	分配学习任务
n_estimators	20	控制培训次数
Early_stopping_rounds	50	控制最大培训次数
Max_depth	3	设定决策树的深度
Num_leaves	8	调整决策树的复杂度
Subsample	0.8	控制每棵树的采样比
Colsample_bytree	0.8	控制每棵树使用的特征的比例
Min_child_weight	2	控制最小叶节点的权重
Reg_alpha	0	防止过拟合
Reg_lambda	1	防止过拟合
Verbose	100	输出模型结果

K 折交叉验证是检验机器学习模型效果的常用方法，它能够充分利用有限的数据。借鉴 Jung 和 Rodriguez 等的研究，本节设置 K 为 5，即使用五折交叉验证方法来评价建立的预测模型的预测效果。5 折交叉验证将前述得到的训练集数据分割为 5 个子集，其中 1 个子集作为测试数据，其他 4 个子集用于训练，样本数据见表 4.8。每个子集均被用作 1 次测试集，其余 4 个被用作训练，由此可以得到 5 个子模型用于检验整体模型的预测稳定性。交叉验证有效利用了有限数据，使评价结果能最大限度地体现模型的整体性能[20]。

表 4.8　样本数据统计

样本分组	声干扰片段数		
	安全样本	危险样本	样本总数
1-1	11032	3365	14397
1-2	11762	2066	13828
2-1	4173	1211	5384
2-2	4013	725	4738
3-1	2728	813	3541
3-2	2014	602	2616
4-1	1362	687	2049
4-2	2178	486	2664
5-1	1347	344	1691
5-2	1277	305	1582
总计	41886	10604	52490

准确率（ACC）、真阳性率（TPR）、真阴性率（TNR）以及受试者工作特征曲线（ROC）和该曲线下围成的面积（AUC）等是评价机器学习模型预测效果的常用指标，见表4.9。准确率表示预测正确的样本占总样本的比例，即模型找到的真阳性类和真阴性类占整体预测样本的比例，其取值范围是[0，1]，越接近1则说明模型的预测性能越好。真阳性率表征分类为1样本的预测准确率。真阴性率是分类为0样本的预测准确率。TP是真阳性，表示被预测为正样本的正样本；FN为假阴性，表示被预测为负样本的正样本；FP是假阳性，表示被预测为正样本的负样本；TN为真阴性，表示被预测为负样本的负样本。ROC曲线是一种显示分类模型在所有分类阈值下分类效果的图表，曲线的横纵坐标分别是假阳性率（FPR）和真阳性率（TPR），其中FPR=1-TNR。AUC被定义为ROC曲线下围成的面积，作为一个数值能更清晰地判断模型效果。ROC曲线的（0，1）点代表完美的分类与阈值，所以曲线越接近这一点或对应的AUC值越大，则说明分类器效果越好，见表4.10。

表 4.9 评价标准

真实值	预测值	
	1	0
1	TP	FN
0	FP	TN

表 4.10 模型预测结果

次数	TN	FP	FN	TP	ACC/%	TPR/%	TNR/%	AUC
第一次	10213	223	1193	1980	89.60	62.40	97.86	0.97
第二次	10224	273	198	2006	96.29	91.02	97.40	0.99
第三次	4777	303	484	883	87.79	64.59	94.04	0.90
第四次	3668	354	499	621	83.41	55.45	91.20	0.88
第五次	2732	471	105	789	85.94	88.26	85.30	0.92
平均分					88.61	72.34	93.16	0.93

4.5 矿柱稳定性分析

4.5.1 常规矿柱稳定性分析方法

在长时间、大范围的地下开采过程中，大量的采空区是危及矿山安全生产的主要原因之一，而矿柱又是影响采空区稳定性的主要结构单元。矿柱失稳将导致采空区顶板大面积坍塌，继而造成大量的人员伤亡和严重的财产损失。因此，加大矿柱稳定性研究对实现地下矿山高效、安全回采具有重要意义。

矿柱失稳是复杂的非线性问题，同时带有很大的不确定性，传统的确定性研究方法（如物理相似模拟法、安全系数法和计算机数值模拟法等）难以考虑到不确定性因素的影响，所以采用这些方法进行矿柱设计和稳定性分析时，常常存在矿柱失效的情况[21, 22]。

矿柱对采矿所引起荷载的整体响应取决于该矿柱的绝对或相对大小、矿柱岩体的地质构造和围岩对矿柱所施加的表面约束特性，图4.13为矿柱变形形状的主要模式，大多数矿柱破坏的主要形式为矿柱表面剥落、剪切破坏和与软弱夹层、节理等构造有关的破坏类型，其中图4.13中（a）表示矿柱原始表面；（b）表示对于规则节理矿岩和低宽高比时的矿柱剪切破坏；（c）表示矿柱的内部劈裂或横向膨胀和桶形破坏；（d）和（e）分别表示沿地质结构面的滑移和溃曲破坏[22, 23]。

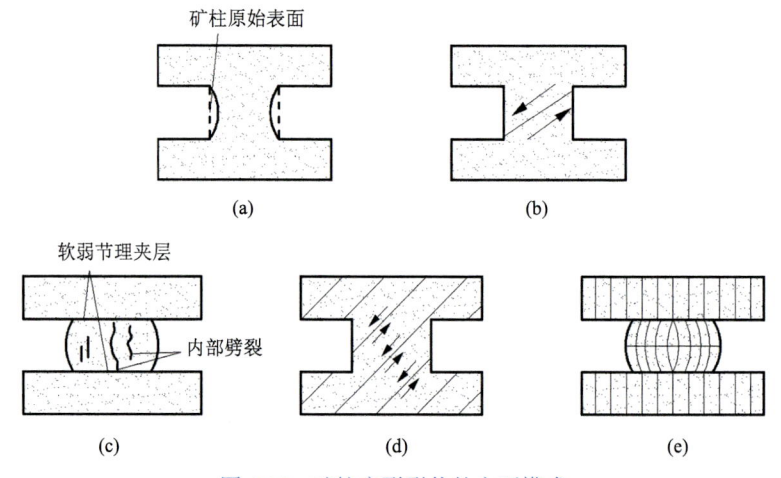

图 4.13　矿柱变形形状的主要模式

矿柱稳定性分析方法可以根据不同的矿山工况和矿柱特点选择不同的方法进行分析和评估，主要包括以下几种方法。

（1）解析法：通过解析方法求解矿柱的力学性质，包括矿柱的内力、变形和应力等，可以分析矿柱的稳定性，并计算其承载能力。

（2）数值模拟法：利用数值模拟软件，对矿柱进行建模和计算，可以分析矿柱的稳定性，包括其变形和应力等情况，以确定矿柱是否具有足够的承载能力。

（3）模拟试验法：通过模拟试验，对矿柱的力学性质和稳定性进行研究，可以获取更为真实和准确的数据，以评估矿柱的稳定性。

（4）经验公式法：利用历史数据和实验结果，建立经验公式，通过计算得出矿柱的承载能力和稳定性，可以为矿柱设计和支护提供参考依据。

（5）地面探测法：利用地面探测技术，包括地震探测、地电探测等，对矿柱的内部结构和性质进行探测和分析，可以为矿柱稳定性分析提供参考数据。

以上方法不是独立的，通常是综合运用不同的方法，以得到更为准确的矿柱稳定性分析结果，并制定相应的支护措施和管理措施。

4.5.2 基于高斯分类方法的矿柱稳定性分析

机器学习在矿柱稳定性分析中具有广泛的应用前景。矿柱是矿山开采过程中的一个重要组成部分，矿柱稳定性的好坏直接影响矿山生产的安全和经济效益。传统的矿柱稳定性分析方法通常依赖于专家经验和现场测试，存在耗时、耗力、准确性低等问题。机器学习技术可以通过对矿柱稳定性相关数据的分析和建模，实现矿柱稳定性的快速预测和优化，从而提高矿山的生产效率和安全性。

机器学习在矿柱稳定性分析中的具体应用包括数据收集和预处理、特征工程、模型选择和训练、模型评估和预测等方面。通过收集和预处理矿柱稳定性相关数据，选择合适的特征进行建模，选择合适的机器学习算法进行训练和预测，可以快速准确地预测矿柱稳定性，为矿山的生产提供有力的支持[23]。

机器学习在矿柱稳定性分析中的应用可以大大提高分析的准确性和效率，为矿山生产提供更加可靠的决策依据。

1. 数据选择

影响矿柱稳定性的因素较多，进行矿柱稳定性分析时所考虑的影响因素主要有以下几项：①矿柱所受载荷；②矿柱的宽高比，宽高比大的矿柱稳定性好，工程中常以宽高比作为矿柱设计的主要指标；③矿房尺寸与矿柱尺寸，矿房尺寸与矿柱分布应相互协调，矿柱的分布及其尺寸宜保持均匀一致，否则尺寸小的或支护面积大的矿柱可能先期破坏，继而将载荷转嫁于相邻矿柱，以至于造成大面积垮塌；④构造因素，这需要对空场及矿柱中的结构面进行调查分析；⑤矿体自身的强度，包括单轴抗拉强度和单轴抗压强度。

综合评定各项因素，最终选取矿柱宽度（W）、矿柱高度（H）、矿柱宽高比（W/H）、矿岩单轴抗压强度（σ_{ucs}）和矿柱承受载荷（σ_P）共5个指标作为矿柱的稳定性分析指标。

2. 数据预处理

本节选取50组矿柱稳定与破坏实例的资料进行研究，随机选取46组实例资料中的40组作为学习样本，其余10组作为预测样本，见表4.11。

表 4.11 训练数据集

编号	W/m	H/m	W/H	σ_{ucs}/MPa	σ_P/MPa	状态
1	3.60	4.50	0.80	45	5.01	−1
2	3.90	3.00	1.30	26	5.80	−1
3	4.50	5.40	0.83	25	3.61	−1
4	4.65	8.10	0.57	24	2.77	−1
5	5.40	3.75	1.44	45	8.12	−1
6	7.50	3.60	2.08	38	10.45	−1
7	5.40	3.60	1.50	33	6.02	−1
8	4.50	4.80	0.94	47	4.20	−1

续表

编号	W/m	H/m	W/H	σ_{ucs}/MPa	σ_P/MPa	状态
9	2.85	1.80	1.58	26	7.76	−1
10	3.00	1.80	1.67	26	6.17	−1
11	19.80	6.60	3.00	27	5.88	−1
12	18.60	8.40	2.20	27	5.88	−1
13	10.70	18.30	0.58	215	9.00	−1
14	10.70	18.30	0.58	215	9.40	−1
15	10.70	18.30	0.58	215	10.30	−1
16	15.20	27.40	0.56	153	12.60	−1
17	12.20	27.40	0.44	150	17.20	−1
18	8.50	15.80	0.54	150	17.20	−1
19	12.20	27.40	0.44	150	17.30	−1
20	7.90	9.80	0.81	160	19.00	−1
21	12.80	7.30	1.73	160	17.40	−1
22	12.50	15.20	0.82	160	17.80	−1
23	6.10	12.20	0.49	160	19.00	−1
24	3.70	8.50	0.43	245	24.10	−1
25	8.20	9.10	0.90	160	25.00	−1
26	5.50	7.30	0.75	160	27.00	−1
27	12.20	15.80	0.77	165	8.40	−1
28	12.20	15.80	0.77	165	7.60	−1
29	5.40	3.00	1.80	48	4.01	1
30	9.90	3.50	1.70	50	3.09	1
31	8.10	5.10	2.70	46	14.08	1
32	9.90	5.10	3.70	28	5.20	1
33	9.00	5.10	1.80	21	2.08	1
34	6.30	3.00	2.10	35	5.20	1
35	16.00	3.50	4.60	29	4.14	1
36	18.30	5.10	3.60	33	1.40	1
37	6.00	2.10	2.90	19	3.00	1
38	9.30	3.60	2.60	40	2.34	1
39	5.80	2.00	2.90	29	7.59	1
40	7.00	1.80	3.90	41	5.15	1

注：状态1表示破坏，−1表示不破坏。

3. 模型建立

高斯过程二分类（Gaussian process for binary classification，GPC）方法是一种基于高斯过程机器学习原理的分类方法，其分类过程如图4.14所示[24]。

分类标签 $y_i \in \{0,1\}$　y_1　y_2　...　y_n　π_*　预测值 $p_* \in [0,1]$

sigmoid函数

GPC潜在函数 f　f_1　f_2　......　f_n　f_*

协方差函数 $k(x_i, x_j)$

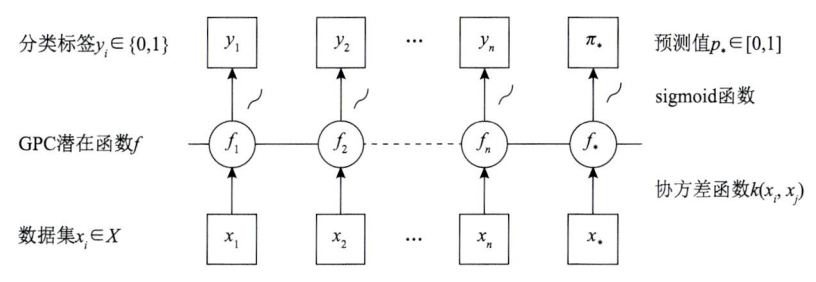

数据集 $x_i \in X$　x_1　x_2　...　x_n　x_*

图 4.14　GPC 方法分类过程

假定训练样本集为 $D = \{(x_i, y_i) | i = 1, \cdots, n\} = (X, y)$，$X = (x_1, \cdots, x_n)^T$ 为 $n \times d$ 的输入矢量集，d 为输入矢量的维数，$y = (y_1, \cdots, y_n)^T$ 为 $n \times 1$ 的输出值集合，作为二分类标志 $y_i \in \{0,1\}$，$f = (f_1, \cdots, f_n)^T$ 为 $n \times 1$ 的潜在函数值，其中 $f_i = f(x_i)$。为使分类结果有概率上的意义，应按一定的映射关系 $\sigma(x)$ 将 f 映射到区间 $[0,1]$，即 $\sigma(f) = [0,1]$。通常称映射关系 $\sigma(x)$ 为响应函数，其一般可取为标准正态分布的累计分布函数，表达式如下：

$$\Phi(z) = \frac{1}{\sqrt{2\pi}} \int_{-\infty}^{x} \exp\left(-\frac{1}{2}x^2\right) dx \tag{4-8}$$

高斯过程二分类分为学习和预测两个环节，并且在学习阶段获得关于潜在函数 f 的后验分布 $p(f | X, y)$ 至关重要。对此，分类的做法是先假定潜在函数 f 的先验分布 $p(f | X)$ 为高斯分布，在求得似然分布 $p(y | f, X) = p(y | f)$ 之后，根据贝叶斯公式可得到后验分布：

$$p(f | X, y) = \frac{p(y | f) p(f | X)}{p(y | X)} \tag{4-9}$$

式中，$p(y | X)$ 为在 X 发生的前提下，y 发生的概率。对于给定的潜在函数 f，分类标签 Y（对应于观察值）是独立的伯努利分布变量，则可知联合似然分布为

$$p(y | f) = \prod_{i=1}^{n} p(y_i | f_i) = \prod_{i=1}^{n} \Phi(y, f_i) \tag{4-10}$$

$p(f | X)$ 为先验分布，其具体计算式为

$$p(f | X) \sim N(f | m, K) \tag{4-11}$$

式中，m 是均值向量，$m = (m_1, \cdots, m_n)^T$，一般 $m_1 = m_2 = \cdots = m_n = \theta_1$；$K$ 为 n 阶协方差矩阵，$K_{ij} = k(x_i, x_j, \cdots, \theta_2)$，$K( )$ 表示与 θ_2 有关的正定协方差函数。$\theta = |\theta_1, \theta_2|$ 称为超参数，最优超参数可通过极大似然法来估计。常用的协方差函数为基于自动相关确定（automatic relevant determination，ARD）技术的 Squared Exponential 协方差函数：

$$k(x_i, x_j) = \sigma_f^2 \exp\left[-\frac{1}{2}(x_i - x_j)^T P^{-1} (x_i - x_j)\right] \tag{4-12}$$

式中，P 是由 ARD 参数 $l_1,\cdots,l_d$ 的平方组成的对角矩阵。其中，超参数 $\theta = \{\theta_1, \sigma_f, l_1,\cdots,l_d\}$。

以上为 GPC 的学习过程，下面叙述在此基础上如何进行 GPC 的预测。预测分为两步，第一步先计算与测试点 X_* 对应的潜在函数值 f_* 的后验概率：

$$p(f_*|X,y,X_*) = \int P(f_*|f,X,X_*)p(f|X,y)\mathrm{d}f \tag{4-13}$$

第二步，根据式（4-13）可以进一步算得对应于 f_* 的分类预测概率：

$$\bar{\pi}_* = p(y_*|X,x_*,y) = \int \Phi(y_*f_*)p(f_*|X,y,x_*)\mathrm{d}f_* \tag{4-14}$$

在得到分类预测概率之后，就可以根据样本数据及测试数据进行预测，即完成高斯过程二分类。GPC 模型中，常以 $p(y_*|X,x_*,y) = 0.5$ 作为分类界限。本节中 y_* 的预测概率大于 0.5 的为一类，对应地，$y_* = 1$；y_* 的预测概率小于 0.5 的为另一类，对应地，$y_* = -1$。GPC 结果见图 4.15。

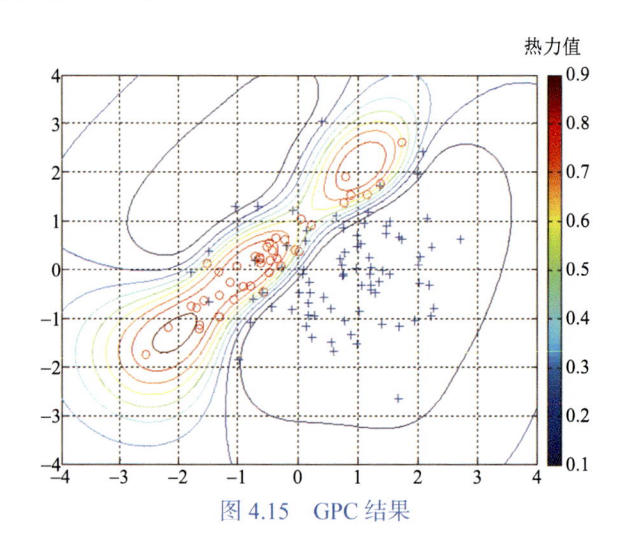

图 4.15　GPC 结果

矿柱稳定性分析的 GPC 模型具体实现步骤如下。

（1）根据若干矿柱稳定与破坏的实例资料，建立学习样本集 $D = \{(X_i, y_i)|i = 1,\cdots,n\}$，输入向量 X_i 代表影响矿柱稳定性的主要因素；输出标量 y_i 代表实例中矿柱的状态（稳定状态为 1，破坏状态为 -1）。

（2）对训练样本进行学习，并通过极大似然法获得最优超参数。

（3）根据高斯过程理论，依据贝叶斯规则对训练样本进行"归纳推理学习"，采用期望传播（expectation propagation，EP）算法获得预测样本潜在函数的 f_* 后验近似高斯分布。

（4）当预测概率 $\bar{\pi}_* > 0.5$ 时，矿柱处于稳定状态；当预测概率 $\bar{\pi}_* < 0.5$ 时，矿柱处于破坏状态。

根据上述步骤，借助 Python 语言编制程序：

```python
import numpy as np
import matplotlib.pyplot as plt

from sklearn.gaussian_process import GaussianProcessClassifier
from sklearn.gaussian_process.kernels import RBF, DotProduct

xx, yy = np.meshgrid(np.linspace(-3, 3, 50),np.linspace(-3, 3, 50))
rng = np.random.RandomState(0)
X = rng.randn(200, 2)
Y = np.logical_xor(X[:, 0] > 0, X[:, 1] > 0)
# fit the model
plt.figure(figsize=(10, 5))
kernels = [1.0 * RBF(length_scale=1.0), 1.0 * DotProduct(sigma_0=1.0)**2]
for i, kernel in enumerate(kernels):
    clf = GaussianProcessClassifier(kernel=kernel, warm_start=True).fit(X, Y)
    # plot the decision function for each datapoint on the grid
    Z = clf.predict_proba(np.vstack((xx.ravel(), yy.ravel())).T)[:, 1]
    Z = Z.reshape(xx.shape)
    plt.subplot(1, 2, i + 1)
    image = plt.imshow(Z, interpolation='nearest',
                       extent=(xx.min(), xx.max(), yy.min(), yy.max()),
                       aspect='auto', origin='lower', cmap=plt.cm.PuOr_r)
    contours = plt.contour(xx, yy, Z, levels=[0.5], linewidths=2,colors=['k'])
    plt.scatter(X[:,0],X[:,1],s=30,c=Y,cmap=plt.cm.Paired,
                edgecolors=(0, 0, 0))
    plt.xticks(())
    plt.yticks(())
    plt.axis([-3, 3, -3, 3])
    plt.colorbar(image)
    plt.title("%s\n Log-Marginal-Likelihood:%.3f"
              %(clf.kernel_, clf.log_marginal_likelihood(clf.kernel_.theta)),
              fontsize=12)
plt.tight_layout()
plt.show ()
```

预测结果如图 4.16、表 4.12 及图 4.17 所示。

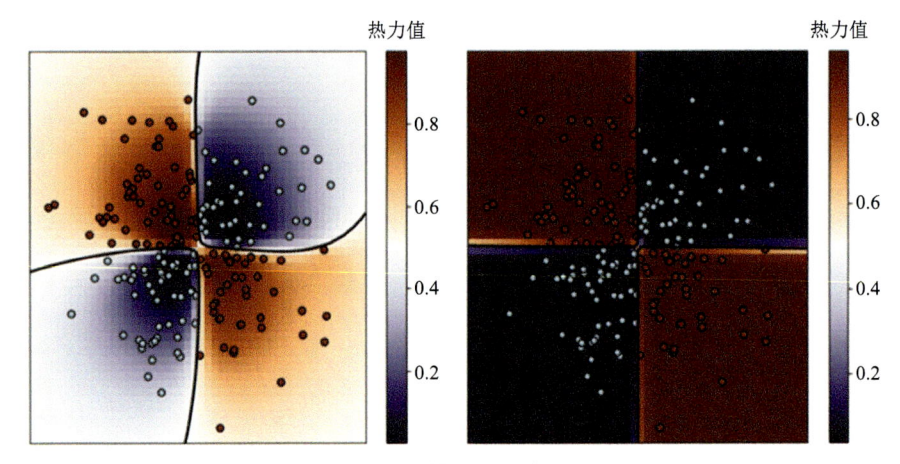

图 4.16 算法输出结果

表 4.12 预测结果

编号	W/m	H/m	W/H	σ_{ucs}/MPa	σ_P/MPa	实际状态	预测均值	标准差	预测概率	GPC 判别
1	3.60	6.00	0.60	45	4.68	−1	0.9872	0.0254	0	−1
2	4.95	3.60	1.38	33	7.43	−1	0.9987	0.0026	0	−1
3	7.20	5.10	1.40	33	2.25	1	0.3604	0.8701	0.4118	−1
4	10.10	4.80	2.10	35	3.09	1	0.9940	0.0119	0.9931	1
5	1.70	18.30	0.58	215	12.80	−1	0.9965	0.0070	0	−1
6	6.70	12.20	0.54	160	20.00	−1	0.9967	0.0065	0	−1
7	5.00	10.00	0.50	89	3.20	−1	0.9489	0.0996	0.0002	−1
8	5.00	8.50	0.59	89	2.40	−1	0.9073	0.1767	0.0008	−1
9	5.00	3.00	1.67	89	3.00	1	0.6527	0.5740	0.6446	1
10	4.00	2.50	1.60	89	1.10	1	0.6403	0.590	0.6335	1

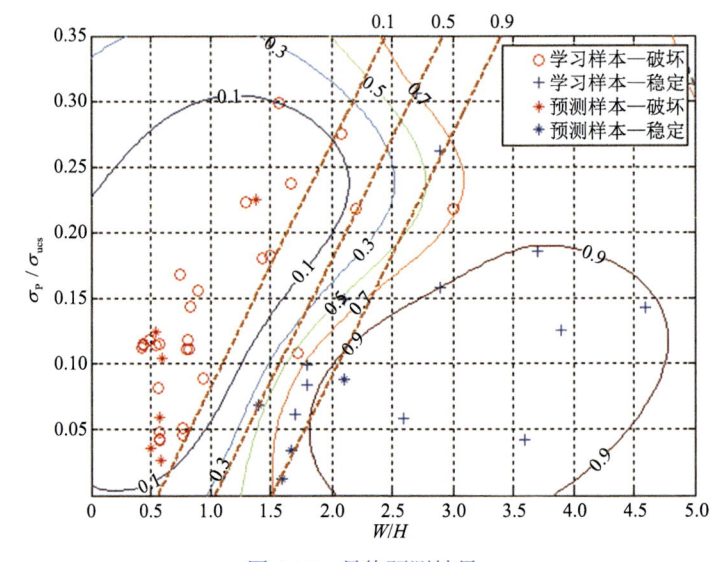

图 4.17 最终预测结果

4.6 矿产资源评价

4.6.1 常规矿产资源评价方法

矿产资源评价是指对矿产资源进行评估、估价、评定等工作，以确定矿产资源的质量、数量、开采难度、开采效益等各项指标，为矿产资源的开发利用提供科学依据。常用的矿产资源评价方法包括以下几种[25]。

（1）地质方法：通过地质勘查、钻探等手段，综合分析矿床的地质构造、岩性、矿化程度、赋存方式、规模、储量等因素，确定矿产资源的质量和数量。

（2）经济方法：综合考虑市场需求、开采成本、销售价格等因素，对矿产资源进行经济评价，确定其开采的经济效益。

（3）工程方法：通过对矿床的开采技术、设备、工艺流程等方面的研究，评估矿产资源的开采难度和开采效益。

（4）统计学方法：采用概率统计方法，对采样数据进行分析和计算，推算出矿产资源的总储量和品位分布规律。

（5）数学模型方法：建立数学模型，模拟矿床的形成、演化过程，计算矿床的储量、品位等指标。

（6）地球物理方法：通过地球物理勘查技术，如重力、磁法、电法、地震勘探等，研究地下岩石的物理性质，识别矿床赋存状态和规模，为矿产资源的评价提供依据。

（7）遥感方法：利用卫星遥感技术，获取地表地貌、植被、水文等信息，分析矿床地质环境，辅助矿产资源的评价。

综合运用以上不同的方法，可以全面、系统地评价矿产资源的潜力、质量、数量、经济价值等指标，为矿产资源的开发利用提供科学决策依据。

4.6.2 基于支持向量机的矿产资源评价

随着计算机技术与信息化时代的高速发展，各行各业多类型的数据呈爆炸式增长，大数据时代应运而生。地球科学作为一门基础科学，前期大量的基础地质工作积累了丰硕的成果。众多研究表明，由于地质条件的复杂性，地质数据的非线性特征较强，机器学习算法能更好地刻画矿化点和证据要素间的复杂线性关系。目前，应用于矿产资源评价的机器学习算法主要包括人工神经网络、支持向量机、决策树、随机森林、极限学习机等，均取得了良好的效果，本节主要采用支持向量机方法进行矿产资源预测[26]。

1. 数据选择

本节以阿舍勒地区为研究对象，考虑到研究区比例尺较大（1∶10000）及地质成矿要素的复杂程度，选择以50m×50m网格大小将研究区划分为12710个统计单元。

2. 数据预处理

基于监督学习需带有"标签"的样本集，对研究区已有钻孔按照见矿与未见矿钻孔分别统计其在网格中的分布情况。若同一统计单元出现两个及以上的同性质钻孔，按照钻孔性质可将其归为"见矿"或"未见矿"；若同一统计单元同时存在两种性质的钻孔，则应舍弃，不能将其视为标签。随后，将所有明确"标签"的钻孔统计单元一并提取其他17项特征要素的有无（1，0）情况，组成监督学习的训练集、测试集。经统计，本次带标签样本集共154个样本，包括69个见矿钻孔（正样本）和85个未见矿钻孔（负样本）。

在"标签"样本集总数较少的情况下，训练集样本数量越多，越利于获得较高精度的预测模型，同时测试集样本数量越少，则越难获得性能较高的模型；将本次用于机器学习的154个样本按照7∶3或8∶2（近似比例）划分为训练集及测试集。为了检测模型的稳定性，分别对不同比例训练集、测试集随机采样构建6个同比例模型用于对比，得出两类比例下共12个样本集[27]，如表4.13所示。

表 4.13 样本集

序号	样本集名称	训练集∶测试集	总样本数	训练集	测试集
1	S1	7∶3	154	108	46
2	S2	7∶3	154	108	46
3	S3	7∶3	154	108	46
4	S4	7∶3	154	108	46
5	S5	7∶3	154	108	46
6	S6	7∶3	154	108	46
7	S7	8∶2	154	124	30
8	S8	8∶2	154	124	30
9	S9	8∶2	154	124	30
10	S10	8∶2	154	124	30
11	S11	8∶2	154	124	30
12	S12	8∶2	154	124	30

3. 模型建立

支持向量机是一种经典的机器学习算法，它通过将数据投影到高维空间中，找到一个最优的超平面来将数据分类。在支持向量机中，数据被表示为一个向量，该向量存储在高维空间中的一个位置。支持向量机通过找到一个将数据分类的超平面，使得处于超平面两侧的数据被分类到不同的类别中，如图4.18所示。

支持向量机的原理可以简单地概括为以下几部分。

（1）数据预处理：将原始数据投影到一个高维空间中，使得数据可以被表示为一个向量。通常使用线性变换技术将原始数据映射到高维空间中。

（2）定义损失函数：支持向量机通过选择一个合适的损失函数来度量分类错误的概

率。常用的损失函数包括均方误差和交叉熵损失函数（cross-entropy loss function）。

（3）寻找最优超平面：支持向量机通过找到一个最优的超平面来将数据分类。最优超平面可以通过求解一个线性规划问题来获得。在这个过程中，支持向量机通过检测数据点之间的距离来确定超平面的位置。

（4）边界检测：支持向量机通过检测边界来确定数据的分类。当数据被投影到高维空间中时，支持向量机可以找到将数据分类的超平面，并将其与数据点之间的距离最小的边界定义为分类边界。

（5）模型训练和评估：支持向量机可以通过迭代训练和评估模型性能来优化模型参数。在训练过程中，支持向量机通过迭代计算超平面与每个数据点之间的距离，并更新模型参数。在评估过程中，支持向量机可以使用训练集来评估模型性能，并根据评估结果调整模型参数。

总的来说，支持向量机通过将数据投影到高维空间中，找到一个最优的超平面来将数据分类。该算法在分类问题上表现出色，并且广泛应用于图像处理、自然语言处理、计算机视觉等领域。在实际应用中，支持向量机可以通过正则化技术来防止过拟合，并使用交叉验证来评估模型性能[28]。

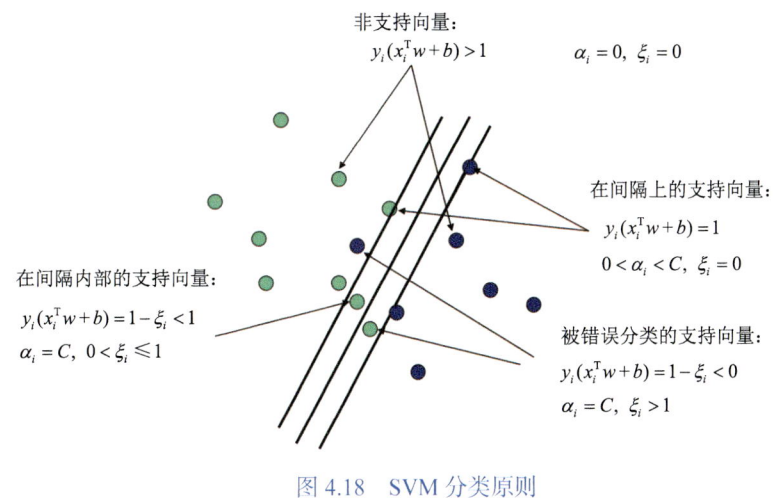

图 4.18　SVM 分类原则
α_i 为拉格朗日乘子，ξ_i 为松弛变量

SVM 模型的基本思想是求解能够正确划分训练集并且几何间隔最大的分离超平面。SVM 模型通过训练集构建目标函数，通过超平面将两类样本分开，在保证分错的样本点尽可能少的前提下，考虑到数据集中存在噪声，还需保证正确样本点尽量远离超平面，这样才能在新数据加入时降低错分的概率。简言之，最大化每个类的最近点和超平面之间的距离就能找到最优分离超平面，这个距离称为间隔。支持向量（support vector，SV）是 SVM 模型分类决策的关键，模型最终的分类结果就取决于部分优选的 SV。并且，计算的复杂度取决于 SV 的个数，合适的 SV 对模型建立起决定性作用。此外，由于模型决策本身取决于部分优化的 SV 而非所有特征变量，一方面使得结果更稳健，另一方面避免了高维度下庞大的计算量，如图 4.19 所示。

图 4.19 三维空间分类原则

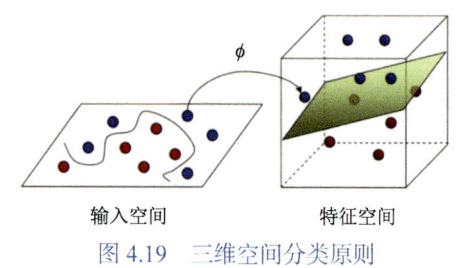

ϕ 表示三维映射关系

　　在 SVM 中，核函数被用于将数据空间映射到高维空间。核函数的作用是增加数据空间的复杂性，以便能够找到最大间隔的超平面。核函数通常是一个非线性函数，它可以将数据空间中的点映射到高维空间中的点。在 SVM 中，常用的核函数包括线性核函数、多项式核函数和高斯径向基函数（rbf）核函数[29]。

　　线性核函数将数据空间映射到一个实数域，其形状类似于一条直线。多项式核函数则将数据空间映射到多维空间中的一点，其形状类似于一个多项式曲线。rbf 核函数则将数据空间映射到高维空间中，其形状类似于一个球形。rbf 核函数通常用于处理非线性数据，它可以在数据空间中产生复杂的边界线，从而更好地进行分类。

　　总之，支持向量机的核函数是将数据空间映射到高维空间的一种函数，它可以帮助 SVM 更好地处理非线性数据。选择合适的核函数对于 SVM 的性能至关重要。通过升维及核函数操作，基本能够高效解决线性不可分的问题。核函数在样本集升维的过程中，扮演着塑形者的角色，不同的核函数在样本集升维过程中，其方式和形态都有所变化。选择合适的核函数能够在很大程度上提升模型的准确性和稳定性。常见的核函数包括线性核函数（linear）、多项式核函数（poly）、rbf（Radial）及 sigmoid 核函数。各类核函数的区别见表 4.14[30]。

表 4.14 核函数总结

名称	表达式	优点	缺点
线性核	$k(x_i, x_j) = x_i^T x_j$	高效，不易过拟合	非线性问题不适用
多项式核	$k(x_i, x_j) = \left(x_i^T x_j\right)^d$	比线性核一般，d 为映射空间复杂度	参数多，d 过大时计算不稳定
rbf 核	$k(x_i, x_j) = \exp\left(-\dfrac{\|x_i - x_j\|^2}{2\sigma^2}\right)$	稳定高效	计算慢，容易过拟合
sigmoid 核	$k(x_i, x_j) = \tanh(\beta x_i^T x_j + \theta)$	参数正确，模型精度高	稳定性差，取决于参数

　　SVM 算法实现如下：

```
import pandas as pd
import numpy as np
from sklearn.model_selection import train_test_split
```

```python
#每个样本有四个特征
df = pd.read_excel('最终预测结果.xlsx')
X = df.iloc[:, :16] #这里 16 个特征作为样本特征
y = df.iloc[:,-1]
#将特征矩阵和标签 Y 分开
X =df.iloc[:,:-1]
Y = df.iloc[:,-1]
#分裂的快捷键：ctrl shift -
#合并的快捷键：shift M
X.shape #5000 行是随机选的
#探索数据类型
X.info ()
#探索标签的分类
np.unique(Y) #我们的标签是二分类
#分训练集和测试集
Xtrain,Xtest,Ytrain,Ytest=train_test_split(X,Y,test_size=0.3,random_state=420) #随机抽样
Xtrain.head()
#恢复索引
for i in [Xtrain, Xtest, Ytrain, Ytest]:
    index = range(i.shape[0])
Xtrain.head()
Ytrain.head()
Ytrain.value_counts()[0]/Ytrain.value_counts()[1]
#将标签编码
from sklearn.preprocessing import LabelEncoder #标签专用
encorder = LabelEncoder().fit(Ytrain) #允许一维数据的输入
#有两类：YES 和 NO，YES 是 1，NO 是 0
#使用训练集进行训练，然后在训练集和测试集上分别进行 transform
Ytrain = pd.DataFrame(encorder.transform(Ytrain))
Ytest = pd.DataFrame(encorder.transform(Ytest))
#如果我们的测试集中出现了训练集中没有出现过的标签类别
#比如说，测试集中有 YES, NO, UNKNOWN
#而我们的训练集中只有 YES 和 NO
Ytrain
Ytest.head()
Ytrain.to_csv("你想要保存这个文件的地址.文件名.csv")
Xtrain.head()
```

```python
Xtrainc = Xtrain.copy()
#我们现在拥有的日期特征，是连续型特征，还是分类型特征
Xtrain.iloc[:,0].value_counts()
from time import time #随时监控我们的模型的运行时间
import  datetime
from sklearn. svm import  SVC
from sklearn.model_selection import cross_val_score
from sklearn.metrics import roc_auc_score, recall_score
Ytrain = Ytrain.iloc[:,0].ravel()
Ytest = Ytest.iloc[:,0].ravel()
#建模选择自然是我们的 SVM，首先用核函数的学习曲线来选择核函数
#我们希望同时观察精确性、recall 以及 AUC 分数
times = time() #因为 SVM 是计算量很大的模型，所以我们需要时刻监控我们的模型运行时间
for kernel in ["linear","poly","rbf","sigmoid"]:
    clf = SVC(kernel = kernel,gamma="auto",degree = 1,cache_size = 5000).fit(Xtrain, Ytrain)
    result = clf.predict(Xtest)
    score = clf.score(Xtest,Ytest)
    recall = recall_score(Ytest, result)
    auc = roc_auc_score(Ytest,clf.decision_function(Xtest))
    print("%s 's testing accuracy %f, recall is %f, auc is %f" % (kernel,score,recall,auc))
    print(datetime.datetime.fromtimstamp(time()-times).strftime("%M:%S:%f"))
times = time()
for kernel in ["linear","poly","rbf","sigmoid"]:
    clf = SVC(kernel = kernel,gamma="auto",degree = 1,cache_size = 5000,
        class_weight = "balanced").fit(Xtrain, Ytrain)
    result = clf.predict(Xtest)
    score = clf.score(Xtest,Ytest)
    recall = recall_score(Ytest, result)
    auc = roc_auc_score(Ytest,clf.decision_function(Xtest))
    print("%s 's testing accuracy %f, recall is %f, auc is %f" % (kernel,score,recall,auc))
    print(datetime.datetime.fromtimstamp(time()-times).strftime("%M:%S:%f"))
times = time()
clf = SVC(kernel = "linear",gamma="auto",cache_size = 5000,
class_weight = {1:15} #注意，这里写的其实是，类别 1：10，隐藏了类别 0：1 这个比例).fit(Xtrain, Ytrain)
```

```python
result = clf.predict(Xtest)
score = clf.score(Xtest,Ytest)
recall = recall_score(Ytest, result)
auc = roc_auc_score(Ytest,clf.decision_function(Xtest))
print("testing accuracy %f, recall is %f, auc is %f" %(score,recall,auc))
print(datetime.datetime.fromtimestamp(time()-times).strftime("%M:%S:%f"))
valuec = pd.Series(Ytest).value_counts()
valuec
valuec[0]/valuec.sum()
#查看模型的特异度
from sklearn.metrics import confusion_matrix as CM
clf = SVC(kernel = "linear",gamma="auto",cache_size = 5000
          ).fit(Xtrain, Ytrain)
result = clf.predict(Xtest)
cm = CM(Ytest,result,labels= (1,0))
cm
specificity = cm[1,1]/cm[1,:].sum()
specificity #几乎所有的0都被判断正确了，还有不少1也被判断正确了
irange = np.linspace(0.01,0.05,10)
irange
for i in irange:
    times = time()
    clf = SVC(kernel = "linear",gamma="auto",cache_size = 5000
              ,class_weight = {1:1+i}).fit(Xtrain, Ytrain)
    result = clf.predict(Xtest)
    score = clf.score(Xtest,Ytest)
    recall = recall_score(Ytest, result)
    auc = roc_auc_score(Ytest,clf.decision_function(Xtest))
    print("under ratio 1:%f testing accuracy %f, recall is %f, auc is%f"%(1+i,score,recall,auc))
    print(datetime.datetime.fromtimestamp(time()-times).strftime("%M:%S:%f"))
irange_ = np.linspace(0.018889,0.027778,10)
for i in irange_:
    times = time()
    clf = SVC(kernel = "linear",gamma="auto",cache_size = 5000
              ,class_weight = {1:1+i}).fit(Xtrain, Ytrain)
    result = clf.predict(Xtest)
    score = clf.score(Xtest,Ytest)
```

```python
    recall = recall_score(Ytest, result)
    auc = roc_auc_score(Ytest,clf.decision_function(Xtest))
    print("under ratio 1:%f testing accuracy %f, recall is %f, auc is%f"%(1+i,score,recall,auc))
    print(datetime.datetime.fromtimestamp(time()-times).strftime("%M:%S:%f"))
from sklearn.linear_model import LogisticRegression as LR
logclf = LR(solver="liblinear").fit(Xtrain, Ytrain)
logclf.score(Xtest,Ytest)
C_range = np.linspace(5,10,10)
for C in C_range:
    logclf = LR(solver="liblinear",C=C).fit(Xtrain, Ytrain)
    print(C,logclf.score(Xtest,Ytest))
times = time()
clf = SVC(kernel = "linear",C=3.1663157894736838,cache_size = 5000
,class_weight = "balanced").fit(Xtrain, Ytrain)
result = clf.predict(Xtest)
score = clf.score(Xtest,Ytest)
recall = recall_score(Ytest, result)
auc = roc_auc_score(Ytest,clf.decision_function(Xtest))
print("testing accuracy %f,recall is %f, auc is %f" % (score,recall,auc))
print(datetime.datetime.fromtimestamp(time()-times).strftime("%M:%S:%f"))
from sklearn.metrics import roc_curve as ROC
import matplotlib.pyplot as plt
FPR,Recall, thresholds = ROC(Ytest,clf.decision_function(Xtest),pos_label=1)
area = roc_auc_score(Ytest,clf.decision_function(Xtest))
area
plt.figure()
plt.plot(FPR, Recall, color='red',
label='ROC curve (area = %0.2f)' % area)
plt.plot([0, 1], [0, 1], color='black', linestyle='--')
plt.xlim([-0.05, 1.05])
plt.ylim([-0.05, 1.05])
plt.xlabel('False Positive Rate')
plt.ylabel('Recall')
plt.title('Receiver operating characteristic example')
plt.legend(loc="lower right")
plt.show ()
maxindex = (Recall - FPR).tolist().index(max(Recall - FPR))
```

```
thresholds[maxindex]
from sklearn.metrics import accuracy_score as AC
clf = SVC(kernel = "linear",C=3.1663157894736838,cache_size = 5000
,class_weight = "balanced"
).fit(Xtrain, Ytrain)
prob = pd.DataFrame(clf.decision_function(Xtest))
prob.head()
prob.loc[prob.iloc[:,0] >= thresholds[maxindex],"y_pred"]=1
prob.loc[prob.iloc[:,0] < thresholds[maxindex],"y_pred"]=0
prob.loc[:,"y_pred"].isnull().sum()
times = time()
score = AC(Ytest,prob.loc[:,"y_pred"].values)
recall = recall_score(Ytest, prob.loc[:,"y_pred"])
print("testing accuracy %f,recall is %f" % (score,recall))
print(datetime.datetime.fromtimestamp(time()-times).strftime("%M:%S:%f"))
```

测试集的精度及错误率是评估二分类模型性能的重要指标之一。除此之外，通过混淆矩阵及 Kappa 系数对测试样本进行评估也是常用的标准，见表 4.15。混淆矩阵将模型预测分类结果与样品实际分类进行对比，将其划分为真阳例（true positive，TP）、假阳例（false positive，FP）、真阴例（true negative，TN）、假阴例（false negative，FN）四类。随后对模型的准确率（accuracy）、精度（precision）、敏感性/真阳性率（sensitivity）、特异性/真阴性率（specificity）、阳性预测率（positive predicted rate，PPR）、阴性预测率（negative predictive rate，NPR）进行统计，进而对模型进行综合评估。其中，PPR 表示预测有矿且真实有矿的概率，NPR 代表预测无矿且真实无矿的概率。Kappa 系数又称科恩的 K 统计量，用于评估预测模型分类结果与实际样本结果的一致性，是评价机器学习模型性能的综合性指标。Kappa 系数范围在 0~1，系数越大，模型分类性能越好，见表 4.16。

$$k = (P_A - P_e)/(1 - P_e) \tag{4-15}$$

$$P_A = (TP+TN)/(TP+FP+FN+TN) \tag{4-16}$$

$$P_e = ((TP+FN)(TP+FP)+(TN+FN)(TN+FP))/(TP+FP+FN+TN)^2 \tag{4-17}$$

表 4.15　Kappa 系数评价

Kappa 系数	一致性强度
<0.20	很差
0.21~0.40	一般
0.41~0.60	中等

续表

Kappa 系数	一致性强度
0.61~0.80	好
0.81~1.00	很好

表 4.16 预测结果

样本集	敏感性	特异性	假正率	假负率	阳性预测率	阴性预测率	总体精度	Kappa 系数
S1	0.833	0.826	0.167	0.174	0.714	0.905	0.829	0.634
S2	0.895	0.778	0.105	0.222	0.739	0.913	0.826	0.652
S3	1.000	0.708	0.000	0.292	0.720	1.000	0.833	0.676
S4	0.813	0.844	0.188	0.156	0.722	0.900	0.833	0.636
S5	0.938	0.739	0.063	0.261	0.714	0.944	0.821	0.646
S6	0.867	0.810	0.133	0.190	0.765	0.895	0.833	0.664
S1~S6 均值	0.891	0.784	0.109	0.216	0.729	0.926	0.829	0.651
S7	0.727	1.000	0.273	0.000	1.000	0.824	0.880	0.749
S8	1.000	0.889	0.000	0.111	0.667	1.000	0.909	0.744
S9	1.000	0.778	0.000	0.222	0.800	1.000	0.882	0.767
S10	1.000	0.800	0.000	0.200	0.769	1.000	0.880	0.762
S11	0.833	0.900	0.167	0.100	0.833	0.900	0.875	0.733
S12	1.000	0.857	0.000	0.143	0.750	1.000	0.900	0.783
S7~S12 均值	0.927	0.871	0.073	0.129	0.803	0.954	0.888	0.756

此次选定 S8、S10 及 S12 样本集按照训练集与测试集样本数量为 8∶2 比例划分模型训练集与测试集，按照本次研究区面积的 10%、20%、30%、40%、50%、80%间隔划分，见表 4.17。

表 4.17 划分区域预测结果

样本集	研究区面积划分间隔						
	10%	20%	30%	40%	50%	80%
S8	58(84%)	66(96%)	66(96%)	69(100%)	69(100%)	69(100%)
S10	50(72%)	62(90%)	65(94%)	67(97%)	68(99%)	69(100%)
S12	55(80%)	66(96%)	67(97%)	69(100%)	69(100%)	69(100%)

从表 4.17 中可以看出，10%研究区面积内预测结果中见矿数目涵盖了研究区 61%~84%的见矿钻孔，在 80%研究区面积中预测结果涵盖所有见矿钻孔，其中以 S8 样本训练的模型预测效果最佳。

选定以 S8 样本集构建 SVM 矿产资源模型，鉴于该模型在研究区前 10%和 20%面积内分别预测出 84%和 96%的见矿钻孔,后续面积增比,见矿钻孔数量变化不大,如图 4.20 所示。

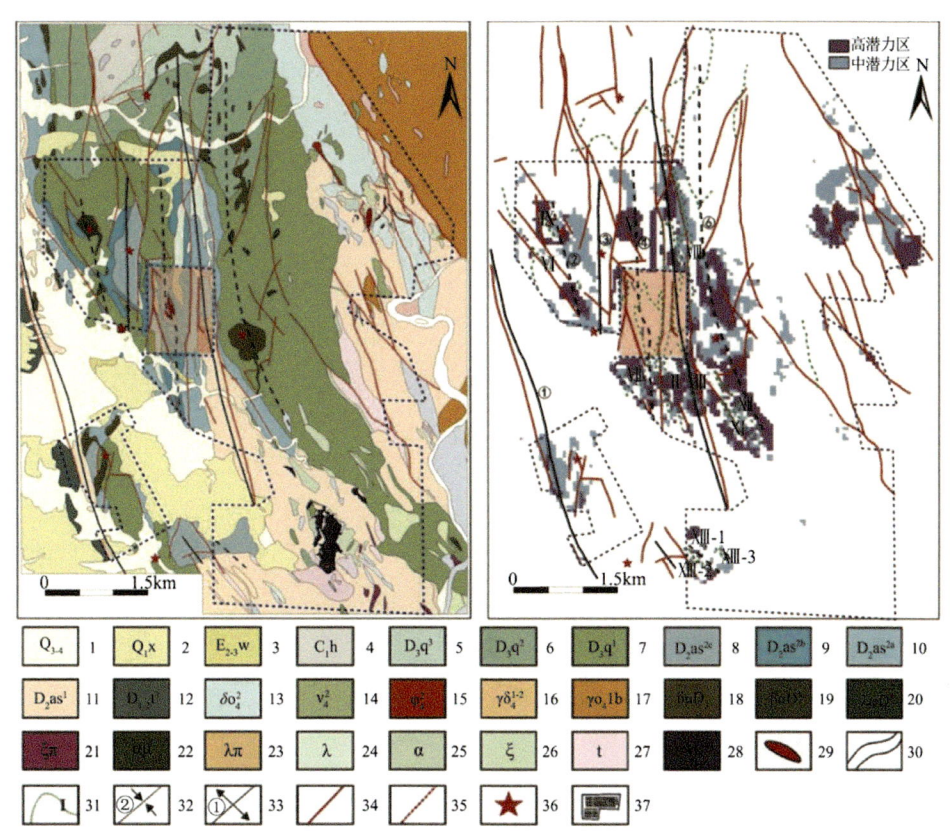

图 4.20 预测结果[31]

因此,本次将研究区高低潜力区以研究区面积的 10%和 20%为阈值划分,并在研究区圈定矿产资源预测图。可见,除去已经进行过勘查工作的高潜力区(矿区南侧及研究区北东侧),未知高潜力区主要分布于矿区北侧,少部分分布于研究区西侧;中潜力区除了分布于高潜力区外侧,在研究区西南角XIII号蚀变带同样存在一定规模展布。

课 后 习 题

1. 在 4.2 节中尝试使用灰色关联法分析特征与目标参数之间的相关性。
2. 4.2 节边坡稳定性分析中,在容重、高度、泊松比等特征的基础上,读者请考虑还有哪些特征可以用于边坡稳定性分析。

3. 4.2 节中使用随机森林算法进行边坡稳定性分析，读者可以尝试 XGBoost 算法。

4. 4.2 节中随机森林算法通过调取函数包获得，读者可以利用随机森林原理编写代码，解决边坡稳定性问题。

5. 尝试手动调整随机森林的超参数，深刻体会超参数的变化对模型性能的影响。

6. 4.3 节使用神经网络进行监督学习，读者归纳还有哪些监督学习方法。

7. 4.3 节中，尝试使用支持向量机方法、随机森林方法和决策树方法进行岩爆预测。

8. 4.3 节给出了神经网络的最佳参数，读者请尝试改变超参数观察模型性能的变化。

9. 针对 4.4 节调研 LightGBM 相较于 GBDT 的优点。

10. 调整 4.4 节中 LightGBM 参数，观察参数对模型性能的影响。

11. 调整 4.5 节中高斯过程二分类方法的超参数，观察参数对模型性能的影响。

12. 调整 4.6 节中支持向量机超参数，观察参数对模型性能的影响。

参 考 文 献

[1] 栗辉, 蔡铮, 郭立晴, 等. 人工智能背景下机器学习实践案例研究[J]. 电子测试, 2020(8): 2.

[2] 顾清华, 江松, 李学现, 等. 人工智能背景下采矿系统工程发展现状与展望[J]. 金属矿山, 2022(5): 16.

[3] 任敏, 朱万成, 贾瀚文, 等. 浅埋采空区顶板应力变形与地表沉降的动态关系分析[J]. 金属矿山, 2020(1): 7.

[4] 毕永升, 谭卓英, 丁宇. 基于有限元的钻进参数相互影响机理研究[J]. 金属矿山, 2022, 7(2): 125.

[5] 秦驰越, 张文兴. 基于机器学习的露天矿排土场边坡稳定性预测[J]. 金属矿山, 2021, 72: 55-66.

[6] Uronen P, Matikainen R. The intelligent mine[J]. IFAC Proceedings Volumes, 1995, 28(17): 9-19.

[7] 武梦婷, 陈秋松, 齐冲冲. 基于机器学习的边坡安全稳定性评价及防护措施[J]. 工程科学学报, 2022, 44(2): 9.

[8] Xu X, D'Elia M, Foster J T. A machine-learning framework for peridynamic material models with physical constraints[J]. Computer Methods in Applied Mechanics and Engineering, 2021, 6(9): 22-35.

[9] 姚江凯, 刘家豪. 基于地震属性的机器学习在构造识别中的应用[J]. 河北化工, 2020, 43(12): 67-71.

[10] 田睿, 孟海东, 陈世江, 等. 基于机器学习的 3 种岩爆烈度分级预测模型对比研究[J]. 黄金科学技术, 2020, 128: 105-126.

[11] Gjerloev J W. The SuperMAG data processing technique[J]. Journal of Geophysical Research: Space Physics, 2012, 117(A9): 55-76.

[12] Qiu J F, Wu Q H, Ding G R, et al. A survey of machine learning for big data processing[J]. EURASIP Journal on Advances in Signal Processing, 2016, 2016: 1-16.

[13] Bishop C M. Neural networks and their applications[J]. Review of Scientific Instruments, 1994, 65(6): 1803-1832.

[14] 刘剑, 尹昌胜, 黄德, 等. 矿井通风阻变型故障复合特征无监督机器学习模型[J]. 煤炭学报, 2020, 45(9): 3157-3165.

[15] 冯志昊, 黄今, 熊珂, 等. 基于数字钻探和机器学习预测岩体单轴抗压强度的方法[J]. 有色金属（矿山部分）, 2021, 73(1): 92-97, 102.

[16] 李振雷, 李娜, 杨菲, 等. 基于声发射特征提取和机器学习的煤破坏状态预测[J]. 工程科学学报, 2023, 45(1): 19-30.

[17] Sun X L, Liu M X, Sima Z Q. A novel cryptocurrency price trend forecasting model based on

LightGBM[J]. Finance Research Letters, 2020, 32: 101084.

[18] Chen C, Zhang Q M, Ma Q, et al. LightGBM-PPI: Predicting protein-protein interactions through LightGBM with multi-information fusion[J]. Chemometrics and Intelligent Laboratory Systems, 2019, 191: 54-64.

[19] Machado M R, Karray S, de Sousa I T. LightGBM: An effective decision tree gradient boosting method to predict customer loyalty in the finance industry[C]// 14th International Conference on Computer Science & Education (ICCSE), Toronto, 2019.

[20] Zhang L L, Hu J X, Meng X Z, et al. An efficient optimization method for periodic lattice cellular structure design based on the K-fold SVR model[J]. Engineering with Computers, 2022: 1-15.

[21] Shen L Y, Zhao Y X, Dai D H, et al. Stabilization of Grignard reagents by a pillar [5] arene host-Schlenk equilibria and Grignard reactions[J]. Chemical Communications, 2020, 56(9): 1381-1384.

[22] 赵国彦, 刘建. 基于高斯过程机器学习算法的矿柱稳定性分析[J]. 安全与环境学报, 2017, 17(5): 1725-1729.

[23] Yao Y, Xue M, Zhang Z B, et al. Gold nanoparticles stabilized by an amphiphilic pillar [5] arene: Preparation, self-assembly into composite microtubes in water and application in green catalysis[J]. Chemical Science, 2013, 4(9): 3667-3672.

[24] Schulz E, Speekenbrink M, Krause A. A tutorial on Gaussian process regression: Modelling, exploring, and exploiting functions[J]. Journal of Mathematical Psychology, 2018, 85: 1-16.

[25] Singer D A, Mosier D L. A review of regional mineral resource assessment methods[J]. Economic Geology, 1981, 76(5): 1006-1015.

[26] Luo X, Dimitrakopoulos R. Data-driven fuzzy analysis in quantitative mineral resource assessment[J]. Computers & Geosciences, 2003, 29(1): 3-13.

[27] 周光锋. 基于机器学习的个旧地区锡铜多金属矿成矿预测[D]. 北京: 中国地质大学, 2021.

[28] 向杰, 陈建平, 肖克炎, 等. 基于机器学习的三维矿产定量预测——以四川拉拉铜矿为例[J]. 地质通报, 2019, 38(12): 2010-2021.

[29] Schuldt C, Laptev I, Caputo B. Recognizing human actions: A local SVM approach[C]// Proceedings of the 17th International Conference on Pattern Recognition, Cambridge, 2004.

[30] Cherkassky V, Ma Y Q. Practical selection of SVM parameters and noise estimation for SVM regression[J]. Neural Networks, 2004, 17(1): 113-126.

[31] 郑超杰. 基于成分数据及机器学习在阿舍勒地区的综合找矿研究[D]. 桂林: 桂林理工大学, 2021.

第 5 章　机器学习在新领域的应用

5.1　引　　言

当前世界气候问题和地质灾害的影响仍在持续升温。据政府间气候变化专门委员会（IPCC）的最新年度综合报告，2011~2020 年全球地表温度比 1850~1900 年升高了 1.1℃。气温升高带来了前所未有的气候系统变化，从海平面上升、频发的极端天气事件到海冰迅速融化。风险和预估的不利影响及相关的损失和损害随着全球温升的增加而升级。气候和非气候风险之间的相互作用将增加，产生更加复杂且难以管理的复合和级联风险。全球约有一半人口每年至少有一个月面临严重缺水，同时，气温升高加剧了疟疾、西尼罗河病毒和莱姆病等病媒传播与蔓延。气候变化也阻碍了中低纬度地区农业生产力增长。

此外，由于全球气候变化和人类活动的影响，地质灾害，如地震和滑坡，也在全球范围内造成了严重的人员伤亡和财产损失。例如，最近土耳其和叙利亚的连续强震、塔吉克斯坦地震、印尼地震、日本地震，我国台湾、内蒙古、青海、河北、四川、云南、新疆、甘肃、黑龙江、广东等地也小震不断。大多数地震是由地壳断层挤压和应力释放造成的，这源自于地核加热地幔形成热对流进而推动地壳移动。人类活动，尤其是气体的开采储运可以加速这一过程的发生。因此，研究和应对这些问题已成为全球范围内的紧迫任务。

在此背景下，能源的调度开采、气体的储集封存及其可能对地质活动的影响，特别是诱发地震的可能性，成为科研关注的重点。碳封存，即将大气中的二氧化碳捕获并储存在地下，被认为是缓解全球气候变化的重要手段。然而，如果没有对地层结构和力学性质进行深入理解和妥善管理，注采活动，尤其是水力压裂，可能会引发断层活化，进而诱发地震。因此，包括二氧化碳与氢气的地下封存，天然气的储集、开采与调运等活动所带来的地质灾害安全隐患正在成为新的热门研究领域。

在这些新研究领域中，机器学习正在发挥越来越重要的作用。通过使用复杂的算法模型，机器学习能够从大量的地质、地震和工程数据中提取有用的信息，并进行预测和分析。例如，机器学习模型可以用于预测封存气体时地层物理信息变化，预测所能实现的地层封存量，评估注采活动最终可能引发地震的风险，以及优化气体封存策略以最大限度地减少这种风险。同时，机器学习还能够帮助我们更深入地理解地壳的行为和地震的机制。通过对地震数据的深度学习，我们能够发现诱发地震的规律，或者更精确地预测地震的发生。这些新的理解和预测能力，不仅可以帮助人们更好地管理和降低诱发地震的风险，也可以用于改进地震预警系统，以减小地震带来的灾害。

5.2 深入探讨碳捕集与封存的重要性，尤其是在封存过程中预测地层物理性质变化的重要性，首先详细介绍传统二氧化碳封存量的计算方法，然后提供使用 BP 神经网络预测二氧化碳封存量的新方法。此外，本书还介绍了利用 CNN 预测封存过程中地层物理性质变化的方法。通过这种方式，我们可以在封存过程中实时监测和预测地层的变化，及时调整封存策略，保障封存的安全性和效率。5.3 节以讲述断层活化与诱发地震为主，介绍诱发地震的监测与预防的重要性，并详细解释微地震监测的方法。本书也提供了使用 CNN 进行微地震事件预测的代码。通过训练 CNN 模型，我们可以更准确地预测微地震事件，从而为预防地震活动提供更可靠的依据。

总的来说，机器学习在气体注采封存及地质防灾等领域，正在为我们提供新的解决问题的工具和视角。尽管这些领域的研究还处于初级阶段，但通过深入研究和应用机器学习技术，读者将能够更好地应对碳封存和诱发地震等挑战，同时也能够为环保和气候变化的问题找到更多的解决办法。

5.2　碳捕集与封存

在全球气候变化日益严峻的背景下，温室气体的排放与利用正成为各国家与机构重点关注的话题。2020 年，全球与能源相关的二氧化碳排放量为 315 亿 t。为了应对碳排放问题，我国明确提出 CO_2 排放力争于 2030 年前达到峰值，努力争取 2060 年前实现碳中和的"双碳"目标[1]。

全球范围内的政府和国际组织已经制定了多项关于减少二氧化碳排放的政策和法规，包括使用可再生能源、提高能源效率等措施。但是，在短期内大幅度减少二氧化碳排放是很难实现的。碳捕集与封存（carbon capture and storage，CCS）指的是将二氧化碳等温室气体从大气或者工业源等排放源中分离出来，然后通过管道或者运输装置将其储存到地下或者地下水层中，以减小温室气体对气候的影响。CCS 技术被认为是减缓全球气候变化的重要手段之一。它不仅可以减少二氧化碳排放，还可以允许将二氧化碳气体变为固体形式，从而实现永久的储藏。此外，二氧化碳埋藏技术也是延长化石燃料使用寿命的一种方式，并能创造更多的就业机会。虽然这种技术有一些潜在的风险，包括地震和地下水污染，但是这些问题可以通过适当的控制和管理来解决。

CCS 是一种逐步被采纳的技术，如图 5.1 所示，它可以将大气中的二氧化碳捕捉下来，然后安全地储存在地下，从而降低温室气体排放，抑制全球变暖。下面是这个过程的一些主要步骤。

（1）捕集：在发电厂或其他产生大量二氧化碳的工业设施中，通过吸收、吸附、膜分离或气体洗涤等技术，将烟气中的二氧化碳分离出来。

（2）回收：捕集到的二氧化碳需要进一步纯化和压缩，然后通过管道或者船舶运输到适合封存的地点。

（3）利用：在运输过程中，有时也会考虑将二氧化碳进行生物或化学利用。比如，二氧化碳可以被用作光合作用的原料，进一步生产生物质能源。它也可以用来生产碳酸盐矿物，用于建筑材料。

（4）海洋封存和地下封存：经过运输后，二氧化碳可以被封存在海洋或地下的各种地质构造中，尤其是一些已经枯竭的油气田和煤矿，以及某些合适的盐穴和深海沉积物，都是潜在的封存场所。

（5）驱油：二氧化碳还可以被用于提高采收率(EOR)。这就涉及二氧化碳在混相带和原油富集带驱油的过程。这个过程是通过将二氧化碳注入石油储层，提高油层的压力，降低石油的黏度，从而增加石油的流动性，驱动更多的石油流向井口。这个过程既可以提高油田的石油回收率，又可以将二氧化碳永久地储存在地下，达到减排的效果。

（6）监测：在封存过程中，需要通过各种监测手段，如地震监测、地面形变监测、地下水监测等，来确保二氧化碳被安全地储存，没有漏出来对环境和人类健康构成威胁。

图 5.1　CCS 技术示意图

目前主要的 CCS 技术有以下几种[2]。

（1）钻井注射法：这是最古老的一种储存二氧化碳的技术，通常用于将二氧化碳注入地下适宜的岩层中。在此过程中，需要通过钻井从地面到达二氧化碳储存地点，并注射二氧化碳。

（2）地层气体压缩存储法：这种技术涉及将二氧化碳压缩成液体，并将其储存在地底。

（3）海洋底部埋藏法：通过将液态二氧化碳储存到深海沉积物或海底硬质层中，从而控制二氧化碳在大气中的浓度。

（4）矿物质碳化法：这种技术涉及将二氧化碳与硫化物或其他矿物质进行化合反应，

抑制其释放到大气中。

（5）钙循环法：这种技术使用高温和高压将二氧化碳转换为碳酸盐，并将其储存在地下。

在实现碳封存技术的过程中，机器学习技术可以发挥重要作用。例如，机器学习可以用于优化二氧化碳的捕集、压缩和输送过程，提高碳封存的效率和可行性。此外，机器学习还可以用于地下储层的选址和监测，以确保碳封存的安全性和可持续性。因此，机器学习在碳封存领域具有广阔的应用前景。

5.2.1 传统二氧化碳封存量预测方法

二氧化碳封存量预测是一项重要的工作，旨在评估和量化二氧化碳封存项目的潜力和可行性。二氧化碳封存量计算方法是指根据地下储层的地质特征、孔隙结构和流体动力学参数，通过模拟和计算，估算出地下储层中能够有效储存二氧化碳的容积和可行性。这种计算方法通常涉及多种地球科学领域的知识和技术，包括地质勘探、地震探测、岩石物理学、流体力学、地下水动力学等。具体的计算方法根据地下储层的类型和特征的不同而异，一般可以分为经验公式法、数值模拟法和实验室实验法等[3]。其中，经验公式法是指根据已知的地质勘探数据和实际封存项目的数据，建立经验公式，通过对地下储层的地质特征进行简单的分类和归纳，从而得到相应的二氧化碳封存量估算方法。这种方法的优点是简单易行、适用范围广，但是精度和准确性较低。数值模拟法是指基于地下储层的三维模型，利用计算机模拟地下流体的流动、传热和质量传递过程，进而预测二氧化碳封存量和渗透率等参数。这种方法的优点是精度高，能够提供详细的储层信息和预测结果，但是计算复杂度高，数据要求严格。实验室实验法是指通过对储层样品进行物理和化学实验，来测定储层的孔隙结构、渗透率、孔隙度、饱和度等参数，然后通过模型计算得到二氧化碳封存量。这种方法的优点是直接、准确、可靠，但是需要进行实验，费用和时间成本高。

5.2.2 基于 BP 神经网络预测碳封存量

目前人工智能算法较少应用在评估咸水层碳封存能力领域，尚未建立考虑多因素、复杂条件的封存能力预测模型[4]。为了更加准确、快速地预测咸水层 CO_2 封存的注入能力，首先，本节考虑不同地质参数及操作参数的复杂条件，并进行数值模拟；其次，基于 BP 神经网络的方法形成模拟-预测耦合技术，对激活函数、隐藏层神经元数量及学习率进行优化，构建了可以替代传统数值模拟的非线性回归模型；最后，根据目标封存区块的地质属性与操作参数，实现 CO_2 注入能力的快速精准预测，以便为咸水层 CO_2 封存方案的制定提供技术支撑。

1. 数据选择

根据前人对 CO_2 埋藏的研究，以储层孔隙度、储层渗透率、储层面积、储层厚度、垂向与水平渗透率比、注入压差为自变量，在设计模拟方案时，各参数的组合数为 4320，数量较大，因此，使用拉丁超立方方法进行抽样。通过该方法得到 220 组数值模拟方案，如表 5.1 所示，作为下一步 BP 神经网络训练和预测的样本空间。通过现有咸水层注入方案和数值模拟的分析，BP 神经网络的输出参数选择为保持恒定注入压力下 5 年的累计注气量。各模拟方案的运行结果如表 5.1 所示。

表 5.1 数值模拟方案

序号	储层孔隙度	储层渗透率/mD	储层面积/m²	储层厚度/m	垂向与水平渗透率比	注入压差/MPa	累计注气量/m³
1	0.3	1000	1	300	0.1	3	163.0
2	0.2	50	4	90	0.3	5	33.8
3	0.1	1000	4	90	0.1	3	156.0
4	0.1	500	4	30	0.3	1	12.4
5	0.3	2000	1	90	0.3	0.2	13.7
...	...	...	...	...	...	...	...
218	0.3	2000	25	30	0.5	1	75.8
219	0.2	500	25	30	0.1	1	29.8
220	0.1	2000	1	30	0.3	7	182.0

注：$1D = 0.986923 \times 10^{-12} m^2$。

2. 标准化与 PCA 降维

采用 PCA 方法可实现多属性融合聚类分析，PCA 是一种多元统计方法，能够将一组可能存在相关性的变量通过正交变换转换为一组线性不相关的变量，转换后的这组变量被称为主成分。在进行数据分析时，数据经常包含多个变量，分析过程复杂，而通过 PCA 可以对高维数据进行降维，选取包含大部分信息的少量主成分，减少变量的个数，经过 PCA 后的变量互不相关，既可以压缩数据，也为后续的处理提供便利。

选取累积贡献率较高的主成分，可以根据原始的实际背景做出相应的解释，也可以作为融合数据进行其他计算。

使用 PCA 原理进行编程，代码如下：

```
## PCA 特征降维
#导入相关模块
import numpy as np
import seaborn as sns
import matplotlib.pyplot as plt
from numpy.linalg import eig
from sklearn.datasets import load_iris

#导入数据
```

```
iris = load_iris() # 150*4 的矩阵，4 个特征，行是个数，列是特征
X = iris.data
k = 2    #选取贡献最大的前 2 个特征作为主成分，根据实际情况灵活选取
# Standardize by remove average 通过去除平均值进行标准化
X = X - X.mean(axis=0)

# Calculate covariance matrix:计算协方差矩阵
X_cov = np.cov(X.T, ddof=0)
# Calculate eigenvalues and eigenvectors of covariance matrix
#计算协方差矩阵的特征值和特征向量
eigenvalues, eigenvectors = eig(X_cov)

# top k large eigenvectors 选取前 k 个特征向量
klarge_index = eigenvalues.argsort()[-k:][::-1]
k_eigenvectors = eigenvectors[klarge_index]

# X 和 k 个特征向量进行点乘
    X_pca = np.dot(X, k_eigenvectors.T)
```

直接调用 PCA 程序包，代码如下：

```
pca = PCA(n_components=5)
principalComponents = pca.fit_transform(x) #训练模型，并得到主成分变量

#绘制成图
##绘制贡献率图像
var_exp=pca.explained_variance_ratio_ #获得贡献率
np.set_printoptions(suppress=True) #当 suppress=True 时，表示小数不需要以科学计数法的形式输出
print('各主成分贡献率：',var_exp)

cum_var_exp=np.cumsum(var_exp) #累积贡献率
print('各主成分累积贡献率：',cum_var_exp)
plt.bar (range(1,len(var_exp)+1),var_exp,alpha=0.5,align='center',label='individual var')#绘制柱状
plt.step(range(1,len(var_exp)+1),cum_var_exp,where='mid',label='cumulative var')
#绘制阶梯图

#设置刻度值的字体
```

```
#ax=plt.subplot(111) #注意:一般都在 ax 中设置，不在 plot 中设置，这个是用来设置多
个子图的位置，#labels = ax.get_xticklabels() + ax.get_yticklabels()
#[label.set_fontname('Times New Roman') for label in labels]

font = {'family': 'Times New Roman','weight': 'normal'}

plt.ylabel('variance rtion', font)          #纵坐标
plt.xlabel('principal components', font) #横坐标
para1= [1,2,3,4,5,6,7,8,9]
plt.xticks(para1,para1)
plt.legend(loc='right', prop = font)     #图例位置，右下角
plt.show ()
```

由图 5.2 可以发现，融合后的主成分前 5 个分量的贡献率即可达到 85%，因此取这 5 个分量作为机器学习的输入特征。

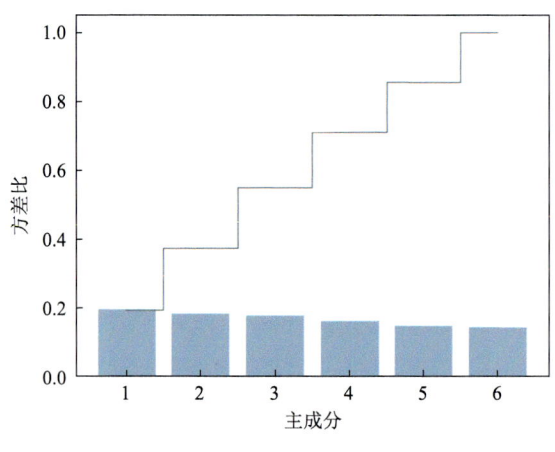

图 5.2　PCA 降维效果图

3. 神经网络模型建立

神经网络是一种基于大脑神经元工作方式的人工智能算法。它是一种有向图，由多个相互连接的神经元节点组成。每个神经元接收输入，执行计算，并生成一个输出。神经元将它的输出传递给其他相连接的神经元，以此形成神经网络。神经网络包含多个层，每个层的神经元负责不同的计算任务，如识别图像中的边缘、区分不同的噪声、识别人脸特征等。最常用的神经网络架构是前馈神经网络，数据从输入层流经各个隐藏层，最终流到输出层。除了前馈神经网络外，还有循环神经网络，其前馈和反馈机制使其适合处理时间序列数据。

神经网络使用训练数据来学习，根据输入数据和相关输出数据之间的关系，调整网

络中神经元之间的权重。这个权重调整的过程称为反向传播。反向传播通过控制误差信号调整神经网络中的权重和偏移量来优化模型的性能。为了避免过拟合，则通常使用正则化技术，包括 L1 正则化和 L2 正则化。目前神经网络被广泛应用于各种领域，如图像和语音识别、自然语言处理、医学诊断、金融预测等。

图 5.3 所示为 BP 神经网络示意图。由图 5.3 可见，BP 神经网络模型拓扑结构包括输入层、隐藏层和输出层。算法流程包括信号的前向传播和误差的反向传播两个过程。前向传播时，输入层的数值通过激活函数加权求和计算，传播到隐藏层，再以相同的方式传播到输出层。若在输出层得到的预测值不满足精度要求，则将误差信号沿原来的路径返回，通过梯度下降法实现权重更新，然后继续下一步的前向传播，通过该方式不断降低误差，最终达到所需精度。

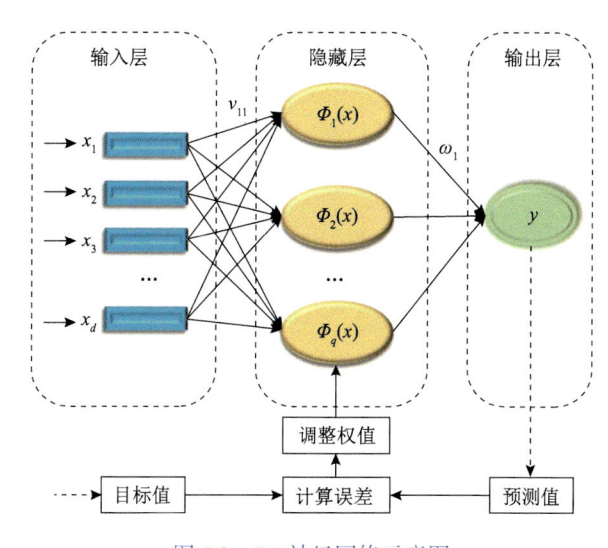

图 5.3　BP 神经网络示意图

为得到适合该样本空间的最优 BP 神经网络，需要对激活函数、隐藏层神经元数量及学习率进行优化。神经网络模型参数优化取值如表 5.2 所示。

表 5.2　神经网络模型参数优化取值

参数	取值
激活函数	tansig, logsig, purelin, hardlim, satlin, compet, softmax, radbas
隐藏层神经元数量/个	1~20
学习率	1×10^{-5}, 1×10^{-4}, 1×10^{-3}, 0.01, 0.02, 0.05, 0.1, 0.2, 0.3, 0.4, 0.5, 0.6, 0.7, 0.8, 0.9, 1.0

为避免测试集与训练集随机选取导致数据划分的敏感性，通常采用 10 折交叉验证的方法对数据进行分组。10 折交叉验证方法原理如图 5.4 所示。首先将样本空间分为 10 组，轮流取 1 组作为测试集，其余作为训练集，得到相应的损失函数；然后，将 10 轮损

失函数的平均值作为最终的目标函数 E。损失函数分布越集中，目标函数值越小，说明该预测效果越好。

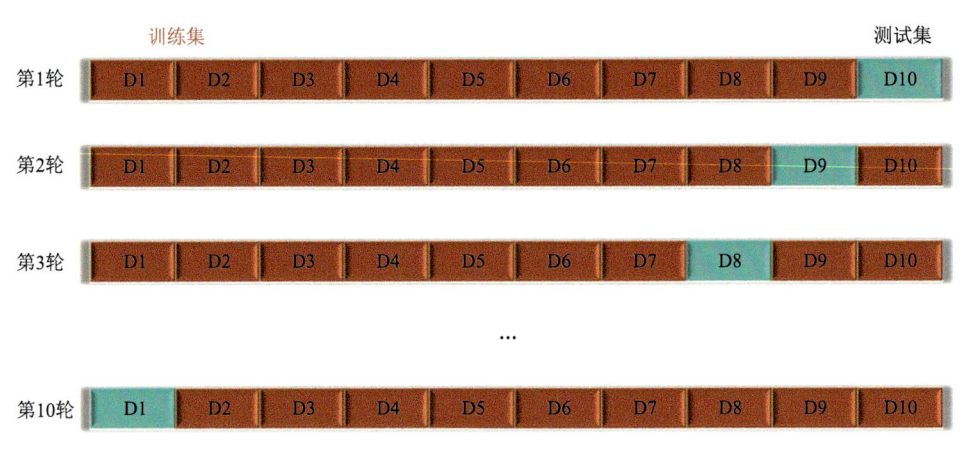

图 5.4　10 折交叉验证方法原理图

（1）激活函数。激活函数首先对输入信息进行非线性变换，然后将变换后的输出信息作为输入信息传给下一层神经元。不同的激活函数有不同的优缺点及适用情形。对于表 5.2 中给定的每一种激活函数，通过 10 折交叉验证方法均可得到 10 个损失函数的结果，将其绘制在箱线图上，如图 5.5 所示。每种激活函数最终的目标函数值即为箱线图中的"均值"。由图 5.5 可见，satlin 函数对应的损失函数相对误差分布最集中，而且最终的目标函数 E 也比较低。

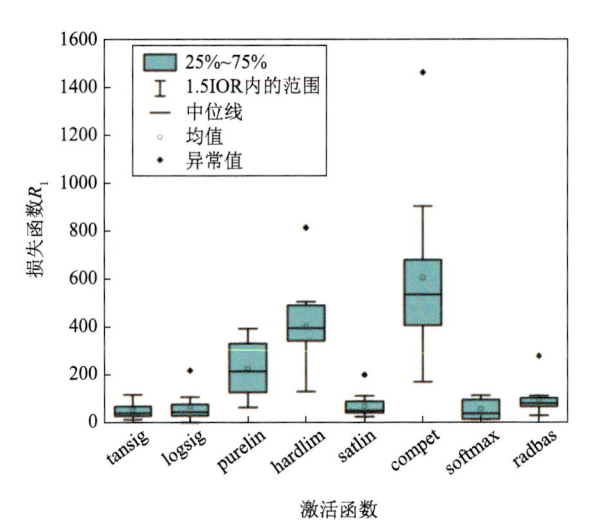

图 5.5　激活函数的目标函数值

IOR 表示四分位距

（2）隐藏层神经元数量。合理地选择隐藏层神经元数量，对模型的性能有很大的影响。隐藏层神经元数量较少会导致欠拟合，数量过多又会导致过拟合。设置隐藏层神经元数量范围为 1~20，对于每一个隐藏层神经元数量，绘制相应的损失函数箱线图，具体做法与优化激活函数的方法相同。最终绘制的损失函数箱线图如图 5.6 所示。由图 5.6 可见，当隐藏层神经元数量为 10 时，损失函数相对误差分布比较集中，整体水平较低，没有异常值点。

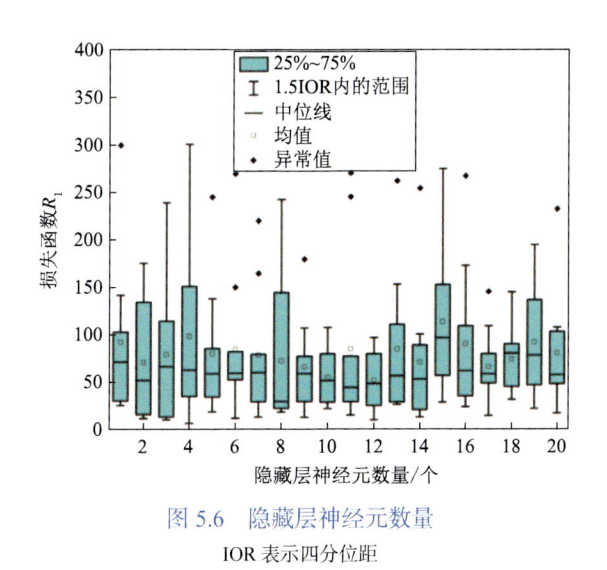

图 5.6　隐藏层神经元数量
IOR 表示四分位距

（3）学习率。合适的学习率能够使目标函数在合适的时间内收敛到局部最小值，最终绘制的学习率确定图如图 5.7 所示。如果学习率较小，那么会消耗大量时间或因梯度消失而无法收敛；如果学习率较高，则权重更新幅度太大，导致参数在极值点两端发散。学习率的典型范围是 1×10^{-5}~1。

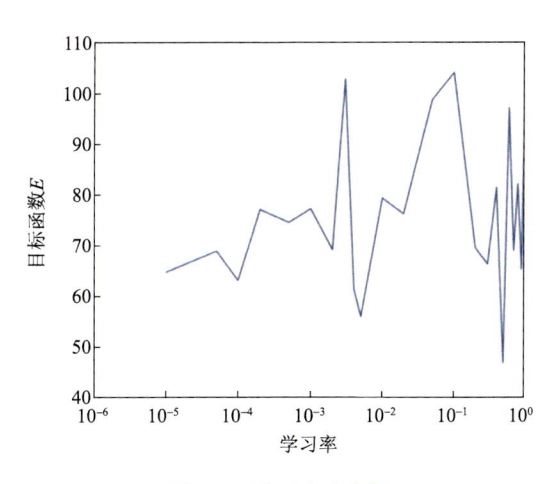

图 5.7　学习率确定图

使用上述最优的参数构建 BP 神经网络结构，对样本空间重新进行训练与测试。随机选取 10%的数据作为测试集，剩余 90%的数据作为训练集。使用皮尔逊相关系数 R 评价测试结果的精度。R 越接近于 1，说明二者相关性越高，代理模型的预测精度越高。

神经网络代码：

```python
#coding:utf-8
import TensorFlow as tf
import numpy as np
import pandas as pd
import matplotlib.pyplot as plt

"""
tensorflow 线性回归
"""
learning_rate = 0.01
epochs = 1000
step = 100

#读取数据

df = pd.read_excel('co2 数据.xlsx')

#pd.read_table 读取 excel 文件

train_x = data.ix[0:100,1]
train_y = data.ix[0:100,2]
n_samples = train_x.shape[0] #均方误差 n


x = tf.placeholder('float32') #placeholder 接收真实值
y = tf.placeholder('float32')

#拟合参数
w = tf.Variable(np.random.randn(),name="weight") #np.random.randn()标准正态分布
b = tf.Variable(np.random.randn(),name="biases")

#构造线性模型
prediction = tf.add(tf.mul(x,w),b) #y = wx+b
#设置均方误差
cost = tf.reduce_sum(tf.pow(prediction-y,2))/(2*n_samples)
#梯度下降
```

```python
train = tf.train.GradientDescentOptimizer(learning_rate).minimize(cost)

#初始化变量
init = tf.initialize_all_variables()
with tf.Session() as sess:
    sess.run (init) #计算 init
    for epoch in range(epochs):
        for (x_val,y_val) in zip(train_x,train_y):
            sess.run (train,feed_dict= {x:x_val,y:y_val}) #训练
            if (epoch+1) % step == 0:
                c = sess.run(cost,feed_dict= {x:train_x,y:train_y}) #计算 cost
                w_value = sess.run(w)
                b_value = sess.run(b)
                print("epoch:",epoch+1,"cost=",c,"b=",b_value,"w=",w_value)
    c = sess.run(cost,feed_dict= {x:train_x,y:train_y})
    w_value = sess.run(w)
    b_value = sess.run(b)
    print("the result is","cost=",c,"b=",b_value,"w=",w_value)

    #绘制训练结果
    plt.plot(train_x,train_y,'bo',label="real training data")
    plt.plot(train_x,w_value*train_x+b_value,label='fit data')
    plt.grid(True)
    plt.legend()
    plt.show()

    #测试数据
    test_x = data.ix[101:,1]
    test_y = data.ix[101:,2]
    test_cost=sess.run(tf.reduce_sum(tf.pow(y-prediction,2))/2*test_y.shape[0],feed_dict= {x:test_})
    #绘制测试结果
    plt.plot(test_x,test_y,'ro',label="real testing data")
    plt.plot(test_x,w_value*test_x+b_value,label='fit data')
    plt.grid(True)
    plt.legend()
    plt.show ()
```

训练集、测试集与全部数据的真实值与代理模型输出结果对比如图 5.8 所示。由图 5.8 可以看出：训练集、测试集与全部数据的皮尔逊相关系数分别为 0.97417、0.95379 和 0.96891。这表明该代理模型对 CO_2 封存能力的预测具有较高的可靠性与准确性。对于任意给定的 CO_2 封存目标区，即可通过该代理模型进行 CO_2 注入能力的快速精准预测，为施工方案的制定提供技术支撑。

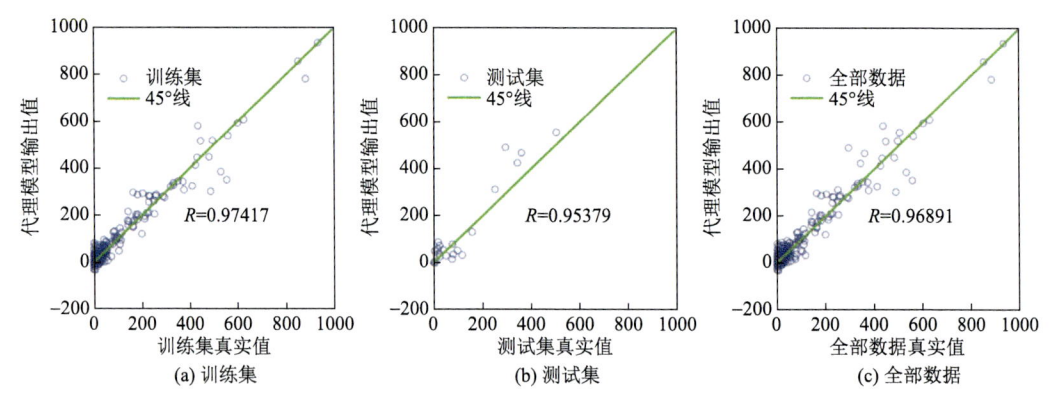

图 5.8 神经网络模型预测效果图

选取挪威 Sleipner、加拿大 Quest 及美国 Illinois 咸水层 CO_2 封存项目进行测试，项目的基本参数如表 5.3 所示。使用上述优化后的 BP 神经网络，将表 5.3 中的各输入参数进行归一化处理后，代入神经网络模型进行预测，然后再将得到的输出值反归一化，得到代理模型的 CO_2 注入能力预测值。从表 5.3 可以看出：对于 Sleipner、Quest 和 Illinois 项目，该代理模型预测的相对误差分别为 6.85%、5.57% 和 3.26%，充分说明了该模型的可靠性与准确性。另外，采用 CMG-GEM 软件模拟基础模型共耗时 568.7s，而使用构建好的代理模型进行训练、测试及预测共耗时 9.5s，计算速率得到大幅度提升。

表 5.3 实例项目基本参数

项目	挪威 Sleipner	加拿大 Quest	美国 Illinois
孔隙度	0.36	0.17	0.10
储层渗透率/$10^{-3}\mu m^2$	2000	1000	100
储层面积/km^2	20	50	25
厚度/m	200	45	460
垂向与水平渗透率比（k_v/k_h）	0.1	0.1	1.0
注入压差/MPa	0.2	2.0	3.1
实际注气量/（10^4t/a）	100	120	77.5
预测注气量/（10^4t/a）	93.15	126.68	74.97
相对误差/%	6.85	5.57	3.26

5.2.3 基于 CNN 算法预测碳封存地层物性参数变化

近年来，越来越多的研究者开始探索如何利用机器学习算法对碳封存量进行预测，而最终的封存量通常受封存过程中地层物性参数影响。而地层物性参数的变化，通常可以采用机器学习进行预测。其中，常用的机器学习算法包括决策树、随机森林、支持向量机、人工神经网络等。这些算法可以通过对历史数据进行分析和学习，来构建预测模型，从而预测封存时的地层物性参数变化。同时，近年来也有研究者开始尝试利用 CNN 对碳封存过程进行预测[5]。相比传统的机器学习算法，CNN 在处理空间数据方面有着天然的优势。由于地质和地球物理数据通常具有空间相关性，因此 CNN 能够更好地捕捉数据中的空间信息，从而更准确地预测地层物性参数。除了以上算法，还有一些新兴的机器学习算法，如深度学习、强化学习等，也开始被应用于碳封存预测中。这些算法的出现，将为碳封存过程地层物性参数变化的预测提供更多的可能性。以下是采用 CNN 算法预测碳封存地层物性参数变化的代码[6]。

首先导入必要的包：

```
import numpy as np #导入 numpy 库，用于科学计算
import h5py #导入 h5py 库，用于读取 HDF5 文件格式
import scipy.io #导入 scipy 库，用于读取 MATLAB 文件格式
import warnings #导入 warnings 库，用于警告处理
warnings.filterwarnings("ignore", category=FutureWarning) #过滤掉 FutureWarning 警告
import tensorflow as tf #导入 tensorflow 库，用于构建深度学习模型
from ReflectionPadding3D import ReflectionPadding3D #导入 ReflectionPadding3D 自定义函数，用于 3D 反射填充
from utilities import * #导入自定义的 utilities 库，用于数据预处理等功能
```

1. 数据选择

首先导入提供的开源数据：

```
test_x = get_dataset('test_x')
test_y_BPR = get_dataset('test_y_BPR')
test_y_P_init = get_dataset('test_y_P_init')
test_y_P = test_y_BPR - test_y_P_init
test_y_SG = get_dataset('test_y_SG')
test_y_BXMF = get_dataset('test_y_BXMF')
test_y_BYMF = get_dataset('test_y_BYMF')
test_y_BDENG = get_dataset('test_y_BDENG')
test_y_BDENW = get_dataset('test_y_BDENW')
```

2. 导入预训练模型

提供的预训练模型主要包括以下这些类。

气体饱和度：trained_models/SG_v1.h5。

压强：trained_models/dP_v1.h5。

X 方向 CO_2 分子占比：trained_models/bxmf_v1.h5。

Y 方向 CO_2 分子占比：trained_models/bymf_v1.h5。

流体密度：trained_models/bdenw_v1.h5。

气体密度：trained_models/bdeng_v1.h5。

```
SG_model = tf.Keras.models.load_model('trained_models/SG_v1.h5',
custom_objects={'ReflectionPadding3D':ReflectionPadding3D}, compile=False)

dP_model = tf.Keras.models.load_model('trained_models/dP_v1.h5',
custom_objects={'ReflectionPadding3D':ReflectionPadding3D}, compile=False)

BXMF_model = tf.Keras.models.load_model('trained_models/bxmf_v1.h5',

custom_objects={'ReflectionPadding3D':ReflectionPadding3D}, compile=False)

BYMF_model = tf.Keras.models.load_model('trained_models/bymf_v1.h5',

custom_objects={'ReflectionPadding3D':ReflectionPadding3D}, compile=False)

BDENG_model = tf.Keras.models.load_model('trained_models/bdeng_v1.h5',

custom_objects={'ReflectionPadding3D':ReflectionPadding3D}, compile=False)

BDENW_model = tf.Keras.models.load_model('trained_models/bdenw_v1.h5',

custom_objects={'ReflectionPadding3D':ReflectionPadding3D}, compile=False)
```

3. 结果可视化及预测

利用以下代码所预测的最终结果如图 5.9 所示。

```
sg, dp, bxmf, _, _, _ = predict_all(test_x[0:1,...], SG_model, dP_model, BXMF_model,
BYMF_model, BDENG_model, BDENW_model)
all_plot(test_y_SG[0,...], test_y_P[0,...], test_y_BXMF[0,...], sg, dp, bxmf)
```

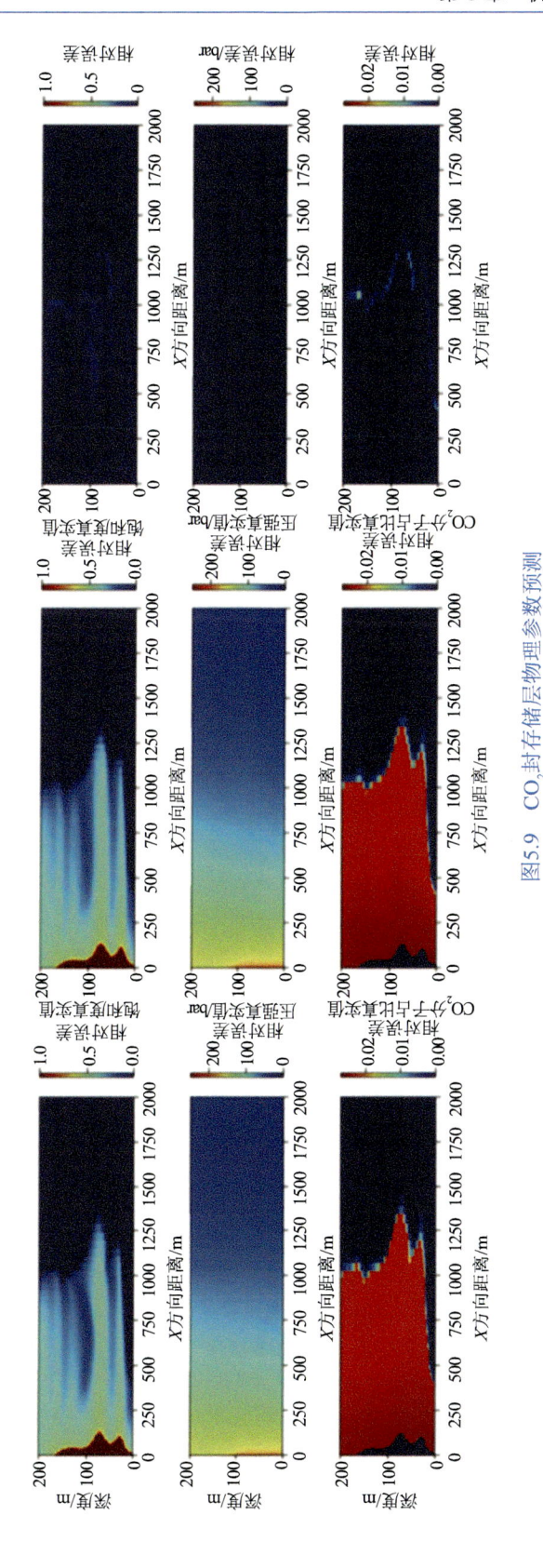

图5.9 CO_2封存储层物理参数预测

5.3 断层活化与诱发地震

自美国科罗拉多州丹佛地区落基山 Arsenal 诱发地震和美国地质调查局随后在 Rangely 油田的地震控制实验开始，高压废液回注诱发地震就已广为人知。近年来，美国中部地震活动显著增强，许多地震都与油气开采过程的废水增压回注有关。伴随着大量工业废水源源不断地注入地下，俄克拉何马州的地震活动从 2009 年起呈指数增长，先后发生了 2011 年布拉格矩震级 M_w=5.7、2016 年费尔维尤 M_w=5.1、波尼 M_w=5.8 和库欣 M_w=5.0 等 5 级以上地震。Lan-genbruch 等的研究结果显示，俄克拉何马州绝大部分的 $M_w > 3$ 地震都发生在注入大量废水的区域，且地震活动在废水回注量减少 40%后出现大幅度减少，表明油气开采过程的废水增压回注诱发了这些地震。

相比于美国中部的废水处理，页岩气开采水力压裂在加拿大西部的诱发地震中发挥了重要作用。Atkinson 等利用 1985~2015 年的注水和地震数据，分析了加拿大西部沉积盆地不列颠哥伦比亚省和艾伯塔省交界地区 12289 口水力压裂井和 1236 口废水回注井与地震事件的关系，认为地震活动与水力压裂井时空相关性更大。根据艾伯塔省中部 Foxcreek 地区水力压裂作业与诱发地震的时空关系，Schultz 等认为水力压裂作业导致孔隙压力增加诱发了该区的地震活动。

此外，地热开采过程的注水活动也可以诱发地震活动。例如，瑞士巴塞尔地区的地热开采诱发了里氏震级 M_L=2.6 地震和 M_L=3.4 地震。2017 年韩国浦项 M_w=5.5 地震也与地热开采过程的高压注水活动有关。近年来，我国四川盆地中南部的自贡、遂宁、威远和长宁等地的地震活动显著增强，研究表明这些地震或与因废水处理和井盐生产而进行的长期注水有关，或与页岩气开采水力压裂的短期注水有关。其中，荣昌和自贡地区的地震活动主要是长期注水的结果，而威远、长宁地区的地震活动则与水力压裂短期注水的相关性更大，且 2018 年兴文 M_L=5.7 地震是目前为止最大的水力压裂诱发地震。

水力压裂是在高压状态下向低渗透岩石注入流体，使岩石破裂或刺激已经存在的断层或裂缝激活滑移。在压裂过程中伴随着新的裂缝产生或已经存在裂缝的重新激活，会诱发大量微地震活动，通常这种地震能量不大（$M_w \leq 3$）。前面提到地震的根源与地壳断层挤压和应力释放有关，当注入的流体激活附近断层的滑动时，可能诱发更高强度的地震活动（$M_w > 3$）。诱发地震就是指这种因人类活动或自然事件（水库蓄水、采矿、地热或油气开采过程中流体的抽取和注入、CO_2 封存、人工爆破与地下核试验等）引起地壳上部应力、状态发生变化，致使岩石破裂或先存的断层或破裂失稳滑动所产生的地震。

注入流体通常可以通过以下几种方式激活断层，诱发地震，造成地质灾害。

（1）流体的注入增加了断层内部的孔隙 – 流体压力。

（2）注入的流体填充并挤压孔隙内部原有的液体使孔隙发生形变（孔隙-弹性效应）。

（3）注入的流体温度低于周围岩体导致岩体发生热弹性变形。

（4）断层中流体压力的增大会降低断层上的有效法向应力，在断层上有效法向应力往往通过垂直于断层的作用力来抵抗断层滑动。当这种有效法向应力被降低后，可能会造成断层的滑动，触发断层上存在的应变能的释放。

尽管诱发地震的原理已逐渐被人们熟知，但地震预测仍然具有很高的不确定性。地震预测是世界性的科学难题，半个多世纪以来，人们对于地震预测的研究不断深入，预测方法不断增多，仪器精度不断提高，地震前兆也更多地被发现。虽然也受到地震不可预测观点的影响，但地震预测还是在探索中有所前进。地震预测的传统方法包括周期性预测法、前兆预测法、概率预测法、数学模型预测法[7]。周期性预测法通过观察历史地震发生的周期，来预测未来地震的发生时间。该方法的问题在于不同地区的地震周期不同，并且历史数据可能不足以准确预测未来地震的周期。前兆预测法通过监测地震前的地面变形、地震波速度、电磁场变化等指标，来预测地震的发生。该方法的问题在于预测准确率较低，且容易误判。概率预测法通过统计分析历史地震发生的概率分布，来预测未来地震的发生概率。该方法的问题在于概率分布的确定比较困难，且预测的准确性较低。数学模型预测法的问题在于地震发生过程的复杂性和不确定性，模型的准确性和可靠性需要进一步验证和改进。相比传统方法，机器学习不仅可以通过处理大量的复杂数据和模式识别，自动化地识别地震前兆信号和其他相关数据，还能随着时间和地点的变化不断优化模型，提高预测的准确性和可靠性[8, 9]。

5.3.1 诱发地震监测与预防

诱发地震是指人类活动或自然事件（如水库蓄水等）引起的地震。人类活动中，地下水的开采和注入、油气开采、矿山开采、地震勘探、地下核试验等活动，都可能引起诱发地震。自然事件中，水库蓄水、冰川消融、火山喷发等也会对地下岩石造成影响，从而引发地震。诱发地震的基本原理是在地下岩石中增加或减小应力，从而改变岩石的内部结构和物理性质，当岩石达到破裂的临界应力时，就会发生地震。因此，诱发地震的发生和发展与地下岩石的应力分布、岩石的强度、裂隙的分布和形态等因素密切相关。

微地震监测技术是近 20 年才出现的地球物理新技术。如图 5.10 所示，其基本做法

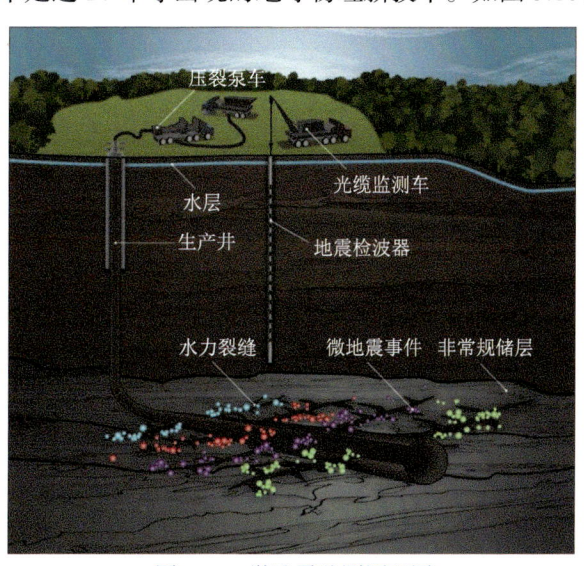

图 5.10 微地震监测原理图

资料来源：https://www.esgsolutions.com

是通过在井中或地面布置检波器接收生产活动所产生或诱导的微小地震事件，并通过对这些事件的反演求取微地震震源位置等参数。然后，应用这些参数对生产活动进行监控或指导。通过对微地震的监测和研究，我们可以了解地下构造的活动性和力学性质，从而更好地了解和预测诱发地震的可能性。对于地震勘探和油气开采等活动，通过对微地震和诱发地震的监测，可以更好地掌握地下构造的活动情况，为活动的管理和调控提供科学依据。

5.3.2 基于 CNN 算法预测微地震事件

在微地震事件位置预测中，真实数据的获取常受限于许多外部因素，如地理位置、设备限制和数据收集的成本。更重要的是，真实数据的复杂性和多样性使得预测成为一项具有挑战性的任务。在这种背景下，虚拟数据集成为一种有价值的解决方案。首先，通过虚拟数据集，我们可以模拟多种地震事件和地质条件，为模型提供了全面而综合的训练环境。这不仅可以帮助模型更好地捕获数据的基本特征，还能增强其对于各种情况的泛化能力。

CNN 在图像和序列数据处理上的优越性使其成为微地震事件位置预测的理想选择。利用 CNN，我们可以从数据中自动提取有效的时空特征，从而增强预测的准确性。而与真实数据相结合的虚拟数据集可以为 CNN 模型提供丰富而多变的训练材料，加速模型的收敛并提高其稳定性。总之，由于真实数据的限制和预测的困难性，结合虚拟数据集和 CNN 进行微地震事件位置预测不仅具有明显的实用价值，还能够更有效地推进相关技术的研究和发展。通过虚拟数据集结合 CNN 预测微地震事件的代码如下所示。

5.3.2.1 模拟数据集

首先导入必要的包，这里包括 numpy、tensorflow 与 sklearn 三个核心包。sklearn 核心包调用的两个包分别为 Scikit-learn 的数据集划分以及特征缩放的包。

```
import numpy as np
import tensorflow as tf
from sklearn.model_selection import train_test_split
from sklearn.preprocessing import MinMaxScaler
```

1. 数据选择

为了简化，我们用模拟数据替代真实的微地震数据集。

```
X = np.random.rand(1000, 100, 100, 1)  #假设有 1000 个 seismograms, 每个是 100 × 100 的 2D 图像
y = np.random.rand(1000, 2)  #每个地震事件的 2D 位置 (x,y)
```

2. 数据预处理

对输入数据 X 和目标数据 y 进行预处理，使用 MinMaxScaler 进行特征缩放。

```
#数据规范化
scaler_X = MinMaxScaler()
X = np.array([scaler_X.fit_transform(x.squeeze()).reshape(100, 100, 1) for x in X])
scaler_y = MinMaxScaler()
y = scaler_y.fit_transform(y)
```

3. 模型建立

1）数据集划分

```
#分割数据集
X_train, X_test, y_train, y_test = train_test_split(X, y, test_size=0.2)
```

2）模型的编译与训练

构建一个 CNN 模型，对二维图像数据进行回归任务的训练，并使用均方误差作为损失函数。

```
#构建 CNN 模型
model = tf.Keras.Sequential([
tf.Keras.layers.Conv2D(32, (3,3), activation='relu', input_shape=(100, 100, 1)),
tf.Keras.layers.MaxPooling2D((2,2)),
tf.Keras.layers.Conv2D(64, (3,3), activation='relu'), tf.Keras.layers.MaxPooling2D((2,2)),
tf.Keras.layers.Flatten(),
tf.Keras.layers.Dense(64, activation='relu'), tf.Keras.layers.Dense(2)
])

model.compile(optimizer='adam', loss='mse')

#训练模型
history = model.fit(X_train, y_train, epochs=50, batch_size=32, validation_data=(X_test, y_test))
```

使用 matplotlib 绘制了真实值和预测值之间的对比图，展示了微地震事件的预测结果。

```
import matplotlib.pyplot as plt
plt.rcParams['font.family'] = ['sans-serif']
plt.rcParams['font.size'] = '12'
plt.rcParams['font.sans-serif'] = ['SimHei']
#可视化损失函数
plt.plot(history.history['loss'], label='训练集损失')
```

```
plt.plot(history.history['val_loss'], label='验证集损失')
plt.legend()
plt.title("训练与验证集损失值")
plt.show()
#预测并可视化结果
predictions = model.predict(X_test)
plt.scatter(y_test[:, 0], y_test[:, 1], color='blue', label='真实值')
plt.scatter(predictions[:, 0], predictions[:, 1], color='red', label='预测值')
plt.legend()
plt.title("真实微地震位置 vs 预测微地震位置")
plt.xlabel("X 坐标值")
plt.ylabel("Y 坐标值")
plt.show()
```

5.3.2.2 真实数据集

大规模的地面微地震监测在水力压裂监测过程中产生了海量数据，而微地震事件的发生时刻是不确定的，需要研究从海量数据中自动识别有效微地震信号的算法，以提高数据处理效率。深度学习中的一些算法框架特别适合处理海量数据并自动提取海量数据特征，其中以 CNN 的应用最为广泛[10]。CNN 是一种特殊的深度神经网络，其稀疏连接和权重共享的特性可以减少网络参数，降低网络模型的复杂度。图 5.11 是基于 CNN 算法预测微地震事件的原理图[11]。

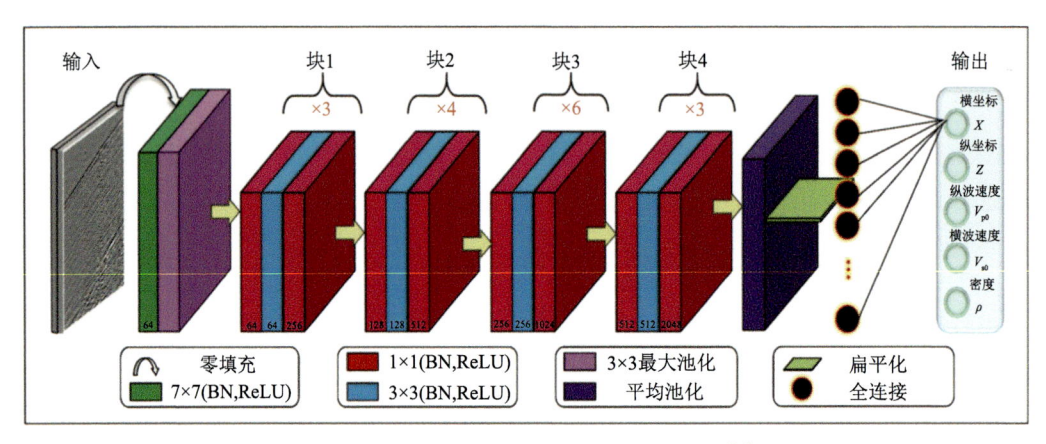

图 5.11 CNN 算法预测微地震事件原理图[11]
BN 表示批次标准化

光纤电缆由于其物理鲁棒性以及高空间和时间分辨率，近年来作为分布式声波传感（DAS）阵列在钻孔微地震监测中得到了广泛应用。传感器记录了大量的数据，使得传统的实时/半实时处理非常困难。以下基于 CNN 方法与大量 DAS 数据，对受环境噪声污染的合成微地震数据进行训练，并通过现场水力压裂 DAS 微地震数据进行验证。具体流程如图 5.12 所示。

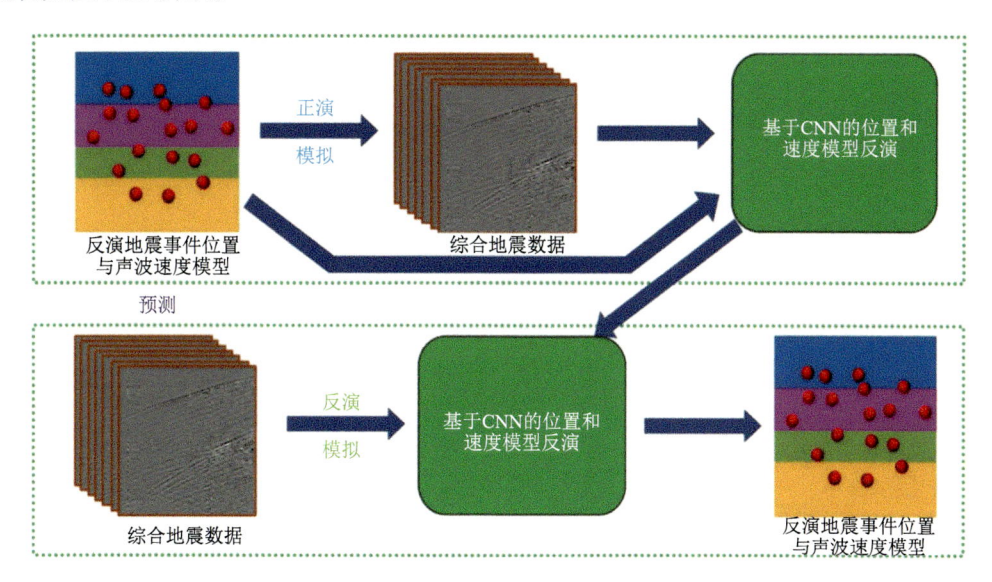

图 5.12　微地震事件预测流程图[11]

1. 数据选择

首先导入现场地震和光纤数据，并调用相关的库：

```python
import warnings warnings.filterwarnings('ignore')
import os
import copy import pickle
import numpy as np
import pandas as pd
import matplotlib.pyplot as plt
from matplotlib import gridspec
from TensorFlow.python.Keras.models import Sequential, Model, load_model
from sklearn.preprocessing import MinMaxScaler
from scipy import stats
#读取测试集微地震数据与光纤数据
imagesPath = './X_test204.npy'
labelsPath = './y_test204.npy'
X_test = np.load(imagesPath)
y_test = np.load(labelsPath, allow_pickle=True)
print('Images shape: ', X_test.shape, ' Labels shape: ', y_test.shape)
```

2. 数据预处理

1）标准化

进行数据分析与处理，包括数据的归一化处理与微地震数据去噪。这里采用了 MinMaxScaler()函数进行归一化，并导入开源的反演模型进行评价、数据反演与预测，相应代码如下：

```python
#测试集标准化处理
scalery = MinMaxScaler() scalery.fit(y_test)
y_test = scalery.transform(y_test)
#导入开源地震反演模型
from Keras.models import load_model
model = load_model("./BestDAS_Resnet204.h5")
scores = model.evaluate(X_test, y_test, verbose=2)
```

2）地震预测与去噪

```python
#地震预测与去噪
pred = model.predict(X_test)
pred1 = scalery.inverse_transform(pred)
y_test1= scalery.inverse_transform(y_test)
```

3. 模型建立

1）异常值处理

```python
#异常值处理（微地震事件应在地层1000m以下，因此去除500m以上数据）
mask_ytests, mask_preds = y_test1[:,1]<500, pred1[:,1]<500
y_tests, preds = y_test1[~mask_ytests], pred1[~mask_preds]
print(y_tests.shape, preds.shape)
```

整理与诱发地震相关的数据，由50个不同速度模型的5000个DAS微地震事件组成的测试集用于评估训练网络的性能。作为评估模型性能的第一步，我们输入整个测试集，并绘制预测值与真实值之间的散点图，以确定预测值与实际值之间的相关性。位置模型和速度模型的散点图均显示预测值与真实值呈较强的正相关，表明深度学习可以对DAS原始微地震数据进行探测。利用模型对地震事件发生的位置和速度进行反演的可视化代码及结果（图5.13）如下所示。

```python
#绘制地震事件位置图与地震速度模型参数相关图
fig = plt.figure(figsize=(8.27,1.6))
```

```python
gs = gridspec.GridSpec(1,5, width_ratios=[1,1,1,1,1], hspace=0.3, wspace=0.4)
fig.suptitle('Prediction vs Ground truth plots', fontname='serif', fontsize=9,
fontweight='bold', y=1.03)

# X 轴绘制
ax0 = plt.subplot(gs[0])
ax0.scatter(y_tests[:,0], preds[:,0],facecolors='none', edgecolors='b', s=5, alpha=0.7)
ax0.set_title('x-coordinate', fontname='serif', fontsize=8, pad=4)
ax0.set_xlabel('Truth', fontname='serif',fontsize=7)
ax0.set_ylabel('Predictions', fontname='serif', fontsize=7)
ax0.tick_params(axis='both', labelsize=6, pad=.5)

# Z 轴绘制
ax1 = plt.subplot(gs[1])
ax1.scatter(y_tests[:,1], preds[:,1],facecolors='none', edgecolors='b', s=5, alpha=0.7)
ax1.set_title('z-coordinate', fontname='serif', fontsize=8, pad=4)
ax1.set_xlabel('Truth', fontname='serif', fontsize=7)
ax1.tick_params(axis='both', labelsize=6, pad=.5)

#纵波绘制
ax2 = plt.subplot(gs[2])
ax2.scatter(y_tests[:,2], preds[:,2],facecolors='none', edgecolors='b', s=5, alpha=0.7)
ax2.set_title(r'$\mathsf{V_{p0}}$', fontname='serif', fontsize=8, pad=4)
ax2.set_xlabel('Truth', fontname='serif', fontsize=7)
ax2.tick_params(axis='both', labelsize=6, pad=.5)

#横波绘制
ax3 = plt.subplot(gs[3])
ax3.scatter(y_tests[:,3], preds[:,3],facecolors='none', edgecolors='b', s=5, alpha=0.7)
ax3.set_title(r'$\mathsf{V_{s0}}$', fontname='serif', fontsize=8, pad=4)
ax3.set_xlabel('Truth', fontname='serif', fontsize=7)
ax3.tick_params(axis='both', labelsize=6, pad=.5)

#岩石密度绘制
ax4 = plt.subplot(gs[4])
ax4.scatter(y_tests[:,4], preds[:,4],facecolors='none', edgecolors='b', s=5, alpha=0.7)
ax4.set_title(r'$\mathsf{\rho}$', fontname='serif', fontsize=8, pad=4)
```

```
ax4.set_xlabel('Truth', fontname='serif', fontsize=7)
ax4.tick_params(axis='both', labelsize=6, pad=.5)
plt.show()
```

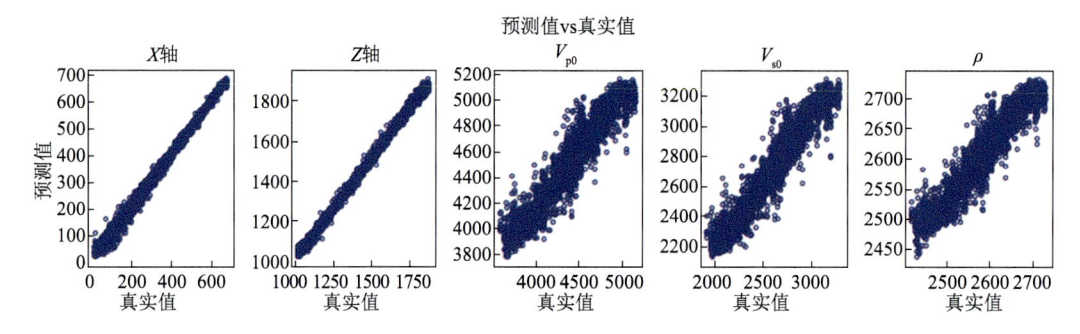

图 5.13　预测值与真实值对比图[11]

2）误差分析

为了检验训练模型的拟合优度，利用以下代码研究进行了误差与概率密度函数的残差诊断，结果如图 5.14、图 5.15 所示。

```
##误差分析
##计算平均绝对误差
errors= (preds - y_tests)
msex, msez = np.mean(np.absolute(errors[:,0]))*100/(np.mean(y_tests[:,0])),
np.mean(np.absolute(errors[:,1]))*100/(np.mean(y_tests[:,1]))
msep, mses = np.mean(np.absolute(errors[:,2]))*100/(np.mean(y_tests[:,2])),
np.mean(np.absolute(errors[:,3]))*100/(np.mean(y_tests[:,3]))
mser = np.mean(np.absolute(errors[:,4]))*100/(np.mean(y_tests[:,4]))
print(msex, msez, msep, mses, mser)
##计算标准差
stdx, stdz = np.std(errors[:,0])*100/np.std(y_tests[:,0]), np.std(errors[:,1])*100/np.std(y_tests[:,1])
stdp, stds = np.std(errors[:,2])*100/np.std(y_tests[:,2]), np.std(errors[:,3])*100/np.std(y_tests[:,3])
stdr = np.std(errors[:,4])*100/np.std(y_tests[:,4])
print(stdx, stdz, stdp, stds, stdr)
##计算四分位距
iqrx, iqrz = stats.iqr(errors[:,0], interpolation='midpoint'), stats.iqr(errors[:,1], interpolation='midpoint')
iqrp, iqrs = stats.iqr(errors[:,2], interpolation='midpoint'), stats.iqr(errors[:,3], interpolation='midpoint')
iqrr = stats.iqr(errors[:,3], interpolation='midpoint')
```

```python
print(iqrx, iqrz, iqrp, iqrs, iqrr)
##绘制误差直方图
fig, ax = plt.subplots(figsize=(8,5))
mean = [msex, msez, msep, mses, mser]
std = [stdx, stdz, stdp, stds, stdr]
ermax= [iqrx, iqrz, iqrp, iqrs, iqrr]
width = 0.40
# X 轴设置
p1 = np.arange(len(mean))
p2 = [i + width for i in p1] p3 = p1+0.2
#柱状图绘制
plt.bar(p1, mean, color='cyan', width=width,edgecolor='black', label='mean/%')
plt.bar(p2, std, color='fuchsia', width=width,edgecolor='black', label='std')
plt.bar(p3, ermax, color='none', width=width*2.01,edgecolor='black',  label='IQR')
#在分组柱状图中间添加 X 轴刻度
plt.xlabel('parameter', fontname='serif', fontweight='bold')
plt.ylabel('error /log ',fontname='serif', fontweight='bold')
plt.xticks([j + width-0.2 for j in range(len(mean))], [r'$\mathsf{x}$', r'$\mathsf{z}$',r'$\mathsf{y}$'])
plt.yscale('log')
plt.title('Error plots', fontsize=10,fontname='serif', fontweight='bold')
plt.text(-0.1, round(msex,2)+0.1,round(msex,2))
plt.text(0.30, round(stdx,2)+0.23,round(stdx,2))
plt.text(0.17, round(iqrx,1)+.5,round(iqrx,1))
plt.text(0.93, round(msez,2)+0.04,round(msez,2))
plt.text(1.31, round(stdz,2)+0.2,round(stdz,2))
plt.text(1.10, round(iqrz,1)+.7,round(iqrz,1))
plt.text(1.92, round(msep,2)+0.15,round(msep,2))
plt.text(2.29, round(stdp,2)+1.0,round(stdp,2))
plt.text(2.09, round(iqrp,1)+3,round(iqrp,1))
plt.text(2.91, round(mses,2)+0.19,round(mses,2))
plt.text(3.29, round(stds,1)+1.0,round(stds,1))
plt.text(2.91, round(iqrs,1)+3,round(iqrs,1))
plt.text(3.90, round(mser,2)+0.05,round(mser,2))
plt.text(4.20, round(stdr,2)+1, round(stdr,2))
plt.text(4.10, round(iqrr,1)+3,round(iqrr,1))
plt.legend(loc='upper left')
```

plt.show()

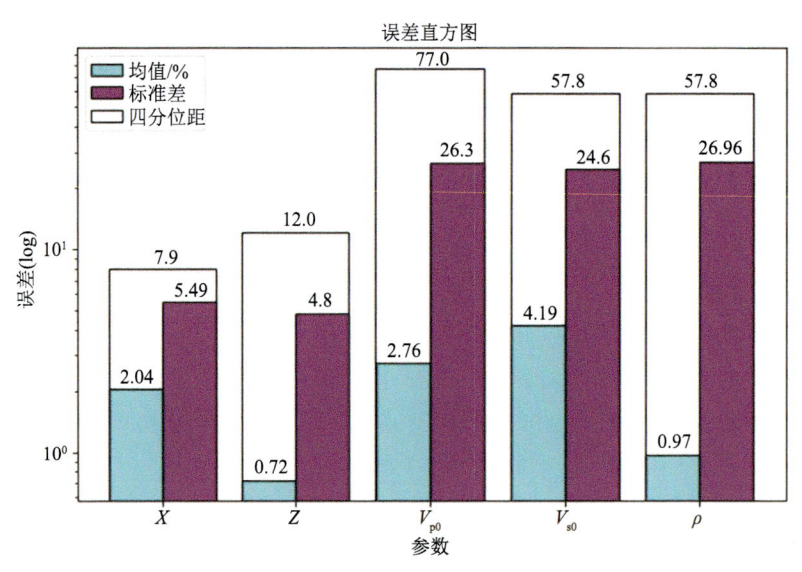

图 5.14　误差直方图[11]

##绘制残差直方图
from matplotlib.ticker import AutoMinorLocator, MultipleLocator, FuncFormatter import scipy.stats as st
from matplotlib import colors
from matplotlib.ticker import PercentFormatter
x, z, vp, vs, rh = errors[:,0], errors[:,1], errors[:,2], errors[:,3], errors[:,4]
#设置 X 轴区间
xq25, xq75 = np.percentile(x,[.25,.75])
xbin_width = 2*(xq75 - xq25)*len(x)**(-1/3)
xn_bins = round((x.max() - x.min())/xbin_width)
#设置 Z 轴区间
zq25, zq75 = np.percentile(z,[.25,.75])
zbin_width = 2*(zq75 - zq25)*len(z)**(-1/3)
zn_bins = round((z.max() - z.min())/zbin_width)
#设置纵波区间
vpq25, vpq75 = np.percentile(vp,[.25,.75])
vpbin_width = 2*(vpq75 - vpq25)*len(vp)**(-1/3)
vpn_bins = round((vp.max() - vp.min())/vpbin_width)
#设置横波区间
vsq25, vsq75 = np.percentile(vs,[.25,.75])

```python
vsbin_width = 2*(vsq75 - vsq25)*len(vs)**(-1/3)
vsn_bins = round((vs.max() - vs.min())/vsbin_width)
#设置岩石密度区间
rhq25, rhq75 = np.percentile(rh,[.25,.75])
rhbin_width = 2*(rhq75 - rhq25)*len(rh)**(-1/3)
rhn_bins = round((rh.max() - rh.min())/rhbin_width)
fig = plt.figure(figsize=(7,7))
gs = gridspec.GridSpec(3,3, height_ratios=[1,1,1], width_ratios=[1,1,1], wspace=0.1, hspace=0.3)
fig.suptitle('Histograms of residuals', fontname='serif', fontsize=8, fontweight='bold', y=0.91)
# X 轴直方图
ax0 = plt.subplot(gs[0])
xN, xbins, xpatches = ax0.hist(x, density=True, bins = xn_bins, rwidth=.99)
##颜色设定
xfracs = ((xN**(1 / 5)) / xN.max())
xnorm = colors.Normalize(xfracs.min(), xfracs.max())
for thisfrac, thispatch in zip(xfracs, xpatches):
    xcolor = plt.cm.jet(xnorm(thisfrac))
    thispatch.set_facecolor(xcolor)
xmn, xmx = plt.xlim()
plt.xlim(xmn, xmx)
xkde_xs = np.linspace(xmn, xmx, 500)
xkde = st.gaussian_kde(x)
ax0.plot(xkde_xs, xkde.pdf(xkde_xs),'--', color='blue',lw=1, label="PDF")
ax0.legend(loc="upper left", fontsize=7)
ax0.set_ylabel('Probability', fontsize=8, fontname='serif')
ax0.tick_params(axis='both', labelsize=7)
# Z 轴直方图
ax1 = plt.subplot(gs[1])
zN, zbins, zpatches = ax1.hist(z, density=True, bins = zn_bins, rwidth=.99)
##颜色设定
zfracs = ((zN**(1 / 5)) / zN.max())
znorm = colors.Normalize(zfracs.min(), zfracs.max())
for thisfrac, thispatch in zip(zfracs, zpatches):
    zcolor = plt.cm.jet(znorm(thisfrac))
    thispatch.set_facecolor(zcolor)
```

```python
zmn, zmx = plt.xlim()
plt.xlim(zmn, zmx)
zkde_xs = np.linspace(zmn, zmx, 500)
zkde = st.gaussian_kde(z)
ax1.plot(zkde_xs, zkde.pdf(zkde_xs),'--', color='blue',lw=1, label="PDF")
ax1.legend(loc="upper left", fontsize=7)
ax1.set_xlabel(r'$\mathsf{z}$', fontsize=8)
ax1.set_yticks([])
ax1.set_yticklabels([])
ax1.tick_params(axis='both', labelsize=7)
#纵波直方图
ax2 = plt.subplot(gs[3])
vpN, vpbins, vppatches = ax2.hist((vp-np.std(vp)), density=True, bins = vpn_bins, rwidth=.99)
##颜色设定
vpfracs = ((vpN**(1 / 5)) / vpN.max())
vpnorm = colors.Normalize(vpfracs.min(), vpfracs.max())
for thisfrac, thispatch in zip(vpfracs, vppatches):
    vpcolor = plt.cm.jet(vpnorm(thisfrac))
    thispatch.set_facecolor(vpcolor)
vpmn, vpmx = plt.xlim()
plt.xlim(vpmn, vpmx)
vpkde_xs = np.linspace(vpmn, vpmx, 500)
vpkde = st.gaussian_kde(vp)
ax2.plot(vpkde_xs-np.std(vp), vpkde.pdf(vpkde_xs),'--', color='blue',lw=1, label="PDF")
ax2.legend(loc="upper right", fontsize=7)
ax2.set_ylabel('Probability', fontsize=8, fontname='serif')
ax2.set_xlabel(r'$\mathsf{v_{p0}}$', fontsize=8)
ax2.tick_params(axis='both', labelsize=7)
#横波直方图
ax3 = plt.subplot(gs[4])
vsN, vsbins, vspatches = ax3.hist((vs-np.std(vs)), density=True, bins = vsn_bins, rwidth=.99)
##颜色设定
vsfracs = ((vsN**(1 / 5)) / vsN.max())
vsnorm = colors.Normalize(vsfracs.min(), vsfracs.max())
for thisfrac, thispatch in zip(vsfracs, vspatches):
```

```
            vscolor = plt.cm.jet(vsnorm(thisfrac))
            thispatch.set_facecolor(vscolor)
vsmn, vsmx = plt.xlim()
plt.xlim(vsmn, vsmx)
vskde_xs = np.linspace(vsmn, vsmx, 500)
vskde = st.gaussian_kde(vs)
ax3.plot(vskde_xs-np.std(vs), vskde.pdf(vskde_xs),'--', color='blue',lw=1, label="PDF")
ax3.legend(loc="upper left", fontsize=7)
ax3.set_xlabel(r'$\mathsf{v_{s0}}$', fontsize=8)
ax3.set_yticks([])
ax3.set_yticklabels(['概率'])
ax3.tick_params(axis='both', labelsize=7)
#岩石密度直方图
ax4 = plt.subplot(gs[5])
rhN, rhbins, rhpatches = ax4.hist((rh-np.std(rh)), density=True, bins = rhn_bins, rwidth=.99)
##颜色设定
rhfracs = ((rhN**(1 / 5)) / rhN.max())
rhnorm = colors.Normalize(rhfracs.min(), rhfracs.max())
for thisfrac, thispatch in zip(rhfracs, rhpatches):
        rhcolor = plt.cm.jet(rhnorm(thisfrac))
        thispatch.set_facecolor(rhcolor)
rhmn, rhmx = plt.xlim()
plt.xlim(rhmn, rhmx)
rhkde_xs = np.linspace(rhmn, rhmx, 500)
rhkde = st.gaussian_kde(rh)
ax4.plot(rhkde_xs-np.std(rh), rhkde.pdf(rhkde_xs),'--', color='blue',lw=1, label="PDF")
ax4.legend(loc="upper right", fontsize=7)
ax4.set_xlabel(r'$\mathsf{\rho}$', fontsize=8)
ax4.set_yticks([])
ax4.set_yticklabels([])
ax4.tick_params(axis='both', labelsize=7)
plt.show()
```

为了可视化预测事件和真实事件的相对位置，我们绘制了事件位置的 2D 平面视图投影，如图 5.16 所示。为了清晰起见，我们在单个速度模型中只绘制了 100 个事件。从图中可以清楚地看到，预测的事件位置（蓝星）与实际位置（红星）几乎完全匹配，在某些情况下偏差很小。相应的绘图代码及散点图结果（图5.16）如下所示。

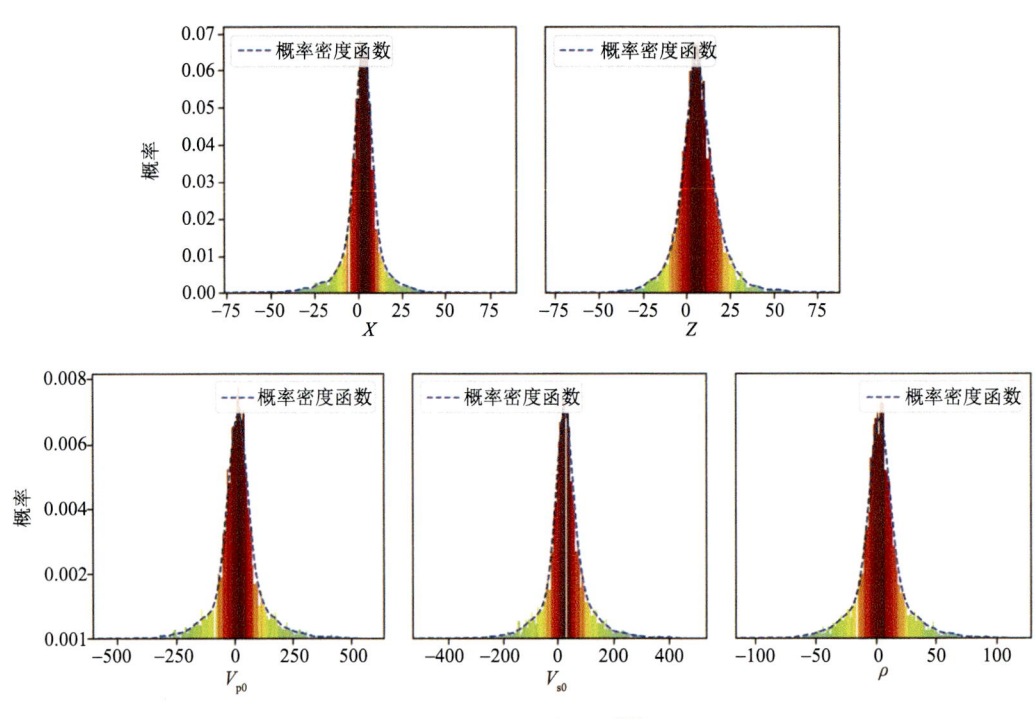

图 5.15　残差直方图[11]

```
#绘制地震预测事件图与现场数据进行验证
plt.figure(figsize=(4,4))
plt.scatter(y_tests[:100,0], y_tests[:100,1], marker='*',facecolors='red', edgecolors='red',
s=40, alpha=1, label='Ground-truth')
plt.scatter(preds[:100,0], preds[:100,1], marker='*',facecolors='blue', edgecolors='blue',
s=40, alpha=0.7, label='Inverted')
plt.title('2D plan view of event location', fontname='serif', fontsize=9, fontweight='bold')
plt.ylabel('深度/m', fontname='serif', fontsize=8)
plt.xlabel('X /m', fontsize=8)
plt.tick_params(labelsize=8)
plt.legend(loc='upper right', prop={'family':'serif','size':7})
plt.show()
```

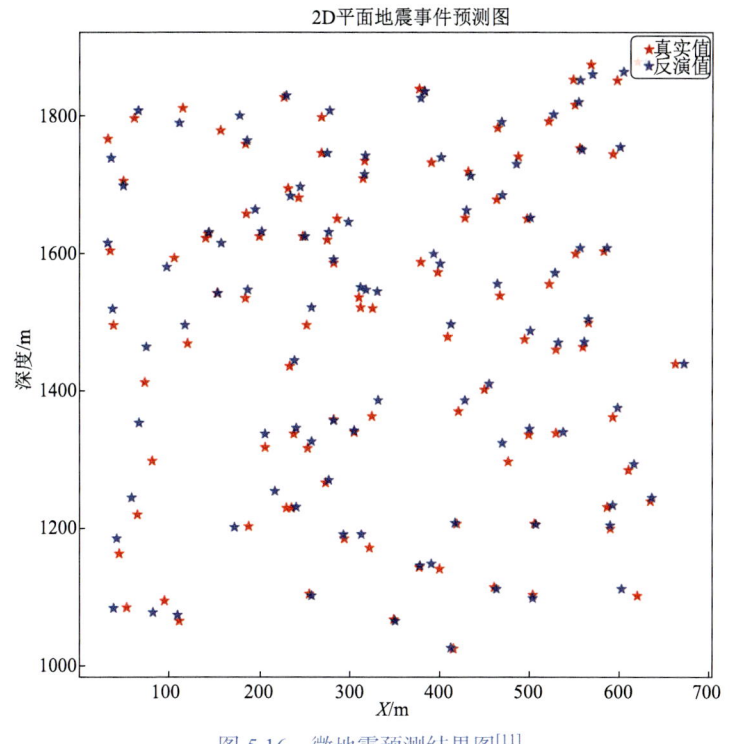

图 5.16　微地震预测结果图[11]

课 后 习 题

1. 针对 5.2.2 节总结还有哪些有监督回归算法。
2. 尝试使用 1~2 种回归算法解决 5.2.2 节中提出的问题。
3. 尝试不使用 PCA 方法，观察对 5.2.2 节中模型性能的影响。
4. 手动调整神经网络的超参数，感受参数变化对 5.2.2 节中模型的影响。
5. 尝试利用经验公式或数值模拟方法对比 5.2.3 节中预测结果，验证预测是否准确。
6. 5.2.3 节中数据未进行过任何预处理，尝试标准化和归一化后进行预测，并与数值模拟进行对比。
7. 5.3 节中的模拟数据的训练效果并不好，尝试调整卷积神经网络的超参数以提高预测准确程度。
8. 尝试更改 5.3 节中真实数据训练的卷积神经网络层数以提高 3%的预测准确率。
9. 针对 5.3 节，尝试其他数据预处理方法如异常值填补处理真实数据，以提高模型预测准确率。

参 考 文 献

[1] 张焰, 伍浩松. 全球 2020 年能源相关碳排放量同比下降 5.8%[J]. 国外核新闻, 2021(3): 1.
[2] 张妍, 池晓彤, 康蓉. 全球 CCS 技术的研究、发展与应用动态[J]. 中外能源, 2020, 25(4): 1-10.
[3] 孙腾民, 刘世奇, 汪涛. 中国二氧化碳地质封存潜力评价研究进展[J]. 煤炭科学技术, 2021, 49(11): 10-20.
[4] Wen L, Yuan X Y. Forecasting CO_2 emissions in Chinas commercial department, through BP neural

network based on random forest and PSO[J]. Science of the Total Environment, 2020, 718: 137194.

[5] Liu T Y, Bao J S, Wang J L, et al. A hybrid CNN-LSTM algorithm for online defect recognition of CO_2 welding[J]. Sensors, 2018, 18(12): 4369.

[6] Wen G G, Hay C, Benson S M. CCSNet: A deep learning modeling suite for CO_2 storage[J]. Advances in Water Resources, 2021, 155: 104009.

[7] 袁爱璟, 王伟君, 彭菲, 等. 机器学习在地震预测中的应用进展[J]. 地震, 2021, 41(1): 51-66.

[8] Shinde P P, Shah S. A review of machine learning and deep learning applications[C]//2018 Fourth international conference on computing communication control and automation (ICCUBEA), Pune, 2018.

[9] Khamparia A, Singh K M. A systematic review on deep learning architectures and applications[J]. Expert Systems, 2019, 36(3): e12400.

[10] 李政超, 王维波, 高明, 等. 基于卷积神经网络的微地震初至拾取[J]. 地球物理学进展, 2022, 37(3): 1060-1069.

[11] Wamriew D, Pevzner R, Maltsev E, et al. Deep neural networks for detection and location of microseismic events and velocity model inversion from microseismic data acquired by distributed acoustic sensing array[J]. Sensors, 2021, 21(19): 6627.